国家级一流专业建设配套教材
普通高等教育新能源及智能汽车系列教材

新能源汽车安全与可靠性测试

主　编　李　昊
副主编　李学良
参　编　许宏鹏　闫　梅

北京理工大学出版社
BEIJING INSTITUTE OF TECHNOLOGY PRESS

内 容 简 介

本书以新能源汽车的测试和试验技术为主线，从新能源汽车动力系统、整车的测试和试验两个方面展开，融入国家和企业标准解读，结合汽车可靠性工程相关知识，讲述新能源汽车的可靠性测试标准和设计思想。本书以新能源汽车的安全和可靠性测试试验为基础，全面阐述新能源汽车性能相关测试、耐久性测试、安全防护测试、电驱系统标准与试验。

本书既可作为高等院校车辆工程相关专业的教材，也可作为新能源汽车开发人员的技术参考书。

版权专有　侵权必究

图书在版编目（CIP）数据

新能源汽车安全与可靠性测试/李昊主编. --北京：
北京理工大学出版社，2023.1（2023.3 重印）
　ISBN 978-7-5763-2078-7

　Ⅰ.①新… Ⅱ.①李… Ⅲ.①新能源-汽车-安全技术-测试 ②新能源-汽车-可靠性-测试 Ⅳ.
①U469.7

中国国家版本馆 CIP 数据核字（2023）第 010885 号

出版发行 / 北京理工大学出版社有限责任公司
社　　址 / 北京市海淀区中关村南大街 5 号
邮　　编 / 100081
电　　话 /（010）68914775（总编室）
　　　　　（010）82562903（教材售后服务热线）
　　　　　（010）68944723（其他图书服务热线）
网　　址 / http：//www.bitpress.com.cn
经　　销 / 全国各地新华书店
印　　刷 / 涿州市新华印刷有限公司
开　　本 / 787 毫米×1092 毫米　1/16
印　　张 / 12.5
字　　数 / 278 千字
版　　次 / 2023 年 1 月第 1 版　2023 年 3 月第 2 次印刷
定　　价 / 39.00 元

责任编辑 / 江　立
文案编辑 / 李　硕
责任校对 / 刘亚男
责任印制 / 李志强

图书出现印装质量问题，请拨打售后服务热线，本社负责调换

前言

随着全球新一轮的科技革命和产业变革，电动化、网联化、智能化、共享化成为汽车产业的发展潮流和趋势。发展新能源汽车是应对气候变化、推动绿色发展的战略举措，对建设清洁美丽中国、构建人类命运共同体具有重要意义。新能源汽车融合新能源、新材料和互联网、大数据、人工智能等多种变革性技术，正逐步演变成机械、能源、交通、通信等多学科交叉融合的综合载体。

随着新能源汽车的快速发展，汽车试验技术也正在从传统燃油汽车转向以电驱动为主的新能源汽车领域。由于新能源汽车引入了电池、电机等动力元件，因此本书以新能源电驱动车的可靠性测试和试验为主线，从新能源汽车动力系统、整车的测试和试验两个方面展开，融入国家和企业标准解读，结合汽车可靠性工程相关知识，讲述新能源汽车的可靠性测试标准和设计思想。

全书分为两大部分。第一部分为1~4章，讲述新能源汽车的动力系统测试和试验，包括新能源汽车的动力电池系统、驱动电机系统、传动系统和燃料电池系统的测试技术和试验方法以及国际和国内相关标准。第二部分为5~8章，讲述新能源汽车的整车测试和试验，包括新能源汽车的整车基本试验、安全性试验、可靠性试验和汽车环保性试验。

全书以新能源汽车测试和试验为基础，全面阐述新能源汽车动力系统，整车测试和试验的原理、方法、技术指标、仪器设备及发展趋势等。在动力系统部分，包括：动力电池安全性、可靠性、壳体防护等；驱动电机参数测试、安全和环境适应性测试、可靠性、电磁兼容性等；新能源传动系统动力性能、燃油消耗和SOC试验、可靠性试验、振动噪声试验等；燃料电池常规试验、环境温度适应性试验、安全性试验等。在整车部分，包括：动力性、经济性、制动性、操纵稳定性、通过性、电磁兼容性等基本性能试验；电池安全性检测、整车碰撞安全等安全性能试验；动力系统、传动系统及整车的可靠性试验；排气污染物测量及汽车噪声测量等环境保护试验。

本书由燕山大学李昊教授担任主编，李学良副教授担任副主编。李昊构思了全书的结构框架，统筹全书编写工作，并编写了第1章和第2章；李学良编写了第5章、第6章和第7章；许宏鹏编写了第4章；闫梅编写了第3章和第8章。参加本书编写工作的研究生有金嘉玺、王衍荣、李国通、湛永全、刘浩然、徐宏扬。特别感谢保定长城汽车股份有限公司赵冬冬、吴涛两位资深工程师和燕山大学电气工程学院沈虹教授为本书提出的宝贵建议。

由于时间仓促，书中难免存在不妥之处，请读者原谅，并提出宝贵意见。

编　者

目 录

第1章 动力电池系统 (1)
 1.1 动力电池的分类及原理 (1)
 1.2 动力电池的主要性能指标 (8)
 1.3 动力电池系统主要试验 (10)
 1.4 动力电池系统试验平台 (20)
 1.5 动力电池及其测试技术的发展趋势 (23)

第2章 驱动电机系统 (26)
 2.1 驱动电机的分类及原理 (26)
 2.2 驱动电机的主要性能指标 (32)
 2.3 驱动电机系统主要试验 (33)
 2.4 驱动电机系统试验平台 (39)
 2.5 驱动电机及其测试技术的发展趋势 (40)

第3章 传动系统 (42)
 3.1 传动系统的基本组成 (42)
 3.2 传动系统主要试验 (46)
 3.3 传动系统试验平台 (60)
 3.4 传动系统及其测试技术的发展趋势 (65)

第4章 燃料电池系统 (68)
 4.1 燃料电池系统的基本原理 (68)
 4.2 燃料电池系统的主要性能指标 (75)
 4.3 燃料电池系统主要试验 (78)
 4.4 燃料电池系统试验平台 (86)
 4.5 燃料电池及其测试技术的发展趋势 (93)

第5章 新能源汽车基本性能 (97)
 5.1 动力性 (97)
 5.2 经济性 (101)
 5.3 制动性 (115)
 5.4 操控稳定性 (123)
 5.5 通过性 (129)
 5.6 电磁兼容性 (132)

第6章 安全性能 (135)

  6.1 电池安全性试验 ···(135)
  6.2 整车碰撞安全性试验 ··(144)
第7章 可靠性试验 ···(155)
  7.1 动力系统可靠性试验 ··(156)
  7.2 传动系统可靠性试验 ··(161)
  7.3 整车可靠性试验 ···(164)
第8章 汽车环境保护试验 ··(171)
  8.1 排气污染物测量 ···(171)
  8.2 汽车噪声测量 ··(178)
附录 ··(184)
  附录A 动力蓄电池相关标准 ···(184)
  附录B 新能源汽车驱动电机相关标准 ·····································(184)
  附录C 新能源汽车传动系统相关标准 ·····································(184)
  附录D 燃料电池汽车相关标准 ···(185)
  附录E 新能源汽车通过性试验相关标准 ·································(185)
  附录F 新能源汽车安全试验相关标准 ·····································(187)
  附录G 新能源汽车可靠性试验相关标准 ·································(189)
  附录H 汽车环境保护试验相关标准 ·······································(190)
参考文献 ···(191)

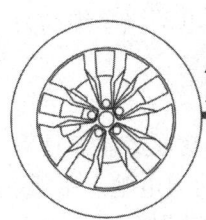

第1章 动力电池系统

学习目标

1. 了解动力电池的历史和发展趋势,掌握各类动力电池的结构、工作原理和运行特性。
2. 熟悉车用动力电池的测试标准和试验方法。

思　考

1. 哪些电池能作为汽车的动力蓄电池来使用?
2. 电驱动汽车对蓄电池的要求如何?
3. 国家标准和国际标准对车用动力蓄电池做了哪些要求?

1.1 动力电池的分类及原理

1.1.1 动力电池概述

1. 动力电池的定义

纯电动汽车不再需要燃油,它没有内燃机和燃油箱,简单来说就是用电机取代了内燃机,动力电池取代了燃油。电动汽车的主要动力源为电能,通过电机等动力装置将电能转化为机械能,从而驱动车轮行驶,而电能来自纯电动汽车的动力电池系统。作为电动汽车的能量来源,动力电池技术一直是影响电动汽车的实用化进程的关键因素之一。

动力电池是为电动汽车提供能量的电能储存元件,一般将车载的高压驱动电池称为动力蓄电池或动力电池,相当于传统内燃机汽车"燃油箱"的作用。GB/T 19596—2017《电动汽车术语》中动力电池的定义:为电动汽车动力系统提供能量的蓄电池。电动汽车用动力电池与普通电池不同,它是以较长时间的中等电流持续放电为主,间或以大电流放电（起动、加速时）并以深循环使用为主。

2. 动力电池的特征

电动汽车要求动力电池具有高能量密度、高功率密度、较长的循环寿命、较好的充放电性能、良好的电池一致性，同时具有价格优势和使用维护方便等特征。电动汽车用动力电池与普通电池相比，有以下区别。

1）性质不同

相对于为便携式电子设备提供能量的小型电池而言，动力电池是指为交通运输工具提供驱动能量的电池，包括传统的铅酸蓄电池、镍氢电池和新兴的锂离子动力电池。手机、笔记本电脑等消费电子产品使用的锂电池一般统称为锂电池，以区别于电动汽车用的动力电池。

2）放电功率不同

一颗 4 200 mA·h 的动力电池可以在短短几分钟内将电量放光，但是普通电池完全做不到，因此普通电池的放电能力完全无法与动力电池相比。动力电池与普通电池最大的差别，在于其放电功率大、比能量高。由于动力电池主要用途为车用能源供给，因此相较于普通电池要有更高的放电功率。

3）放电时间不同

与传统内燃机汽车上的起动蓄电池相比，动力电池能以小电流放电几个小时，放电深度很深。起动蓄电池放电时间很短，但是瞬间大电流放电能力强，利于大电流起动。

3. 动力电池的作用

动力电池系统作为电动汽车的能量源，它除了为整车提供持续稳定的能量，还承担以下任务：

(1) 计算整车的剩余电量和充电提醒；
(2) 对电池进行温度、电压、湿度的检测；
(3) 漏电检测和异常情况报警；
(4) 充放电控制和预充电控制；
(5) 电池一致性的检测；
(6) 系统自检。

1.1.2 动力电池的分类

电动汽车可采用的动力电池种类很多，主要有铅酸蓄电池、镍系列电池和锂系列电池，其他还包括氯化镍高能电池、锌-空气电池、质子交换膜燃料电池、直接甲醇燃料电池、石墨烯电池等。常见动力电池的性能比较如表1-1所示。

表1-1 常见动力电池的性能比较

电池类别	电压/V	质量比能量/$(W \cdot h \cdot kg^{-1})$	体积比能量/$(W \cdot h \cdot L^{-1})$	记忆效应	循环寿命(80% DOD)/次	价格/$[美元 \cdot (kW \cdot h)^{-1}]$
VRLA	2.0	35	80	无	400	93~100
Cd-Ni	1.2	45	160	有	500~1 000	1 000
MH-Ni	1.2	70	240	有	500~800	1 250
Li-ion	3.6	125	300	无	600~1 000	2 000

续表

电池类别	电压/V	质量比能量/$(W \cdot h \cdot kg^{-1})$	体积比能量/$(W \cdot h \cdot L^{-1})$	记忆效应	循环寿命(80% DOD)/次	价格/[美元·$(kW \cdot h)^{-1}$]
聚合物 Li-ion	3.6	200	300	无	600~1 000	2 500
Zn-Ni	1.65	75	180	无	300~500	200
锌-空气	1.4	135	1 000	无	可再生	100

1. 铅酸蓄电池

自1859年法国科学家普兰特发明了铅酸蓄电池以来,铅酸蓄电池历经了许多重大的改进。由于制造工艺及相关配套技术成熟,且具有价格便宜、规格齐全、原料易得、使用可靠、温度特性好、可大电流放电等优点,因此铅酸蓄电池在许多领域得到了广泛应用。在此主要对新能源汽车所用的铅酸蓄电池予以介绍。

铅酸蓄电池是指正极活性物质使用二氧化铅,负极活性物质使用海绵状铅,并以硫酸溶液为电解液的蓄电池。铅酸蓄电池主要用在低速电动汽车上。

1) 铅酸蓄电池的基本分类

铅酸蓄电池分为免维护铅酸蓄电池和阀控密封式铅酸蓄电池。

(1) 免维护铅酸蓄电池。这类电池由于自身结构上的优势,电解液的消耗量非常小,在使用寿命内基本不需要补充蒸馏水,具有耐振、耐高温、体积小、自放电小的特点,使用寿命一般为普通铅酸蓄电池的2倍。市场上的免维护铅酸蓄电池也有两种:一种是在购买时一次性加电解液,以后使用中不需要添加补充液;另一种是本身出厂时就已经加好电解液并封死,用户根本就不能加补充液。

(2) 阀控密封式铅酸蓄电池。这类电池在使用期间不用加酸、加水维护,电池为密封结构,不会漏酸,也不会排酸雾。电池盖子上设有溢气阀(也叫安全阀),其作用是当电池内部气体量超过一定值,即当电池内部气压升高到一定值时,溢气阀自动打开排出气体,然后自动关闭,防止空气进入电池内部。

阀控密封式铅酸蓄电池分为玻璃纤维(Absorbent Glass Mat, AGM) 电池和胶体(Gelled, GEL)电池两种。AGM电池采用吸附式玻璃纤维棉作隔膜,电解液吸附在极板和隔膜中,电池内无流动的电解液,电池可以立放工作,也可以卧放工作;GEL电池以二氧化硅(SiO_2)作凝固剂,电解液吸附在极板和胶体内,一般立放工作。若无特殊说明,阀控密封式铅酸蓄电池皆指AGM电池。

电动汽车使用的动力电池一般是阀控密封式铅酸蓄电池。

2) 铅酸蓄电池的型号含义

铅酸蓄电池通常按用途、结构和维护方式来分类,我国铅酸蓄电池产品型号的中间部分就表示其类型。通常,铅酸蓄电池型号用三段式来表示:第一段用数字表示串联的单体电池数,第二段用两组字母分别表示其用途和特征,第三段用数字表示额定容量。例如,型号6DAW150表示为由6个单体电池串联组合(通常单体电池电压为2 V)成为额定电压为12 V,用于电动汽车的干荷电式、免维护及额定容量为150 A·h的蓄电池。其中,特征就是按其结构和维护方式来划分的。

3) 铅酸蓄电池的结构组成

汽车所用的普通铅酸蓄电池如前面蓄电池构造所述,正负极板浸入稀硫酸电解液中成

为单体电池。每个单体电池的标称电压为 2 V，为增加铅酸蓄电池的容量，一般由多块极板组成极群，即多块正极板和多块负极板分别用连接条（汇流排）焊接在一起，共同组成电池。新能源汽车的辅助电源及传统内燃机汽车起动用的 12 V 铅酸蓄电池就是由 6 个独立的铅酸单体蓄电池组成的，而新能源汽车的动力电池组则为多个电池以多种方式组合成的大容量电池。铅酸蓄电池的构造如图 1-1 所示。

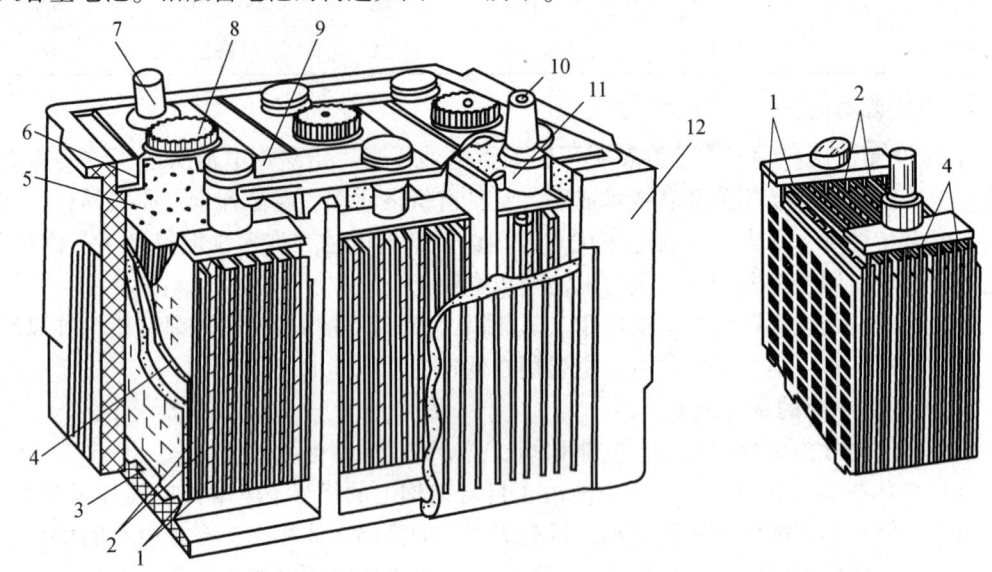

1—正极板；2—负极板；3—肋条；4—隔板；5—护板；6—封料；7—负极柱；
8—加液口盖；9—电极连接条；10—正极柱；11—极柱衬套；12—蓄电池容器。

图 1-1 铅酸蓄电池的构造

2. 锂离子电池

锂离子电池是 1990 年由日本索尼公司首先推向市场的高能蓄电池。与其他蓄电池相比，锂离子电池具有电压高、质量能量密度高、充放电寿命长、无记忆效应、无污染、快速充电、自放电率低、工作温度范围宽和安全可靠等优点。相比于镍氢电池，电动汽车采用锂离子电池，可使电池组的质量下降 40%～50%，体积减小 20%～30%，能源效率也有一定程度的提高。所以，锂离子电池逐渐成为电动汽车动力电池的首选。

1）锂离子电池的分类

（1）按电解质材料分类：根据所用电解质材料的不同，锂离子电池可以分为聚合物锂离子电池和液态锂离子电池。

（2）按正极材料分类：根据正极材料的不同，锂离子电池可以分为锰酸锂离子电池、磷酸铁锂离子电池、镍钴锂离子电池及三元（镍钴锰）材料锂离子电池。目前应用广泛的是锰酸锂离子电池、磷酸铁锂离子电池和三元材料锂离子电池。

（3）按外形分类：根据外形形状的不同，锂离子电池可以分为方形锂离子电池和圆柱形锂离子电池。

2）普通锂离子电池的特点

单体电池工作电压高达 3.7 V，是镍-镉电池、镍-氢电池的 3 倍，铅酸蓄电池的 2 倍；质量轻；质量比能量大，高达 150 W·h/kg，是镍-氢电池的 2 倍、铅酸电池的 4 倍，因此质量是相同能量的铅酸蓄电池的 1/4～1/3；体积比能量大，高达 400 W·h/L，是铅酸蓄电池的 1/3~1/2；提供了合理的结构、更美观的外形设计条件和设计空间；循环寿命长，以容量保持 60% 计，电池组 100% 充放电循环次数可以达到 600 次以上，使用年限可达 3~5 年，为铅酸蓄电池的 2~3 倍；自放电率低，每月不到 5%；允许工作温度范围宽，可在 -20~55℃ 条件下工作；无记忆效应，所以每次充电前无须像镍-镉电池、镍-氢电池一样充分放电，可以随时随地进行充电；电池充放电深度对电池的寿命影响不大，可以全充全放；无污染，锂离子电池中不存在有毒物质，因此被称为"绿色电池"，而铅酸蓄电池和镍-镉电池由于存在有害物质铅和镉，故环境污染问题严重。

3）锂离子电池的基本结构

液态锂离子电池和聚合物锂离子电池的主要区别在于电解质不同，液态锂离子电池使用的是液体电解质，而聚合物锂离子电池则以聚合物电解质来代替。不论是液态锂离子电池还是聚合物锂离子电池，它们所用的正、负极材料都是相同的，工作原理也基本一致。液态锂离子电池的负极材料采用碳材料，主要有石墨、微珠碳、石油焦、碳纤维和裂解碳等；正极材料主要有 $LiCoO_2$、$LiNiCoMnO_2$、$LiMngO$ 等，其中 $LiCoO_2$ 应用较为广泛，可逆性、放电容量、充放电率、电压稳定性等性能均较好；电解质为液态，其溶剂为无水有机物；隔膜采用聚烯类多孔膜，如 PE、PP 或复合膜；外壳采用钢或铝材料，盖体组件具有防焊、断电的功能。聚合物锂离子电池又称为高分子锂电池，属第二代锂离子电池。聚合物锂离子电池由多层薄膜组成，第一层为金属箔集电极，第二层为负极，第三层为固体电解质，第四层为正极，第五层为绝缘层。负极采用高分子导电材料、聚乙炔、人造石墨、聚苯胺或聚对苯酚等制成，正极采用 $LiCoO_2$、$LiNiCoMnO\backslash LiMngO$ 和 $LiFePO$ 等制成；电解质为胶体电解质，如有机碳酸酯混合物等。

1.1.3 动力电池系统原理

1. 铅酸蓄电池工作原理

铅酸蓄电池放电和充电的反应过程，是铅酸蓄电池活性物质进行可逆化学变化的过程。它们可以用以下化学反应方程式表示：

$$PbO_2 + 2H_2SO_4 + Pb \rightleftharpoons 2PbSO_4 + 2H_2O$$

铅酸蓄电池在放电时，化学反应由左向右进行，其相反的过程为充电过程的化学反应。放电时，负极板中的每个铅分子从硫酸电解液中吸收 1 个硫酸根离子组成硫酸铅，自己却放出 2 个电子送到正极板；正极板的二氧化铅在吸收电子的同时，自硫酸电解液中吸收 1 个硫酸根离子化合成硫酸铅，并放出 2 个氧离子；电解液中硫酸的 1 个分子被铅吸收 1 个硫酸根离子后余下 2 个氢离子，当二氧化铅放出 2 个氧离子时，就和这 4 个氢离子自动结合成 2 个水分子。所以，放电时电解液中水的成分增加而硫酸的成分减少。

充电时，负极板的硫酸铅自电源中取得 2 个电子后就放出 1 个硫酸根离子于电解液中，而自己变为铅；正极板处硫酸铅中的铅离子在电流的作用下失去 2 个电子变成 4 价铅离子，它和电解液中的氢氧根结合生成氢氧化铅，由于不稳定，又分解为氧化铅和水；负极板放出的 1 个硫酸根离子与正极板放出的 1 个硫酸根离子和电解液中剩下的 4 个氢离子化合成 2 个硫酸分子。所以，充电时电解液中的水分逐渐减少而硫酸的成分逐渐增加。

由于铅酸蓄电池在放电时其 H_2SO_4 的浓度会逐渐减小，因此，可以用比重计来测定硫酸的密度，再由铅酸蓄电池电解液密度确定其放电程度。单体铅酸蓄电池的电压为 2 V，在使用或存放一段时间后，当电压降低到 1.8 V 以下或电解液的密度下降到 1.2 g/cm³ 时，铅酸蓄电池就必须充电，如果电压继续下降，则铅酸蓄电池将可能损坏。

2. 锂离子电池工作原理

以两种不同的、能够可逆地插入及脱出锂离子的嵌锂化合物，分别作为电池正、负极的二次电池即为锂离子电池。锂离子电池是由锂原电池改进而来的。锂原电池的正极材料是二氧化锰（MnO_2）或亚硫酰氯（$SOCl_2$），负极是锂，电池组装完成后无须充电即有电压，这种电池虽也可充电，但循环性能不好，在充放电循环过程中容易形成锂枝晶，造成电池内部短路，所以这种电池是不允许充电使用的。日本索尼公司在1991年研发成功了以碳材料为负极的锂离子电池，它可进行可逆反应，不过该反应不再是一般电池中的氧化还原反应，而是锂离子在充放电过程中可逆地在化合物晶格中嵌入和脱出的反应。当对电池进行充电时，电池的正极上有锂离子生成，生成的锂离子经过电解液运动到达负极。而作为负极的碳呈层状结构，它有很多微孔，到达负极的锂离子就嵌入到碳层的微孔中，嵌入的锂离子越多，充电容量越高。同样，当对电池进行放电时，嵌在负极碳层中的锂离子脱出，又运动回到正极，回正极的锂离子越多，放电容量越高。在充放电过程中，锂离子如同一把摇椅在正、负两个电极之间往返嵌入和脱出，因此锂离子电池也被形象地称为"摇椅式电池"。锂离子电池的电极反应式如下。

正极：
$$LiMO_2 \underset{放电}{\overset{充电}{\rightleftharpoons}} Li_{1-x}MO_2 + xLi^+ + xe^-$$

负极：
$$nC + xLi^+ + xe^- \underset{放电}{\overset{充电}{\rightleftharpoons}} Li_xC_n$$

电池：
$$LiMO_2 + nC \underset{放电}{\overset{充电}{\rightleftharpoons}} Li_{1-x}MO_2 + Li_xC_n$$

式中，M 为 Co、Ni、W、Mn 等金属元素。

锂离子电池的工作原理（即其充放电原理）如图1-2所示。

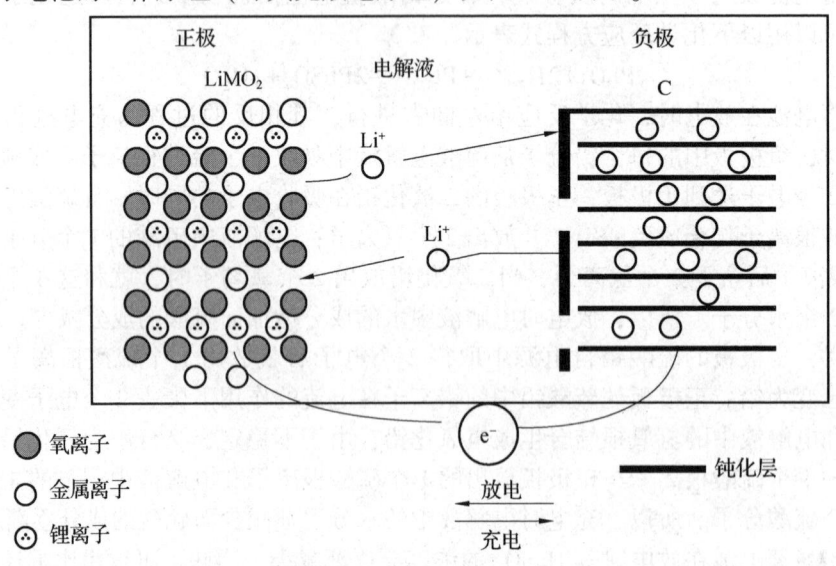

图1-2 锂离子电池的工作原理

由于锂离子电池的充放电过程只涉及锂离子而不涉及金属锂，因此从根本上解决了由于锂枝晶的产生而带来的安全性的问题。

1）钴酸锂离子电池的工作原理

钴酸锂离子电池的工作原理如图 1-3 所示。试验证明，钴酸锂（$LiCoO_2$）离子电池在正常充电结束后（即充电至截止电压为 4.2 V 左右），$LiCoO_2$ 正极材料中的 Li^+ 还有剩余。此时若发生过充电等异常情况，$LiCoO_2$ 正极材料中的 Li^+ 将会继续脱嵌，游向负极，而此时负极材料中能容纳 Li^+ 的位置已被填满，故 Li^+ 只能以金属的形式在其表面析出，聚结成锂枝晶，埋下了使电池内部短路的安全隐患。

钴酸锂离子电池的充电反应式为：

$$LiCoO_2 \Longrightarrow 0.5Li + Li_{0.5}CoO_2$$

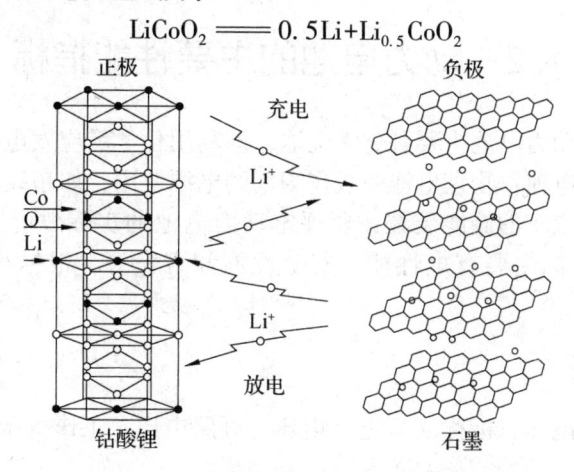

图 1-3 钴酸锂离子电池的工作原理

2）锰酸锂离子电池的工作原理

合成性能好、结构稳定的正极材料锰酸锂是锂离子电池电极材料的关键，锰酸锂是较有前景的锂离子电池正极材料之一，但其较差的循环性能及电化学稳定性却大大限制了其产业化，掺杂是提高其性能的一种有效方法。掺杂有强 M—O 键、较强八面体稳定性及离子半径与锰离子相近的金属离子，能显著改善其循环性能。

锰酸锂离子电池的工作原理如图 1-4 所示。充电时，锂离子从正极材料的晶格中脱出，通过电解液和隔膜嵌入到负极中；放电时，锂离子从负极脱出，通过电解液和隔膜嵌入到正极材料晶格中。

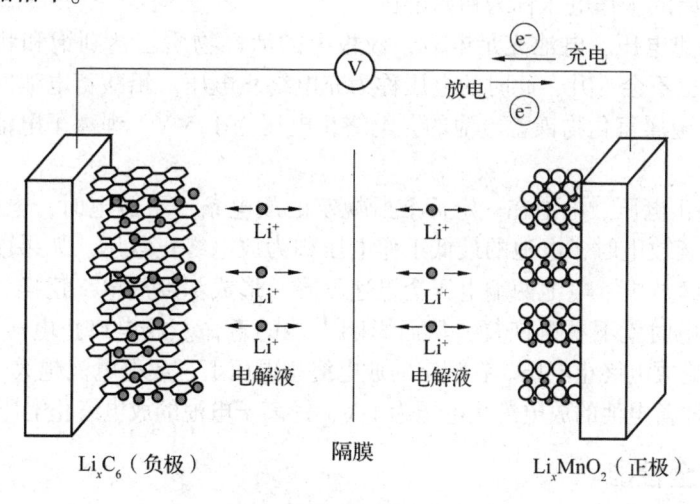

图 1-4 锰酸锂离子电池的工作原理

钴酸锂离子电池的电极反应式如下。

正极：
$$Li_{1-x}Mn_2O_4 + xLi^+ + xe^- = LiMn_2O_4$$

负极：
$$Li_xC = C + xLi^+ + xe^-$$

电池：
$$Li_{1-x}Mn_2O_4 + Li_xC = LiMn_2O_4 + C$$

1.2 动力电池的主要性能指标

新能源汽车上的动力电池主要是化学电池，即利用化学反应发电的电池，可以分为原电池、蓄电池和燃料电池；物理电池一般作为辅助电源使用，如超级电容器。

动力电池是电动汽车的储能装置，要评定动力电池的实际效应，主要是看其性能指标。动力电池性能指标主要有电性能、安全性能和寿命等，根据动力电池种类不同而不同。

1.2.1 电性能

电性能主要有端电压、标称（额定）电压、开路电压、工作电压、充电终止电压和放电终止电压等。

（1）端电压。电池的端电压是指电池正极与负极之间的电位差。

（2）标称电压。标称电压也称额定电压，是指电池在标准规定条件下工作时应达到的电压。标称电压由极板材料的电极电位和内部电解液的浓度决定。铅酸蓄电池的标称电压是 2 V，金属氢化物镍蓄电池的标称电压为 1.2 V，磷酸铁锂离子电池的标称电压为 3.2 V，锰酸锂离子电池的标称电压为 3.7 V。

（3）开路电压。电池在开路条件下的端电压称为开路电压，即电池在没有负载情况下的端电压。

（4）工作电压。工作电压也称负载电压，是指电池接通负载后处于放电状态下的端电压。电池放电初始的工作电压称为初始电压。

（5）充电终止电压。电池充足电时，极板上的活性物质已达到饱和状态，再继续充电，电池的电压也不会上升，此时的电压称为充电终止电压。铅酸蓄电池的充电终止电压为 2.7~2.8 V，金属氢化物镍蓄电池的充电终止电压为 1.5 V，锂离子电池的充电终止电压为 4.25 V。

（6）放电终止电压。电池在一定标准所规定的放电条件下放电时，电压将逐渐降低，当电池不宜再继续放电时，电池的最低工作电压称为放电终止电压。如果电压低于放电终止电压后电池继续放电，电池两端电压会迅速下降，形成深度放电。这样，极板上形成的生成物在正常充电时就不易再恢复，从而影响电池的寿命。放电终止电压和放电率有关，放电电流直接影响放电终止电压。在规定的放电终止电压下，放电电流越大，电池的容量越小。金属氢化物镍蓄电池的放电终止电压为 1 V，锂离子电池的放电终止电压为 3 V。

1.2.2 安全性能

锂离子电池的单体电池是由正极、负极、隔膜和电解液等组件组成的一个比较复杂的电化学体系，其安全性取决于整个组件的"底板效应"。只有做到单体安全才能保证串并联后电池整体的性能安全地提升。

1. 输出效率

动力电池作为能量存储器，充电时把电能转化为化学能储存起来，放电时把化学能转化为电能释放出来。在这个可逆的电化学转换过程中，有一定的能量损耗，通常用电池的容量效率和能量效率来表示。

（1）容量效率。容量效率是指电池放电时输出的容量与充电时输入的容量之比，即

$$\eta_C = \frac{C_o}{C_i} \times 100\%$$

式中，η_C 为电池的容量效率；C_o 为电池放电时输出的容量，$A \cdot h$；C_i 为电池充电时输入的容量，$A \cdot h$。

影响电池容量效率的主要因素是副反应。当电池充电时，有一部分电量消耗在水的分解上。此外，自放电及电极活性物质的脱落、结块、孔率收缩等也降低容量效率。

（2）能量效率。能量效率也称电能效率，是指电池放电时输出的能量与充电时输入的能量之比，即

$$\eta_E = \frac{E_o}{E_i} \times 100\%$$

式中，η_E 为电池的能量效率；E_o 为电池放电时输出的能量，$W \cdot h$；E_i 为电池充电时输入的能量，$W \cdot h$。

2. 自放电率

自放电率是指电池在存放期间容量的下降率，即电池无负荷时自身放电使容量损失的速度，它表示电池搁置后容量变化的特性。自放电率用单位时间容量降低的百分数表示，其表达式为

$$\eta_{\Delta C} = \frac{C_a - C_b}{C_a T_t} \times 100\%$$

式中，$\eta_{\Delta C}$ 为电池自放电率；C_a 为电池存储前的容量，$A \cdot h$；C_b 为电池存储后的容量，$A \cdot h$；T_t 为电池存储的时间，常以天、月为单位。

3. 放电倍率

电池放电电流的大小常用"放电倍率"表示，是指电池在规定的时间内放出其额定容量时所需要的电流强度。由此可见，放电电流越大，即放电倍率越高，则放电时间越短。

放电倍率等于放电电流与额定容量之比。根据放电倍率的大小可分为低倍率（<0.5C）、中倍率（0.5C~3.5C）、高倍率（3.5C~7.0C）、超高倍率（>7.0C）。

例如，某电池的额定容量为 20 $A \cdot h$，若用 4 A 电流放电，则放完 20 $A \cdot h$ 的额定容量需用 5 h，也就是说以 1/5 倍率放电，用符号 C/5 或 0.2C 表示，为低倍率。

1.2.3 寿命

寿命是指电池在规定条件下的有效使用期限。电池发生内部短路或损坏而不能使用，以及容量达不到规范要求时，电池的寿命终止。

电池的寿命包括使用期限和使用周期。使用期限是指电池可供使用的时间，包括电池

的存放时间。使用周期是指电池可供重复充放电的次数，也称循环寿命。

目前，电动汽车发展的瓶颈之一就是电池价格高。

除上述主要性能指标外，还要求电池无毒性、对周围环境不会造成污染或腐蚀、有良好的充电性能、充电操作方便、充电时间短、耐振动、无记忆效应、对环境温度变化不敏感、制造成本低、易于调整和维护等。

1.3 动力电池系统主要试验

1.3.1 单体电池测试

1. 电池容量测试

电池容量的测试方法主要包括静态容量检测和动态容量检测。

（1）静态容量检测的主要目的是确定电动汽车在实际应用时，动力电池组具有充足的电量，能够在各种预定放电倍率和温度下正常工作。主要的测试方法为恒温条件下恒流放电测试，放电终止以动力电池组电压降低到设定值或动力电池组内的单体电池一致性达到设定的数值为标准。

（2）动态容量检测时，电动汽车在行驶过程中，动力电池的使用温度、放电倍率都是动态变化的。该测试主要检测动力电池组在动态放电条件下的能力，主要表现为不同温度和不同放电倍率下的能量和容量。主要测试方法为采用设定的变电流工况或实际采集的汽车应用电流变化曲线，进行动力电池组的放电性能测试，测试终止条件根据测试工况及动力电池的特性有所调整，基本也是遵循电压降低到一定的数值为标准。该方法可以更加直接和准确地反映电动汽车的实际应用需求。

电池容量测试的内容包括电池内阻、荷电保持能力及电池寿命。

1）电池内阻

电池内阻的测量方法目前主要有两种：直流放电法和交流阻抗法。直流放电法以理想直流电路为基础，对电池进行瞬间大电流放电，然后测量电池两端的瞬间压降，再通过欧姆定律计算出电池内阻，该方法简单、易于实现，在实践中得到了一定的应用。但该方法必须在静态或者脱机的情况下进行，无法实现在线测量，且动力电池组放出的瞬间电流较大，对动力电池组和负载均会造成较大冲击，影响使用。此外，测量结果稳定性不佳，一般适用于对测量精度和安全性要求不高的场合。电化学阻抗谱法俗称"交流阻抗法"，以小幅值的正弦波电流或电压信号作为激励源，输入电池，通过测定其相应信号来推算电池内阻。交流阻抗法既不是稳态法，也不是暂态法，而是在一个稳态下施加一个小的扰动，是一种准稳态方法。该方法的优点是在线测量可避免小扰动对系统产生的影响，扰动与系统的响应之间保持近似线性关系。

2）荷电保持能力

采用直封工艺制备15只D型MH-Ni电池，额定容量为7 A·h，多次活化使电池容量达到稳定状态，作为电池的初始容量，然后采用高温搁置和常温搁置两种方法进行测试。

（1）高温搁置。电池常规充电后，50 ℃搁置4天，然后以0.2C倍率放电至1 V。

（2）常温搁置。电池常规充电后，常温搁置28天，然后以0.2C倍率放电至1 V。

3）电池寿命

按我国工业和信息化部规定的电池寿命测试方法，循环寿命不应小于 500 次，具体步骤如下。

（1）电池在（20±5）℃条件下，以 C/3 倍率放电至截止电压，静置 1 h，以 C/3 倍率充电至截止电压，转恒压充电到电流降至 C/3，静置 1 h。

（2）电池在（20±2）℃条件下以 0.5C 倍率放电，直到放电容量达到额定容量的 80%。

（3）电池按步骤（1）~（2）连续重复 24 次。

（4）按步骤（1）充满电后，以 C/3 倍率放电至截止电压，计算放电容量。如果蓄电池容量小于额定容量的 80%，则终止测试。

（5）步骤（1）~（4）在规定条件下重复的次数为循环寿命数。

2. 电池安全性能测试

电池的安全性能测试是指电池在使用与搁置期间对人和装备可能造成伤害的评估。尤其是电池在滥用时，由于特定的能量输入，电池内部组成物质发生物理或化学反应而产生大量的热量，如热量不能及时散逸，可能导致电池热失控，使电池发生损坏，如猛烈的泄气、破裂、并伴随起火，造成安全事故。通用的动力电池安全测试项目及方法如表 1-2 所示。

表 1-2　通用的动力电池安全测试项目及方法

测试项目	测试方法
电性能测试	过充电、过放电、外部短路、强制放电
机械测试	自由落体、冲击、针刺、振动、挤压等
热测试	焚烧、热成像、热冲击、油浴、微波加热等
环境测试	高空模拟、浸泡、耐菌性等

3. 电池振动测试

一般测试方法为将单个电池充满电后，紧固至振动台上，按下述条件进行试验。

（1）振动方向：上下振动；

（2）振动频率：10~55 Hz；

（3）最大加速度：30 m/s^2；

（4）振动时间：2 h；

（5）放电：以 1C 倍率恒流放电至规定下限电压。

测试后放电容量损失率应小于 5%，不允许出现电压异常、电池外壳变形、漏液等现象。要求以 1C 倍率恒流放电至规定下限电压，限时 90 min。

1.3.2　动力电池组测试

1. 安全性测试

安全性测试的目的在于验证动力电池系统在滥用情况下的安全性，最重要的目的在于验证动力电池系统保护自身的能力以及在发生危险的情况下对乘员的保护能力。安全性测试主要包括跌落、挤压、水浸、火烧、热蔓延等测试。

1）跌落

（1）1 m 跌落。测试对象以实际维修或者安装过程中最可能跌落的方向，若无法确定最可能跌落的方向,则沿 z 轴方向,从 1 m 的高度处自由跌落到水泥地面上,观察 2 h。

(2) 10 m 高空跌落。测试对象以最可能跌落的方向,若无法确定最可能跌落的方向,则沿 z 轴方向,从 10 m 的高度处自由跌落到水泥地面上,观察 2 h。

2)挤压

(1) 挤压板形式:半径 75 mm 的半圆柱体,半圆柱体的长度大于测试对象的高度,但不超过 1 m。

(2) 挤压方向:x 和 y 方向(汽车行驶方向为 x 轴,另一垂直于行驶方向的水平方向为 y 轴)。

(3) 挤压程度:挤压力达到 100 kN 或挤压变形量达到挤压方向的整体尺寸的 30% 时停止挤压。

(4) 保持 10 min。

(5) 观察 1 h。

3)水浸

室温下,测试对象以实车装配状态与整车线束相连,然后以实车装配方向置于 3.5% 氯化钠溶液(质量百分比,模拟常温下的海水成分)中观察 2 h(水深要足以淹没测试对象)。对于满足 IPX7 的样品,要求振动测试完成后进行海水浸泡测试。

4)火烧

(1) 短时间耐火烧测试。

测试中,盛放汽油的平盘尺寸超过测试对象水平尺寸 20 cm,不超过 50 cm。平盘高度不高于汽油表面 8 cm。汽油液面与测试对象的距离设定为 50 cm,或者为汽车空载状态下测试对象底面的离地高度,或者由双方(测试元件提供方与产品购买方,下同)商定。平盘底层注入水。

在离被测设备至少 3 m 远的地方点燃汽油,经过 60 s 的预热后,将油盘置于被测设备下方。如果油盘尺寸太大,无法移动,可以采用移动被测样品和支架的方式。

测试对象直接暴露在火焰下 70 s。

将盖板盖在油盘上,测试对象在该状态下测试 60 s。或经双方协商同意,继续直接暴露在火焰中 60 s。

将油盘移走,观察 2 h。

(2) 长时间耐火烧测试。

测试时,盛放汽油的平盘尺寸超过测试对象水平尺寸 20 cm,不超过 50 cm。平盘高度不高于汽油表面 8 cm。汽油液面与测试对象的距离设定为 50 cm,或者为汽车空载状态下测试对象底面的离地高度,或者由双方商定。平盘底层注入水。

在离被测设备至少 3 m 远的地方点燃汽油,经过 60 s 的预热后,将油盘置于被测设备下方。如果油盘尺寸太大,无法移动,可以采用移动被测样品和支架的方式。

测试对象直接暴露在火焰下 20 min。

5)热蔓延

热蔓延测试主要验证动力电池系统发生热失控时,能否确保车内乘客的人身安全。

测试对象为整车或完整的车载可充电储能系统或包括蓄电池及电气连接的车载可充电储能系统子系统。如果选择储能系统子系统作为测试对象,则需证明子系统的试验结果能够合理地反映完整的车载可充电储能系统在同等条件下的安全性能。如果储能系统的电子管理单元没有集成在封装蓄电池的壳体内,则必须保证电子管理单元能够正常运行并发送报警信号。

测试应在以下条件进行:

(1) 除另有规定外,测试应在温度为 (25±5) ℃,相对湿度为 15%~90%,大气压力为 86~106 kPa 的环境中进行。本节所提到的室温,约是指 (25±2) ℃。

(2) 测试开始前,测试对象的 SOC (State of Charge) 应调至大于电池厂商规定的正常工作范围的 90% 或 95%。

(3) 测试开始前,所有的测试装置应都必须正常运行。若选择过充电作为热失控触发方法,则需关闭过充电保护功能。

(4) 测试应尽可能少地对测试样品进行改动,制造商需提交所做改动的清单。

(5) 测试应在室内环境或无风条件下进行。

考虑到测试的可行性和可重复性,可以选择加热、针刺和过充电作为动力电池系统热失控触发方法。其中,针刺和过充电方法只需对动力电池系统做很小的改动。针刺触发要求提前在动力电池系统的外壳上钻孔,过充电触发要求在触发对象上连接额外的导线以实现过充电。

选择可通过其中一种方法实现热失控触发的单体电池作为热失控触发对象,其热失控产生的热量应非常容易传递至相邻单体电池。

针刺触发热失控:测试刺针材料为钢;刺针直径为 3~8 mm;针尖形状采用圆锥形,角度为 20°~60°;针刺速度为 10~100 mm/s;针刺位置及方向应选择可能触发单体电池发生热失控的位置和方向。如果能够发生热失控,也可以直接从单体电池的防爆阀刺入,被针刺穿孔的单体电池称为触发对象。

过充电触发热失控:以最小 C/3、最大不超过电池厂商规定正常工作范围的最大电流对触发对象进行恒流充电,直至其发生热失控或达到 200% SOC,动力电池系统中的其他单体电池不能被过充电。

加热触发热失控:使用平面状或者棒状加热装置,并且其表面应覆盖陶瓷、金属或绝缘层。对于尺寸和单体电池相同的块状加热装置,可用该加热装置代替其中一个单体电池;对于尺寸比单体电池小的块状加热装置,则可将其安装在模块中,并与触发对象的表面直接接触;对于薄膜加热装置,则应将其始终附着在触发对象的表面;在任何可能的情况下,加热装置的加热面积都不应大于单体电池的表面积;将加热装置的加热面与单体电池表面直接接触,加热装置的位置应与规定的温度传感器的位置相对应;安装完成后,立即以加热装置的最大功率对触发对象进行加热;加热装置的功率选择如表 1-3 所示,非强制性要求;当发生热失控或者监测点温度达到 300 ℃ 时,停止触发。

表 1-3 加热装置功率选择

测试对象能量 E/(W·h)	加热装置最大功率/W
$E<100$	30~300
$100 \leqslant E<400$	300~1 000
$400 \leqslant E<800$	300~2 000
$E \geqslant 800$	>600

以下是判断是否发生热失控的条件：

（1）测试对象产生电压降；

（2）监测点温度达到电池厂商规定的最高工作温度；

（3）监测点的温升速率 $dT/dt \geq 1 \ ℃/s$。

当（1）与（3）或者（2）与（3）同时发生时，判定发生热失控。如果测试已经停止，且过程中未发生热失控，测试中止。

判断是否发生热失控的方法是监测触发对象的电压和温度。监测电压时，应不改动原始的电路。温度数据的采样间隔应小于 1 s，准确度要求为 ±2 ℃，温度传感器尖端的直径应小于 1 mm。

针刺触发时，温度传感器的位置应尽可能接近针刺点。

过充电触发时，温度传感器应布置在单体电池表面与正、负极柱等距且离正、负极柱最近的位置。

加热触发时，温度传感器布置在远离热传导的一侧，即安装在加热装置的对侧。如果很难直接安装温度传感器，则将其布置在能够探测到触发对象连续温升的位置。

2. 机械可靠性测试

机械可靠性测试主要是通过模拟不同的运行条件，验证动力电池系统在振动、机械冲击、模拟碰撞等条件下的可靠性。

1）振动

振动测试主要采用两种振动方式：扫频振动和随机振动。扫频振动是指用一个连续变化但不间断的频率进行振动。随机振动是指未来任一给定时刻的瞬时值不能预先确定的机械振动。

2）机械冲击和模拟碰撞

机械冲击和模拟碰撞测试都是考核动力电池系统在经受惯性载荷影响的情况下的可靠性。机械冲击侧重于垂直方向，模拟汽车通过不平路面或其他情况下受到冲击时电池系统受到的 z 向冲击载荷。模拟碰撞是验证汽车以一定的车速发生碰撞时在水平方向上受到的惯性载荷。

机械冲击测试，主要是验证在 z 轴方向上动力电池系统的可靠性。在对样品施加一定的冲击载荷后，观察测试现象。一般情况下，要求测试后动力电池系统安装可靠、无漏液、无着火、无爆炸等。在验证测试中遇到最多的问题是测试后样品连接处断裂等现象。

3. 保护可靠性测试

保护可靠性是通过模拟汽车使用过程中可能发生的意外情况，验证动力电池系统的保护功能，包括过充电保护、过放电保护、过温保护、过电流保护、短路保护等方面。保护可靠性测试中，电池管理系统或保护装置起作用是唯一的合格条件。制造商在保护条件设定上，可以分为不同的等级。以过充电为例，可以规定不同级别的电压阈值对应不同的动作——提示、报警、断开继电器等。

1）过充电保护

测试时测试对象中所有控制系统应处于工作状态。充电电流倍率为 1C 或者由双方协商确定，充电至电池管理系统起作用或满足以下条件时停止测试：测试对象的最高电压的 1.2 倍；达到 130% SOC；超过厂家规定的最高温度 5 ℃；出现其他意外情况。

2）过放电保护

测试时测试对象中所有控制系统应处于工作状态。标准放电至放电截止条件，继续以 1C 倍率（不超过 400 A）放电，直至电池管理系统起作用或满足以下条件时停止测试：总电压低于额定电压的 25%；放电时间超过 30 min；超过厂家规定的最高温度 5 ℃；出现其他意外情况。

3）过温保护

测试时测试对象中所有控制系统应处于工作状态。测试温度为测试对象最高工作温度，以测试对象允许的最大持续充放电电流进行充放电试验，直至电池管理系统起作用或满足以下条件时停止测试：超过最高工作温度 10 ℃；在 1 h 内最高温度变化值小于 4 ℃；出现其他意外情况。

4）过电流保护

测试时测试对象中所有控制系统应处于工作状态。室温下，逐步增大电池的充放电电流，当电池电流达到充放电电流保护限值时电池管理系统起作用或满足以下条件时停止测试：超过最大电流限值 10%；温度达到最高温度限值；出现其他意外情况。

4. 壳体防护功能测试

动力电池系统壳体防护功能测试主要是验证动力电池系统壳体的保护功能及耐腐蚀功能，主要包括防尘、防水、防碎石冲击、阻燃、耐腐蚀等内容。

1）防尘

壳体防尘功能测试主要参照 GB 4208—2017《外壳防护等级（IP 代码）》完成。标准中规定了防尘等级分为 IP0X～IP6X 等 7 个等级，IP0X 要求最低，为无防护；IP6X 为最高等级，要求无灰尘进入。通常情况下，电动汽车用的动力电池系统均要求"IP6X 尘密"级别，即测试过程中无灰尘进入。

2）防水

防水功能测试主要参照 GB 4208—2017《外壳防护等级（IP 代码）》完成。标准中规定了防水等级分为 IPX0～IPX8 等 9 个等级，IPX0 要求最低，为无防护；IPX8 为最高等级，要求防持续潜水影响。

3）防碎石冲击

针对壳体表面涂层的碎石冲击测试，GB/T 14685—2022 规定建设用卵石、碎石直径应大于 4.75 mm 在 SAEJ400 标准中和 OM104 标准中也有相关的规定。

测试时，将直径为 9～15 mm 的花岗岩通过喷气喷向倾斜角为 20°的测试样品。通常情况下，测试喷气的压力为（0.2±0.02）MPa，喷射压力为（20.4±0.03）MPa，砂砾量约为 850 g，测试次数为 3 次或 5 次。

4）阻燃

对于动力电池系统的阻燃特性测试，主要是验证动力电池系统使用的绝缘材料及线束、线缆等材料的阻燃特性，具体测试方法和要求如下所述。

（1）B 级电压部件所用绝缘材料的阻燃性能应符合 GB/T 2408—2021 规定的水平燃烧 HB 级，垂直燃烧 V—0 级。B 级电压电缆防护用波纹管及热收缩双壁管的温度等级应不低于 125 ℃，热收缩双壁管的性能应符合 QC/T 29106—2014 中附录 B 的要求，波纹管的性能应符合 QC/T 29106—2014 中附录 D 的要求。

（2）可充电储能系统内应使用阻燃材料，阻燃材料的阻燃等级应达到 GB/T 2408—2021 规定的水平燃烧 HB 级，垂直燃烧 V—0 级。

5）耐腐蚀

动力电池系统壳体材料的耐腐蚀测试主要参照 ISO 16750-5 进行。测试的目的主要是验证壳体材料的耐腐蚀能力，研究其寿命，并选择有效的防腐措施，提高壳体的防腐能力。耐腐蚀测试主要分为三大类：实验室测试、现场测试和实物测试。实验室测试是有目的地将小类样件置于人工配制的受控环境介质条件下进行腐蚀测试；现场测试是将专门制备的样件置于现场的实际环境进行腐蚀测试；实物测试是将材料制成实物部件、设备或者装置，在现场的实际应用下进行腐蚀测试。

通常情况下，以实验室测试为主要测试手段，采用 3~12 个平行测试，测试尺寸要求如下。

矩形：50 mm×25 mm×（2~3）mm。

圆盘形：ϕ（30~40）mm×（2~3）mm。

圆柱形：ϕ10 mm×20 mm。

对于电动汽车用动力电池系统壳体，应根据实际情况选择合适的腐蚀液，如汽油、机油、电池电解液等。

1.3.3 解析测试

1. 容量和能量测试

容量和能量测试的主要目的在于测定动力电池系统在不同条件下的可用容量和能量。一般情况下，对测试结果影响较大的是环境温度，同时放电机制也会有一定的影响，故本节将着重从环境温度出发，验证动力电池系统在不同条件下的可用容量和能量，以及在不同的放电机制下的性能指标。

对于环境条件，以低温、常温、高温 3 种不同条件为主，常温为 25 ℃，低温和高温根据整车实际使用情况确定。对于放电机制，采用恒流放电和恒功率放电两种。通常，在相同的环境下，放电倍率越大，系统的放电容量越小，如图 1-5 所示。

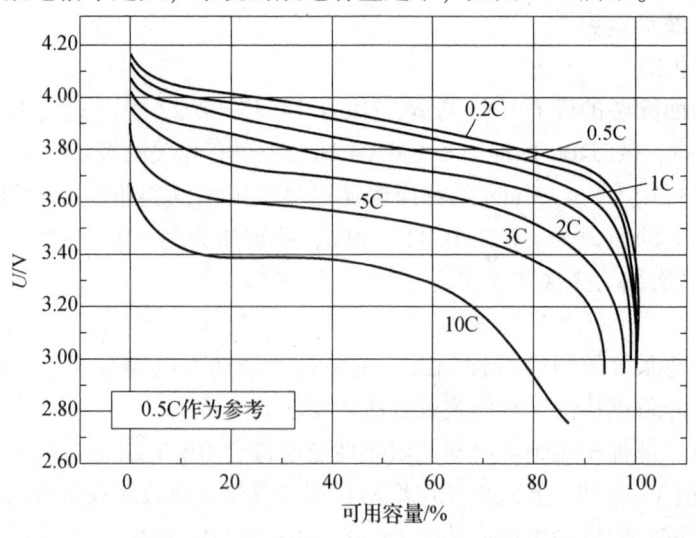

图 1-5 相同温度下不同倍率放电容量曲线

在不同通行条件（如环境温度、路况、负载等）下进行测试时，需要充分研究动力电池系统的使用状态。通过测试，模拟汽车实际使用中可能发生的情况。在不同温度下进行测试时，通常环境温度越低，系统的放电容量越少，如图1-6所示。

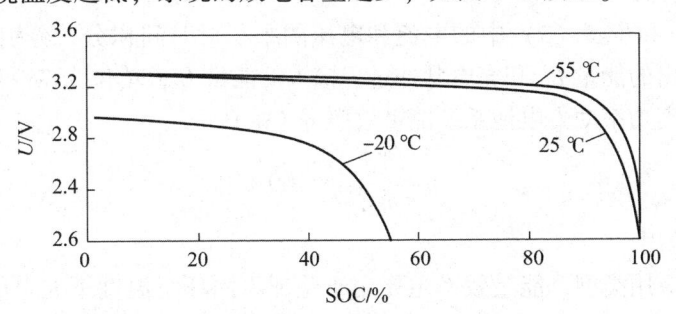

图1-6 不同温度下电池系统1C放电容量曲线

2. 功率和内阻测试

功率和内阻测试主要是测定动力电池系统在不同温度下的可用功率和直流内阻，主要测试标准包括ISO 12405和FreedomCAR。

ISO 12405规定功率和内阻测试分别在高温、低温和常温环境下进行，动力电池系统SOC可选择为90%或制造商规定的最高允许状态、50%、20%或制造商规定的最低允许状态。详细测试步骤可参阅ISO 12405，需要注意的是，在高、低温环境下进行功率和内阻测试时，需要在常温状态下进行SOC调节，然后在目标环境温度下进行温度均衡，然后进行相应测试。

FreedomCAR中规定的混合脉冲功率（HPPC，Hybrid Pulse Power Characterization）测试可以测定电池系统10% SOC～90% SOC下的可用功率和直流内阻，间隔为10% SOC。HPPC测试也是行业中使用最为广泛的可用功率和直流内阻测试方法。表1-4为HPPC测试脉冲参数。

表1-4 HPPC测试脉冲参数

持续时间/s	累积时间/s	电流倍率
10	10	1.00C
40	50	0
10	60	-0.75C

3. 能量效率测试

针对不同的应用类型，能量效率测试方法各不相同。对于高功率应用，能量效率测试偏重于验证动力电池系统对高倍率回馈能量的回收和利用；对于高能量应用，偏重于验证动力电池系统在不同充电机制下的充电性能。

1）高功率应用

对于高功率应用类型，能量效率主要用于验证不同环境温度下，动力电池系统在不同SOC状态时回收和利用高倍率回馈能量的能力。环境温度分为低温、常温和高温，动力电池系统的SOC状态主要根据整车实际使用状态确定，推荐使用65%、50%、35%等。能量效率的测试过程由电量相互中和的放电脉冲和充电脉冲及静置过程组成：

（1）20C倍率或I_{max}（取二者之间较大值）恒流放电，持续12 s；

（2）静置 40 s；

（3）15C 倍率或 $0.75I_{max}$（取二者之间较大值）恒流充电，持续 16 s。

能量效率计算方式：

将步骤（1）和步骤（3）中的电流和电压的乘积对时间积分，分别计算出动力电池系统放电脉冲输出的能量 E_o 和充电脉冲过程输入的能量 E_i，单位为 W·h。

按下式计算高功率动力电池系统能量效率 η（%）：

$$\eta = \left|\frac{E_o}{E_i}\right| \times 100\%$$

2）高能量应用

对于高能量应用类型，能量效率主要用于验证不同环境温度下充电的性能。在常温、高温和低温条件下，以制造商规定的充电机制进行充电，直至达到充电截止条件。然后在常温条件下，以相同的放电机制进行放电，验证不同条件下的充电可用容量和能量。表 1-5 为针对某款样品进行能量效率测试的结果。

表 1-5　针对某款样品进行能量效率测试的结果

序号	测试温度/℃	测试电流	充电能量/(W·h)	放电能量/(W·h)	能量效率/%
1	25	1C	12.16	11.52	94.78
2	0	1C	11.94	11.15	93.34
3	-20	1C	11.49	10.34	89.95

4. 起动能力测试

动力电池系统的起动能力主要是验证在低温和低 SOC 下的起动功率输出能力。起动能力测试以恒压放电的方式进行，并将制造商规定的最大脉冲放电电流作为电流上限，采集放电脉冲末端的电压 U 和电流 I，根据以下公式计算动力电池系统的低温起动功率。

第 i 次恒压放电平均功率：

$$P'_i = \frac{\sum UI}{n}$$

低温起动功率：

$$P' = \frac{P'_1 + P'_2 + P'_3}{3}$$

5. 自放电性能测试

自放电性能测试用于验证动力电池系统在长期搁置状态下的荷电保持能力及荷电恢复能力，同时自放电性能测试中最小监控单元的电压差可以作为系统内部是否有内短路隐患的依据。测试时，断开动力电池系统的高压连接、低压连接，关闭冷却系统及其他必要的连接装置；SOC 可依据具体情况确定；测试温度为 45 ℃，测试周期为 168 h 和 720 h。具体测试流程如下：

（1）在常温环境下，以设定的放电机制将动力电池系统放电至规定的放电截止条件；

（2）静置不少于 30 min；

（3）以设定的充电机制将动力电池系统充电至满电状态；

（4）静置不少于 30 min；

（5）调整 SOC 至目标值；

（6）将动力电池系统置于 45 ℃环境中 168 h 或 720 h；

（7）在常温环境中静置不少于 8 h；

（8）在常温环境下，以设定的放电机制将动力电池系统放电至规定的放电截止条件；

（9）静置不少于 30 min；

（10）以设定的充电机制将动力电池系统充电至满电状态；

（11）静置不少于 30 min；

（12）在常温环境下，以设定的放电机制将动力电池系统放电至规定的放电截止条件。

6. 充电接受能力测试

充电接受能力测试用于验证动力电池系统在不同状态下的可充电能力，主要分为两种充电制式，慢充电和快充电。慢充电是指系统设计目标中设定的以较低倍率进行充电的制式。快充电是指系统设计目标中设定的以较高倍率进行快速充电的制式。

（1）慢充电接受能力测试。分别在低温、常温、高温环境下进行测试。在指定温度下进行慢充电接受能力测试时，重点在于考核充电的容量和能量，以及充电时间。具体测试流程如下：

①常温条件下，以相同的放电机制将动力电池系统放电至规定的放电截止条件；

②在目标温度下静置；

③在目标温度环境下，以设定的充电方式对动力电池系统进行充电，直至达到充电截止条件，记录充电容量、充电能量和充电时间；

④在目标温度下静置至温度均衡；

⑤在常温环境下，以相同的放电机制将动力电池系统放电至规定的放电截止条件，记录放电容量和放电能量。

（2）快充电接受能力测试。高倍率快速充电通常情况下是在系统运行一段时间后，在 SOC 偏低状态下进行的大倍率快速充电行为。以设计的目标倍率，在低温、常温和高温环境下分别进行测试。在指定温度下进行快充电接受能力的测试时，重点在于考核系统接受大倍率充电的能力。具体测试流程如下：

①常温条件下，以相同的放电机制将动力电池系统放电至规定的放电截止条件；

②在目标温度下静置；

③在目标温度环境下，以设定的充电方式对动力电池系统进行充电，直至达到充电截止条件，记录充电容量、充电能量、充电时间、充电结束时系统内部温差；

④在常温环境下静置至温度均衡；

⑤在常温环境下，以相同的放电机制将动力电池系统放电至规定的放电截止条件，记录放电容量和放电能量。

7. 寿命测试

对于动力电池系统的寿命测试，建议以 GB/T 31484—2015《电动汽车用动力蓄电池循环寿命要求及试验方法》中的工况寿命测试方法为基础，增加容量和能量、功率和内阻等测试。工况寿命测试可以在一定程度上体现在快速充放电模拟工况下动力电池系统的寿命变化趋势。

容量和能量、功率和内阻测试可以对动力电池系统的基本性能进行参数标定，并将容量、能量、内阻、功率等参数作为电池系统寿命变化的表征参数。在对动力电池系统的寿命参数进行分析时，质量比能量和比功率可以作为重要参数予以考虑。

1.4 动力电池系统试验平台

1.4.1 单体电池测试平台

1. 容量及充放电效率测试

在测试过程中，被测单体电池周围的环境温度需要保持恒定，这可以利用一个大小合适的恒温箱来实现；被测单体电池的放电电流需要保持恒定，这可以利用一个具有恒流放电功能的电子负载来实现。

2. 放电倍率特性测试

测试一个单体电池在不同温度条件下所能放出的最大电量与其剩余电量之间的关系。一般来说，环境温度越高，单体电池内物质的活性越大，相同剩余电量条件下所能放出的电流越大。同时，在相同的温度条件下，单体电池的剩余电荷越多，其电动势越高、内阻越小，所能支持放出的最大电流也越大。

3. 电动势曲线测试

测量单体电池在不同温度、不同剩余容量情况下的电动势及等效内阻。将两个项目合并在一起进行可以节约测试的时间和成本。由于单体电池的开路电压存在滞回效应，且充电、放电过程中所对应的等效内阻可能有差异，因此，所进行的测试将按照充电过程和放电过程分别进行。这个电动势的测量常常用"滴定法"来进行，也就是说用非常小的放电倍率进行放电。然而这样的话，测试的周期会比较长，不适合用于对不同产品批次的检定。而且，从电化学理论而言，在不损坏单体电池的前提下，其电动势只与剩余电量和温度相关，而与放电倍率无关。因此，只要在安全的放电倍率范围内，以任何倍率对单体电池进行放电都是可以的。

单体电池电动势曲线测试常用设备如图1-7、图1-8所示。

图1-7 高低温湿热试验箱　　　　图1-8 电池模拟器

4. 电池仿真测试

单体电池仿真测试内容如下：

（1）动力电池组基于不同工况的循环充放电试验；

（2）BMS 的 SOC 校准表达；

（3）对被测产品 BMS 的电压、电流等参数的校准标定。

电池仿真测试系统如图 1-9 所示。

图 1-9　电池仿真测试系统

1.4.2　动力电池组测试平台

1. 测功机选择

测功机是动力电池组测试平台的主要部件，类型有机械摩擦式测功机、水力测功机、电涡流测功机和电力测功机等。电力测功机相对而言更加适合动力电池组测试平台，因为它具有以下特点：

（1）具有较好的低速加载性能，加载范围更广，响应时间更快，既可以完成稳态负载加载，也可以实现动态转矩的施加；

（2）负载电机采用变频控制，效率较高；

（3）负载电机采用变频控制，效率较高；

（4）负载电机采用直接转矩控制，通过电模拟方式进行行驶阻力的模拟和控制，代替传统的飞轮惯量模拟法，大大缩短了测试准备时间。

2. 测试平台硬件结构

系统硬件主要包括负载电机及其控制变频器、扭矩仪、测试电机及其控制器、直流传动单元、动力电池组、检测系统和控制中心等。电动汽车动力测试平台结构如图 1-10 所示。

控制中心控制全部测试过程，有手动控制和自动控制两种控制模式。在手动控制模式下，可以手动控制电机控制方式（转矩或转速），并能调节期望转矩或转速到期望值，可以实现恒转速、恒转矩、低速起动等工况模拟。

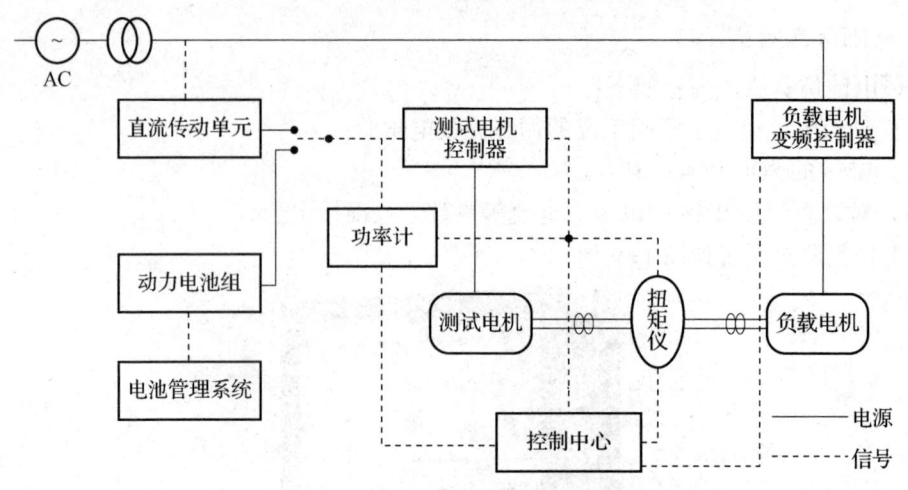

图 1-10　电动汽车测试平台结构

测试动力电池组放电性能时，控制中心控制自动切换到动力电池组，测试电机动力来自动力电池组，检测系统和电池管理系统通过控制中心反馈控制，可以实现动力电池不同电流、不同输出功率、能量反馈等工况模拟。来自动力电池组的能量大部分通过负载电机并网发电，实现能量回收。在进行能量反馈测试时，测试电机作为发电机，发出的电通过直流传动单元反馈回电网或者直接对动力电池组充电。

直流传动单元通过编程控制可以模拟动力电池组放电特性，在电动汽车开发初期对其动力进行模拟测试，提高开发效率。

3. 测试平台软件系统

系统软件包括系统初始化、电机测试、电池测试、数据处理四大模块。

（1）系统初始化模块主要完成测试系统的配置，如电机控制模式、峰值电压电流等，确保测试平台运行在安全的环境下。

（2）电机测试模块是软件系统的核心部分，分为静态手动测试、静态自动测试、动态自动测试。静态手动测试除了可以进行电机常规项目测试外，还可以用于电机的转速-转矩峰值包络线测试。图 1-11 所示为在测试平台上测试得到某交流异步电机的峰值转速-转矩包络线。

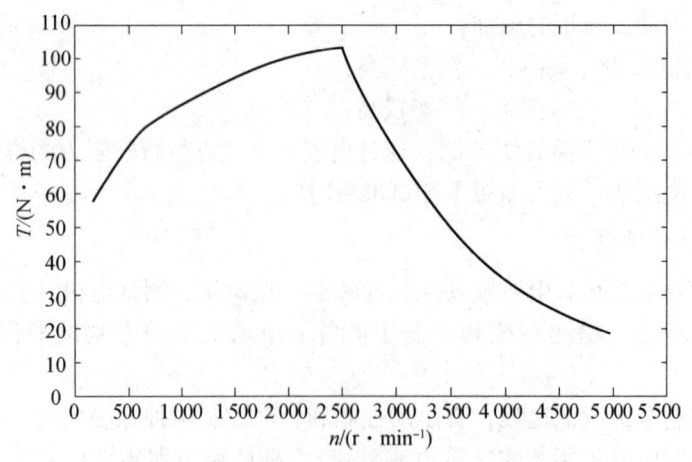

图 1-11　某交流异步电机转速-转矩峰值包络线

测得电机转速-转矩峰值包络线后,在此包络线内就可以进行电机其他项目的静态手动测试,也可以通过编程实现静态自动测试。动态测试功能主要是进行常见工况模拟实验,如爬坡、循环工况等,转速-转矩值预先在数据库中设定,无须手动调节。

(3) 电池测试模块用于动力电池组放电性能测试,可以实现恒定倍率连续放电或脉冲放电试验,也可编程实现一定工况的模拟放电。

(4) 数据处理模块完成对试验数据的后处理,自动生成电机不同测试项目的报表和曲线,自动生成动力电池组放电曲线和报表。

1.5 动力电池及其测试技术的发展趋势

1.5.1 动力电池技术的发展

长期以来,动力电池的寿命和成本问题一直是制约电动汽车发展的技术瓶颈。通过不断地创新与改进,电池技术得到了飞速的发展。动力电池已经从传统的铅酸电池发展到镍氢、钴酸锂、锰酸锂、聚合物、三元锂、磷酸铁锂等先进的绿色动力电池,在比能量、比功率、安全性、可靠性、循环寿命、成本等方面,都取得很大的进步。

表1-6列出了电动汽车用主流动力电池现状概要。其中,铅酸蓄电池由于技术成熟、成本低,在电动汽车(尤其是纯电动汽车)上广泛应用。锂离子动力电池具有容量高、比能量高、循环寿命长、无记忆效应等优点,因而成为当前电动汽车用动力电池技术研究开发的主要方向,尤其是插电式混合动力概念的推出,又为锂离子电池的应用拓展了广阔的市场空间。

表1-6 电动车用动力主流电池现状概要

参数	动力电池类型				
	铅酸蓄电池	镍镉电池	镍氢电池	钠硫电池	锂离子电池
质量比能量/($W \cdot h \cdot kg^{-1}$)	35	55	60~70	100	100~160
质量比功率/($W \cdot kg^{-1}$)	130	170	170	150	600~1 000(新型寿命可超过1 000)
循环寿命/次	400~600	500~1 000	>1 000	350	>2 000
优点	技术成熟;廉价;可靠性高;单格电池电压较高(可达2.0 V);电能效率较高(可达60%);温度适应性强,可在-40~60 ℃温度范围内工作	质量比能量及比功率较高;循环寿命长;耐过充放电性好;自放电较小;快充能力强	质量比能量高;循环寿命长;耐过充放电性能强;使用温度范围较宽,可在-30~60 ℃温度范围内使用,-40~70 ℃温度范围内储存;安全无污染	比能量高	质量比能量高,能量密度大;循环寿命长;工作电压高(3.6~3.9 V),工作电压平稳;自放电率低;可快速充放;允许温度范围宽,期望能拓宽到-40~70 ℃

续表

参数	动力电池类型					
	铅酸蓄电池	镍镉电池	镍氢电池	钠硫电池	锂离子电池
缺点	质量比能量及能量密度低；耐过充放性差；充电时间较长	Cd 有毒；价高；高温充电性差；开路电压低（1.2 V）	成本高；高温充电性差；单格电池电压较低（1.2 V）；自放电损耗大	高温工作不稳定	价高；存在一定安全性问题；不能大电流放电；耐过充放能力差；存在电压滞后现象

当前，国际上各大电池公司纷纷投入巨资研制开发锂离子动力电池，在技术上取得了一系列重大突破。例如，美国莱登能源公司研发出了一种集电器，其在能量密度高于现有锂电池的基础上，还可以在高温下安全工作，非常适合电动汽车使用。莱登能源公司用石墨集电器和硫亚胺钠替换了传统电池电解液中使用的铝制集电器和六氟磷酸锂，使电池寿命得到增加的同时在 60 ℃ 以上的高温下都能很好地工作。而且，新电池的能量密度比电动汽车中使用的锂离子高 50%。麻省固体能源公司对外宣布，公司已在电池研发领域获得世界级突破，其 2 A·h 的电池样品达到 1 337 W·h/L 的能量密度，超过苹果、三星、小米和特斯拉电池 2 倍，将挑战二十多年以来统治消费类电子产品和电动汽车的传统锂离子电池。这一项成果突破了当时世界最高纪录，并已通过美国独立电池测试实验室 A123 公司验证。

目前，传统的锂离子电池采用石墨负极仅能达到少于 600 W·h/L 的能量密度，先进的硅负极电池仅取得 800 W·h/L 的能量密度，而超薄锂金属负极电池能超过 1 000 W·h/L 的能量密度。麻省固体能源公司通过使用成熟的锂钴氧正极，成功地在 2 A·h 的电芯上实现了 1 337 W·h/L 的能量密度。2017 年，SolidEnerey 发布了第一代产品 Hermes，这是当时世界上最轻的二次电池，能量密度高达 480 W·h/kg，引发了地面和空中运输方式上新一轮的电池革命。这种电池在同样体积的情况下，可以获得两倍的电池容量，而且成本仅为传统锂离子电池的 80%。我们可以大胆想象，未来的手机或许将薄如信用卡，一次充电能用现在的 2 倍长的时间；而在可穿戴装备领域，很可能智能手表的表带就是电池；而在未来，电动汽车可能充一次电就可以续驶 800 km。美国的 A123 公司研制的锂离子动力电池，电池容量为 2.3 A·h，循环寿命长达 1 000 次以上，能够以 70 A 电流持续放电，120 A 电流瞬时放电，产品安全可靠。美国 Valence 公司研制的 U-charge 磷酸铁锂电池，除了能量密度高、安全性好以外，还可在 20~60 ℃ 的宽温度范围内放电及储存，其质量比铅酸蓄电池轻了 36%，一次充电后运行时间是铅酸蓄电池的 2 倍，循环寿命是铅酸蓄电池的 6~7 倍。随着锂离子动力电池技术的不断发展，其在电动汽车上的应用前景被汽车企业普遍看好，在近两年国际车展上各大汽车公司展出的绝大多数纯电动汽车和混合动力电动汽车都采用了锂离子动力电池。

在国内，权威部门对动力电池的测试结果表明，中国研制的动力电池的功率密度和能量密度实测数据达到了同类型电池的国际先进水平，安全性能也有了很大的提高。镍氢动力电池荷电保持能力大幅度提升，常温搁置 28 天，荷电保持能力可达到 95% 以上；目前国内动力电池企业规模化生产的能量型磷酸铁锂动力电池能量密度大致为 150 W·h/kg；用于纯电驱动的锂离子动力电池（包括铝合金壳体方形、软包装和 1865 圆柱形）能量密度大致为 120~240 W·h/kg。

磷酸铁锂动力电池的能量密度在不断提升，如何把其与硅碳良好地结合利用起来是目前正在研发的课题。而镍钴锰（622 或 811 型）或镍钴铝与硅碳的结合开发，到 2020 年，单体能量密度达到了 300 W·h/kg，是研发和产业化的重点和热点。到 2030 年，可能实现产业化的电池体系包括锂空气电池、锂硫电池和固态电池。

目前我国高比能型锂离子动力电池快速发展，单体电池能量密度达到了 (230±20) W·h/kg，安全性和寿命满足整车要求，实现了规模化应用。新型锂离子动力电池技术也进展显著。

1.5.2 动力电池测试技术展望

当前，动力电池组等容性负载综合测试技术领先的国家有美国、德国，相关企业单位有：美国电力研究院，美国的阿滨、必测公司，德国的迪卡龙公司。

作为业界先导，阿尔伯科技从 1972 年便开始设计与制造动力电池组测试和监测设备。1991 年，美国能源部与三大汽车公司（戴姆勒-克莱斯勒、福特、通用）共同成立先进电池联合体（USABC），致力于研究和发展先进的电动车能源系统，建立了专门从事电池及管理系统的测试、试验等研究的实验室和研究机构。

美国必测型号 FTF1-500-50/450（电动汽车动力电池组测试系统），通过必测 VisuaLCN 软件测试系统与网络计算机系统进行控制，用户可定义每个步骤的恒功率、恒电流、恒电压或斜坡设置数据点，每个步骤可由如下限制条件来终止，包括循环、电流、电压、功率、安时、瓦时、温度或时间等，其特点是线性调节器大功率化，各项指标实现了高精度（0.1%）测量。德国的迪卡龙型号 EVT500-450（电动汽车动力电池组测试系统）的突出特点是采用了 IGBT 直流变换器和 IGBT 交流逆变器，实现了网侧电流正弦波和能量回馈，但由于 IGBT 变流器的原因，各项指标的精度（0.5%）没有达到必测的水平。

我国电子科技集团公司第十八研究所、北方汽车质量监督检验鉴定试验所分别成立了电动汽车动力电池组测试及检测基地，并将建立实用化电动汽车动力电池综合性能评价体系，为 863 电动汽车动力蓄电池的评价提供全面服务，以推动我国电动汽车动力电池研制及应用的顺利进行。2002 年，这两个基地检测条件和测试规范已初步建立，提交的检测报告为判定送检电池组的性能、为 863 课题择优滚动，提供了可靠的依据。

随着动力电池组制造技术的不断进步，针对其应用的特殊性，新产品的设计也以提高电池比能量为主要原则，基本方案是提高活性物质利用率、改进栅板结构、降低电池欧姆内阻和采用新型隔板。其结果是一方面增加了电池的等效电容，另一方面减小了电池的等效电阻。因此，新型的动力电池组更易使变流器的电流纹波超标，这对测试系统变流器技术提出了更高的要求。针对动力电池组的特殊性，研究能同时满足动力电池组测试要求的变流技术，是目前动力电池组测试亟待解决的问题。

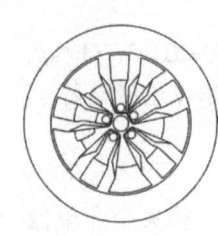

第 2 章 驱动电机系统

> **学习目标**
>
> 1. 了解新能源汽车驱动电机系统的发展历程，对驱动电机系统的发展趋势有初步的认识。
> 2. 掌握驱动电机的分类、原理及性能参数。
> 3. 熟悉驱动电机的试验，了解其试验平台的使用。

> **引 例**
>
> 中国驱动电机产业发展呈现出多元化趋势。目前以上海电驱动、精进驱动、上海大郡、中车株洲所、联合电子等独立的电机供应商为代表，部分产品已经实现出口；以苏州绿控、南京越博等商用车动力总成为代表的企业，自主研发、生产电机和电控，主要为商用车配套；另有比亚迪、北汽新能源、长安、奇瑞、蔚来等整车研发企业，通过自主建设、合资合作等途径，研发、生产电驱动系统。

2.1 驱动电机的分类及原理

2.1.1 驱动电机分类

基于新能源汽车驱动电机的基本性能要求，常用驱动电机类型主要包括三大类，即交流异步电机、永磁同步电机和开关磁阻电机。目前，各车企配套车型统计中，每个车型选用的驱动电机类型也有所不同。因此，要进行新能源汽车搭载电机类型选用，了解驱动电机的结构、工作原理和性能优缺点非常重要。

1. 交流异步电机

交流异步电机也称"感应电机"，结构主要包括定子、转子、电机轴、前后轴承、端盖、位置传感器、温度传感器、低压线束和高压动力线束。定子由定子铁芯和三相绕组组成；转子常用笼型转子，包括转子铁芯和笼型绕组。根据电机的功率不同会选择水冷或者风冷方式进行冷却。交流异步电机的结构如图2-1所示。

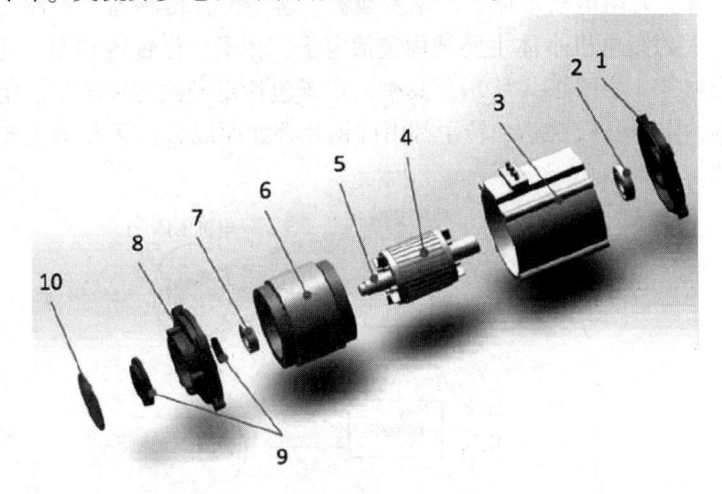

1—前端盖；2—前端轴承；3—电机壳体；4—笼型转子；5—电机轴；6—定子；
7—后端轴承；8—后端盖；9—位置传感器；10—传感器维修盖。

图2-1 交流异步电机的结构

2. 永磁同步电机

永磁同步电动机的结构包括定子、转子、电机轴、前后轴承、端盖、冷却水道、位置传感器、温度传感器、低压线束和动力线束。定子由定子铁芯和三相绕组组成；转子由永磁体磁极和铁芯组成，铁芯用硅钢片叠成。根据永磁体在转子中的布置方式，主要包括表面凸出式永磁转子、表面嵌入式永磁转子和内置式永磁转子，目前新能源电机常用内置式永磁转子。永磁同步电机的结构如图2-2所示。

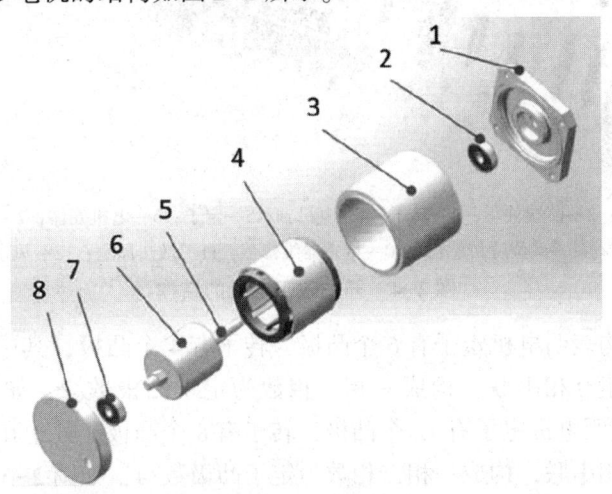

1—前端盖；2—前端轴承；3—电机壳体；4—定子；5—电机轴；
6—内置式永磁转子；7—后端轴承；8—后端盖（内嵌位置传感器）。

图2-2 永磁同步电机的结构

3. 开关磁阻电机

开关磁阻电机是一种典型的机电一体化电机,又称"开关磁阻电动机驱动系统",这种电机主要包括开关磁阻电机本体、功率变换器、转子位置传感器及控制器4个部分,如图2-3所示。开关磁阻电机本体主要结构包括定子、转子、位置传感器、前/后轴承、前/后端盖和电机壳体等,如图2-4所示。其中,定子包括定子铁芯和绕组。定子铁芯和转子都采用凸极结构,定子凸极铁芯和转子都由硅钢片叠加而成,定子凸极上布置绕组,转子无绕组和永磁体。

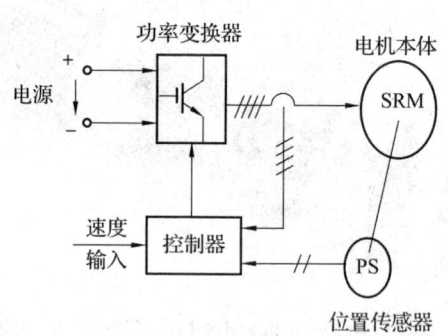

图2-3 开关磁阻电机的系统框图

1—前端盖;2—前端轴承;3—转子;4—电机轴;5—定子;6—电机壳体;7—后端轴承;
8—后端盖;9—位置传感器;10—传感器维修盖;11—散热风扇;12—风扇端盖。
图2-4 开关磁阻电机的结构

三相6/4极结构表明电机定子有6个凸极,转子有4个凸极,其中在定子相对称的两个凸极上的集中绕组互相串联,构成一相,相数为定子凸极数/2,如图2-5(a)所示。三相12/8极结构表明电机定子有12个凸极,转子有8个凸极,其中在定子的4个两两对称凸极上的绕组互相串联,构成一相,相数为定子凸极数/4,如图2-5(b)所示。

开关磁阻电机相数越多,步进角越小,运转越平稳,越有利于减小转矩波动,但控制越复杂,导致主开关器件增多和成本增加。步进角的计算式如下:

$$\alpha = 360° \times (定子极数 - 转子极数)/(定子极数)$$

例如,三相6/4极电动机,其步进角 $\alpha = 360° \times 2/(6 \times 4) = 30°$。

(a)　　　　　　　　　　　(b)

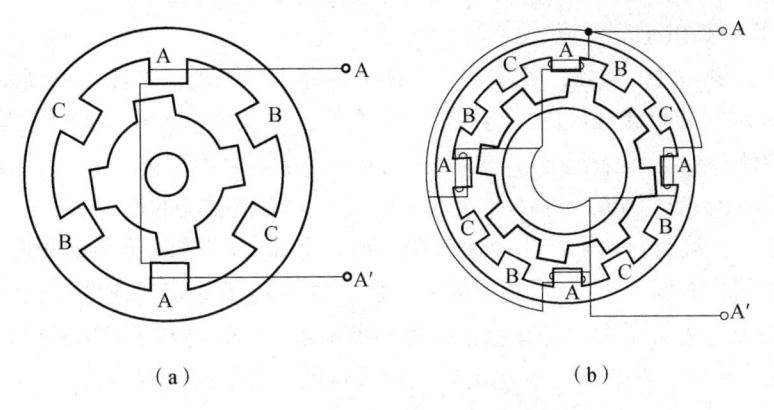

图 2-5　开关磁阻电机凸极和绕组结构

(a) 三相 6/4 极；(b) 三相 12/8 极

2.1.2　驱动电机原理

1. 交流异步电机的驱动工作原理

1) 定子提供旋转磁场

交流异步电机要驱动提供扭矩，需要在定子线圈中通入三相交流电，产生不断旋转的磁场（磁场转速为 n_s）。交流异步电机要求定子三相绕组必须对称，并且定子铁芯空间上互差 120°电角度；通入三相对称绕组的电流也必须对称，大小、频率相同，相位相差 120°。旋转磁场的转速计算式如下：

$$n_s = 60f/p$$

式中，n_s 为旋转磁场的转速（也称同步转速），r/min；f 为三相交流电频率，Hz；p 为磁极对数。对已经设计定型生产的驱动电机，磁极对数已经确定，因此决定磁场旋转速度的因素为三相交流电频率。由于我国的电网频率为 50 Hz，因此电机的转速和磁极对数有线性关系。两极定子绕组旋转磁场如图 2-6 所示。

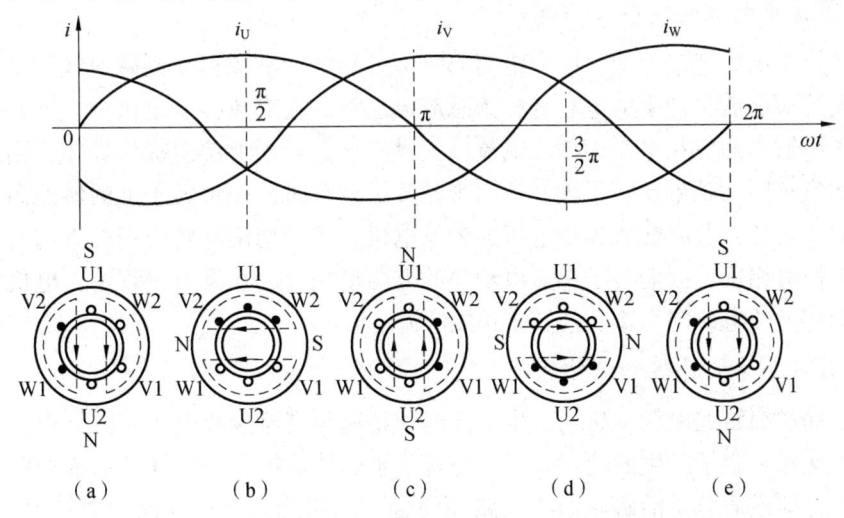

(a)　　(b)　　(c)　　(d)　　(e)

图 2-6　两极定子绕组旋转磁场

2）笼型转子提供感应涡流

由于定子提供旋转的磁场，笼型转子导体上感应出电涡流，如图 2-7 所示。在笼型绕组导体 c 和 b 之间的导磁区域内，有向外的磁力线，并且该磁力线在旋转磁场的作用下增强，因此，导体 c、b 上会感应出 i_1 电涡流；同理，导体 a 和导体 b 区域内减弱的磁力线会在导体上感应出 i_2 电涡流。导体 b 上的电流在定子旋转磁场的作用下，会使笼型绕组 b 导体受到电磁力，从而使转子产生电磁转矩，旋转起来。旋转的转子逐渐追上旋转磁场，以比磁场的"同步速度 n_s"稍慢的速度 n 旋转。这种转子的旋转速度 n 比定子磁场的速度 n_s 稍慢的现象称为转子发生了转差，这种异步转差，让笼型转子导体持续切割磁力线产生感应电涡流，由此，在转子上，电能转化成机械能，保证持续对外输出。

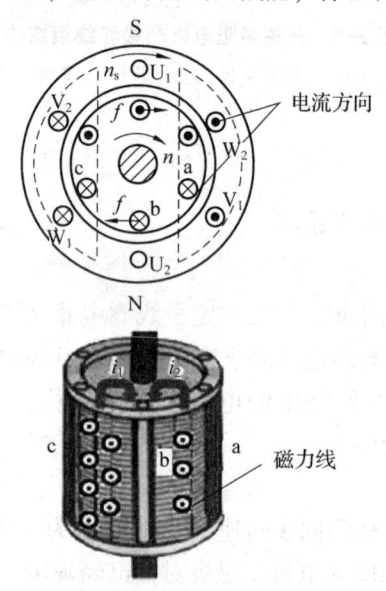

图 2-7 笼型转子绕组中的电涡流

2. 交流异步电机的发电工作原理

根据法拉第电磁感应定律，闭合电路的一部分导体在磁场里切割磁力线运动时，导体中就会产生感应电流，产生的电动势称为感应电动势。在交流异步电机中，电机作为发电机时，定子中通入的三相电流为激磁电流，提供磁场，转子上绕组提供导体，当通过外部机械力，如汽车驱动轴带动转子轴，从而带动转子运动时，如果转子上的转速高于定子旋转磁场的同步转速，此时交流异步电机即为发电机，转子切割旋转磁场的方向与作为驱动电机转子工作时相反，因而转子感应电动势的方向也相反。在发电过程中，电机转子受到与外力拖动相反的电磁阻力矩，使转子速度下降。

3. 永磁同步电机的驱动工作原理

由定子提供旋转的磁场，磁场产生的方式和转速与交流异步电机相同。由转子永磁体提供磁极。这样，定子产生的旋转磁场，与转子永磁体磁极和转子铁芯形成回路。根据磁阻最小原理，即磁通总是沿磁阻最小的路径闭合，利用旋转磁场的电磁力拉动转子旋转，于是永磁转子就会跟随定子产生的旋转磁场同步旋转，从而带动电机轴旋转。

4. 永磁同步电机的发电工作原理

根据法拉第电磁感应定律，闭合电路的一部分导体由三相定子绕组提供，磁场由转子上的永磁体提供，当外部力矩带动转子转动时，产生旋转磁场，切割三相定子绕组中的部分导体，产生感应三相对称电流，此时转子的动能转化为电能，永磁同步电机作为发电机工作。

5. 开关磁阻电机的驱动工作原理

由图 2-8 可知，当 A 相绕组电流控制主开关 S_1、S_2 闭合时，A 相通电励磁，电机内产生以 OA 为轴线的径向磁场，该磁场磁力线在通过定子凸极与转子凸极的气隙处是弯曲的，此时，磁路的磁阻大于定子凸极与转子凸极重合时的磁阻，因此，转子凸极受到磁场拉力的作用，使转子极轴线 Oa 与定子极轴线 OA 重合，从而产生磁阻性质的电磁转矩，使转子逆时针转动起来。关断 A 相电，建立 B 相电源，则此时电机内磁场旋转 30°，则转子在此时电磁拉力的作用下，连续逆时针旋转 15°。如果顺序给 A—B—C—A 相绕组通电，则转子就按逆时针方向连续转动起来；当各相中的定子绕组轮流通电一次时，定子磁场转过 3×30°，转子转过一个转子极距 3×15°（即 360°/转子凸极数）。如果依次给 A—C—B—A 相绕组通电，则转子会沿着顺时针方向转动。开关磁阻电机的转动方向与电流的方向无关，取决于对定子相绕组的通电顺序。在多相电动机的实际运行中，也经常出现两相或两相以上绕组同时导通的情况。

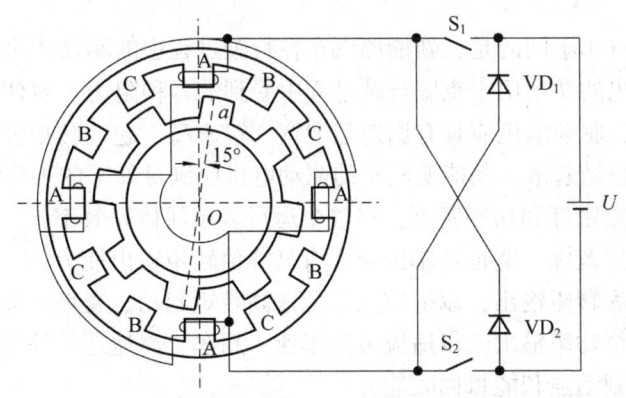

图 2-8 三相 12/8 极开关磁阻电机的工作原理

6. 开关磁阻电机的发电工作原理

开关磁阻电机工作状态有 3 种，即励磁状态、续流状态和发电状态，其相电感 L 波形如图 2-9 所示。图 2-9 中，θ 角定义为该相转子齿极轴线与定子齿槽轴线之间的夹角。转子齿极轴线与相应的定子齿槽轴线重合时，该相电感最小（定义为 $\theta = 0°$）；直至转子凸极的前沿与定子凸极的后沿相遇时（$\theta = \theta_1$），绕组相电感始终保持 L_{min} 不变；转子继续转动，转子凸极开始和定子凸极出现重合，直至转子凸极后沿和定子凸极后沿完全重合（此时 $\theta = \theta_2$），绕组相电感在此区域内线性上升，直至最大值 L_{max}；当转子继续转动至转子凸极的前沿和定子凸极的前沿重合时，此时 $\theta = \theta_4$，该相电感持续下降至 L_{min}。开关磁阻电机的工作状态如图 2-10 所示。根据电磁场基本理论，伴随磁场的存在，电机转子的电磁转矩同时存在，可以表示为：

$$T(\theta, i) = \frac{1}{2}i^2 \cdot \frac{\partial L}{\partial \theta} = \frac{1}{2}i^2 \cdot \frac{dL}{d\theta}$$

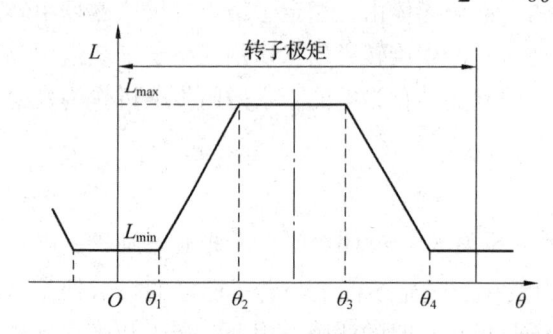

图 2-9　相电感随转子位置的变化 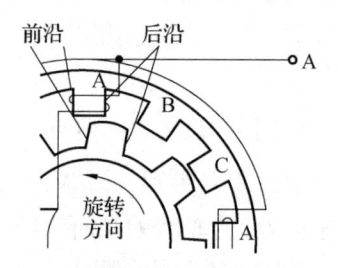　　　图 2-10　开关磁阻电机的工作状态

如果开关磁阻电机的绕组 θ_3 和 θ_4 之间开通和关断,则电机作发电机运行。此时,在电感下降区形成电流,则 $dL/d\theta<0$,相绕组有电流通过,则产生制动转矩($T(\theta, i)<0$),若外界机械力维持电机转动,电机吸收机械能,并把它转换成电能输出。

2.2　驱动电机的主要性能指标

2.2.1　稳态工作特性

与传统内燃机汽车不同的是,新能源汽车在行驶过程中的驱动力来自驱动电机而非内燃机,驱动电机输出的功率用于克服行驶过程中受到的各种阻力。要使纯电动汽车具有良好的动力系统性能,驱动电机应具有调速范围宽、转速高、起动转矩大、转矩响应快、系统效率高的特性。总结起来,新能源汽车的驱动电机应满足如下的工作特性:

(1) 具备高转矩密度和功率密度,在整个运行区域保持高效率;
(2) 具备宽调速范围,宽恒功率区域,有高峰值转矩输出能力;
(3) 基速以下大转矩输出,以适应汽车低速高转矩起动、爬坡、加速、起停工况;
(4) 基速以上恒功率输出,以适应最高车速、超车、高速巡航等工况;
(5) 具备动态制动强和能量回收能力;
(6) 具备短时过载能力,以适应复杂工况;
(7) 具备良好的环境适应性和可靠性;
(8) 具备结构坚固、体积小、质量轻的特点;
(9) 具备低成本生产能力、合适市场价格。

在驱动电机工作特性中,电机的效率对整车的能耗及续驶里程影响非常大。电驱动系统效率高效区域范围越大,整车行驶时的能耗损失越小,同时在滑行和制动工况下可以进行更多的能量回收,因此有必要对电驱动系统的效率进行测试和分析,以识别整车行驶的高效率运行工况。

2.2.2　变频调速特性

蓄电池一般作为直流电机动力源。直流电机的换向器和电刷是最容易产生故障的部件,换向过程中产生的火花极易引起爆炸。实际生产中常采用串电阻调速和斩波调速的方式进行控制。在起动和调速过程中，电枢回路串联电阻有电能消耗，不符合企业节能减排绿色发展的定位。斩波调速的无级调速性能和能源消耗有所进步，但是存在控制死区，影响了调速区的开放角度。可以通过变频技术将直流电逆变为交流电，采用交流异步电机驱动汽车，这种调速方案称之为变频调速。变频调速的优点很多，从电机本身性能和电能变换的控制性能和利用率等方面均具有质的飞跃，具体如下：

（1）机械损耗小。交流电机没有换向器，不需要定期维护。变频调速系统的制动方式为电制动，闸瓦起辅助作用，维护频率可大大降低。

（2）调速和制动性能好。变频调速的调速范围为低速 100 r/min，高速 600 r/min，调速范围宽。变频调速电机车的黏着利用率高，在撒沙的情况下可达到 0.36，起动黏着系数则更高，因此交流电机车的牵引力和爬坡能力更强。

（3）经济性好。除了节省维护费用，变频电机车调速不存在电阻上的电能损耗，相较于串联电阻调速和斩波调速，电能节约 20% 以上，每台机车的支出节省可达 5 万元以上。

（4）操作简单。司机的操作为选择挡位和推动司控器手柄，停车、换向、加减速等操作均通过自动装置完成，减轻了司机的培训和劳动强度。

（5）故障率低。直流电机容易出现环火和磨损，异步电机无整流子，可靠性较高，司控器和逆变器均为无触点电路，避免了触点类故障

2.3　驱动电机系统主要试验

2.3.1　一般性参数测试

1. 持续转矩

（1）除非特殊说明，试验过程中，驱动电机控制器直流母线电压设定为额定电压，驱动电机系统可以工作于电动或馈电状态。

（2）试验时，使驱动电机系统工作于 GB/T 18488.1—2015 中 5.4.3 规定的转矩和转速条件下，驱动电机系统应能够长时间正常工作，并且不超过驱动电机的绝缘等级和规定的温升限值。

2. 持续功率

按照获得的持续转矩和相应的工作转速，利用下式即可计算驱动电机在相应工作点的持续功率：

$$P = \frac{Tn}{9\,550}$$

式中，n 为转速，r/min；P 为驱动电机轴端的持续功率，kW；T 为扭矩，N·m。

3. 峰值转矩

（1）可以在驱动电机系统实际冷态下进行峰值转矩试验。除非特殊说明，试验过程中，驱动电机控制器直流母线电压设定为额定电压，驱动电机系统可以工作于电动或馈电状态。

（2）试验时，使驱动电机系统工作于 GB/T 18488.1—2015 中 5.4.5 规定数值的峰值转矩、转速和持续时间等条件下，同时记录试验持续时间。驱动电机系统应能够正常工作，并且不超过驱动电机的绝缘等级和规定的温升限值。

（3）如果需要多次测量峰值转矩，宜将驱动电机恢复到实际冷态，再进行第二次试验测量。

（4）如果用户或制造商同意，在不降低试验强度的情况下，允许驱动电机在没有恢复到冷态时开始第二次试验测量。如果这样调整后，试验测量得到的温升值和温度值较大，或者超过了相关的限值要求，则不应做这样的调整，以确保试验结果的准确性。

（5）峰值转矩试验持续时间可以按照用户或制造商的要求进行，建议制造商提供驱动电机系统能够持续 1 min 或 30 s 工作时的峰值转矩作为参考，并进行试验测量。

（6）作为峰值转矩的一种特殊情况，可以试验驱动电机系统在每个转速工作点的最大转矩，试验过程中，在最大转矩处的试验持续时间可以很短，一般情况下远低于 30 s。根据试验数据，绘制驱动电机系统转速-最大转矩曲线。

4. 峰值功率

按照获得的峰值转矩和相应的工作转速，即可计算驱动电机系统在相应工作点的峰值功率，峰值功率应与试验持续时间相对应。

5. 堵转转矩

（1）除非特殊说明，试验过程中，驱动电机控制器直流母线电压设定为额定电压。

（2）试验时，应将驱动电机转子堵住，驱动电机系统工作于实际冷态下，通过驱动电机控制器为驱动电机施加所需的堵转转矩，记录堵转转矩和堵转时间。

（3）改变驱动电机定子和转子的相对位置，沿圆周方向等分 5 个堵转点，分别重复以上试验，每次重复试验前，宜将驱动电机恢复到实际冷态。每次堵转试验的堵转时间应相同。

（4）取 5 次测量结果中堵转转矩的最小值作为该驱动电机系统的堵转转矩。

6. 最高工作转速

（1）试验过程中，驱动电机控制器直流母线电压设定为额定电压，驱动电机系统宜处于热工作状态。

（2）试验时，匀速调节试验台架，使驱动电机的转速升至最高工作转速，并施加不低于产品技术文件规定的负载，驱动电机系统工作稳定后，在此状态下的持续工作时间应不少于 3 min。

（3）进行试验测量，每 30 s 记录一次驱动电机的输出转速和转矩。

7. 高效工作区

（1）在驱动电机系统转速转矩的工作范围内，选择试验测试点，测试点应分布均匀，并且数量不宜低于 100 个。

（2）被试驱动电机系统应达到热工作状态，驱动电机控制器的直流母线工作电压为额定电压。驱动电机系统可以工作于电动或馈电状态。

（3）在不同的转速和不同的转矩点进行试验，根据需要记录驱动电机轴端的转速、转矩，以及驱动电机控制器直流母线电压和电流、交流电压和电流等参数。

（4）计算各个试验点的效率。

（5）按照 GB/T 18488.1—2015 中对高效工作区的要求，统计符合条件的测试点数量，其值和总的试验测试点数量的比值，即为高效工作区的比例。

（6）鼓励通过对试验和计算数据拟合等方式获得驱动电机、驱动电机控制器或驱动电机系统的高效工作区。

8. 最高效率

（1）可以按照以下两种方式之一选择测试点：

①按照制造商或产品技术文件提供的最高效率工作点进行测试；

②结合高效工作区试验进行，选择所有测试点中效率最高值为最高效率。

（2）被试驱动电机系统应达到热工作状态，驱动电机控制器的直流母线工作电压为额定电压。驱动电机系统可以工作于电动或馈电状态。

（3）驱动电机系统工作于试验测试点，记录转速、转矩、电压、电流，以及冷却条件等参数。

（4）计算试验点的效率。

2.3.2 安全和环境适应性测试

1. 温度试验

1) 低温试验

将电机及控制器放置于-40 ℃的低温试验箱中足够长时间以达到稳定温度后，测量试验箱内电机定子绕组对机壳的冷态绝缘电阻不得低于 20 MΩ；控制器信号端子与外壳、控制器动力端子与外壳、控制器信号端子与控制器动力端子之间的冷态绝缘电阻不得低于 1 MΩ。恢复到室温后，电机应能正常起动。

2) 高温试验

高温试验包括高温储存试验和高温工作试验。

（1）高温储存试验。

将电机及控制器放置于 85 ℃ 的高温试验箱中足够长时间以达到稳定温度后，测量试验箱内控制器信号端子与外壳、控制器动力端子与外壳、控制器信号端子与控制器动力端子之间的热态绝缘电阻不得低于 1 MΩ。电机定子绕组对机壳的热态绝缘电阻（R）应不低于 0.38 MΩ 或下式的计算值：

$$R = \frac{U_N}{1\,000 + \frac{P}{100}} \tag{2-1}$$

式中，R 为电机定子绕组对机壳的绝缘电阻，MΩ；U 为直流回路电压的最大值，V；P 为电机的额定功率，kW。

绝缘电阻测量值满足要求后，将电机及控制器从试验箱中取出，进行持续 1 min 的耐电压试验，应无击穿现象。电机绕组对机壳的耐压限值如表 2-1 所示；控制器各带电电路对地（外壳）和彼此无电连接的电路之间的耐压限值如表 2-2 所示。

表 2-1 电机绕组对机壳的耐压限值

项号	电机或部件	试验电压（有效值）/V
1	额定输出功率小于 1 kW 且额定电压小于 100 V 电机的电枢绕组	500+2 倍额定电压
2	额定输出功率不低于 1 kW 或额定电压不低于 100 V 的电机的电枢绕组	1 000+2 倍额定电压，最低为 1 500
3	电机的励磁磁场绕组	1 000+2 倍最高额定励磁电压，最低为 1 500

表 2-2 控制器的耐压限值

额定电压/V	试验电压（有效值）/V
≤60	500
>60 ~ 125	1 000
>125 ~ 250	1 500
>250 ~ 500	2 000
>500	1 000+2 倍额定电压

耐压试验合格后，将驱动电机恢复到室温，复测电机的额定功率应符合技术文件的要求。整个试验过程中，电机轴承室内的油脂不允许有外溢。

（2）高温工作试验。

将电机及控制器放置于产品技术文件中规定的最高工作温度下的高温试验箱中足够长时间以达到稳定温度后，测量试验箱内控制器信号端子与外壳、控制器动力端子与外壳、控制器信号端子与控制器动力端子之间的热态绝缘电阻不得低于 1 MΩ；电机定子绕组对机壳的热态绝缘电阻（R）应不低于 0.38 MΩ 或式（2-1）的计算值。

绝缘电阻测量值满足要求后，将电机及控制器从试验箱中取出，分别按表 2-1 和表 2-2 规定的电机和控制器的耐压限值进行绝缘介电强度试验，试验持续时间 1 min，应无击穿现象。耐电压试验合格后，将驱动电机恢复到室温，复测电机的额定功率，应符合技术文件的要求。

2. 盐雾试验

根据 GB/T 2423.17—2008，电动汽车驱动电机系统的盐雾试验方法为：将电机及控制器放置于（35±2）℃的盐雾腐蚀试验箱中，采用浓度为（5+1)%（质量比）、pH 值为 6.5 ~ 7.2 的盐溶液进行喷淋试验，试验周期为 48 h 或产品技术文件规定的试验周期。试验后，电机及控制器恢复 1 ~ 2 h 后，应能正常工作。

3. 湿热试验

根据 GB/T 2423.3—2016，电动汽车驱动电机系统的湿热试验方法为：在同结构、同工艺、同材料的系列产品中随机抽取 1 ~ 2 台电机及控制器进行恒定湿热试验，试验温度为（40±2）℃，相对湿度为（93±3）%，试验时间为 48 h。试验后，电机及控制器应无影响正常工作的锈蚀现象及明显的外表质量损坏。

在恒定湿热试验的最后 2 h 内，于湿热相同条件下测量电机定子绕组对机壳的绝缘电阻应不低于 20 MΩ，控制器的绝缘电阻应不低于 1 MΩ。

试验完成后，在试验箱内，分别对电机和控制器的耐压限值进行耐电压试验，历时 1 min，应无击穿。随后取出电机及控制器，冷却到室温后，复测电机额定功率应符合技术文件的要求；控制器中各带电电路之间及带电零部件与导电零部件或接地零部件之间的电气间隙和爬电距离应符合规定。

4. 耐振动

将被试样品固定在振动试验台上并处于正常安装位置，在不工作状态下进行试验，同时应将与产品连接的软管、插接器或其他附件安装并固定好。

进行扫频振动试验时，按照 GB/T 18488.1—2015 中 5.6.4.1.1 的要求设置严酷度等级，并按照GB/T 2423.10—2019的规定进行试验。

进行随机振动试验时，按照GB/T 18488.1—2015中5.6.4.2.1的要求设置严酷度等级，并按照GB/T 28046.3—2011的规定进行试验。

振动试验完成后，检查零部件是否损坏，紧固件是否松脱。恢复常态后，将驱动电机控制器直流母线工作电压设定为额定电压，驱动电机工作于持续转矩、持续功率条件下，检查系统能否正常工作。

5. 防水、防尘

按照GB/T 4942—2021和GB/T 4208—2017中所规定的方法进行试验。

2.3.3 可靠性测试

目前，GB/T 18488.1—2015及GB/T 18488.2—2015中引用的可靠性试验方法是GB/T 29307—2012《电动汽车用驱动电机系统可靠性试验方法》，该方法是基于绕组绝缘加速老化模型提出的，适用于设计纯电动和混合动力电动汽车的驱动电机系统。此方法参考了内燃机可靠性试验方法，采用了400 h的截尾试验；采用了比实际加强的工况，运行功率为额定功率的1.2倍；理论温度加速系数采用163，此时的电机绕组理论温升为121 ℃；针对可能出现的高转速运行，专门设计了2 h的最高转速额定功率试验。测试分成4个阶段进行，分别为额定工作电压试验、最高工作电压试验、最低工作电压试验及最高工作转速试验，累计进行402 h。图2-11为某驱动电机系统可靠性试验工况。

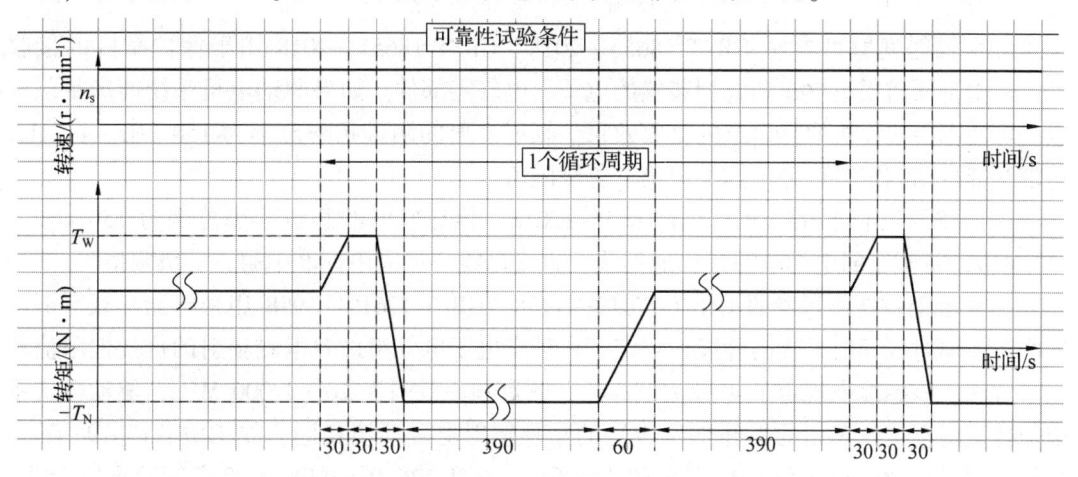

n_s—试验转速；T_N—持续工作转矩；T_W—峰值工作转矩。

图2-11 某驱动电机系统可靠性试验工况

2.3.4 电磁兼容性测试

电磁兼容性是指设备或者系统在其电磁环境中能正常工作，而且不对该环境中其他任何事物构成不能承受的电磁干扰的性能。新能源汽车由于处于很复杂的电磁环境中，而且车上的电子电气设备繁多，各设备的电磁敏感度也各不相同。为达到电磁兼容性的设计要求，就要分析各种电磁干扰源，确定干扰路径和耦合方式，然后根据具体情况采取有效的抑制干扰、消除干扰的措施。这些措施包括正确选择元器件、合理布局配线、采取有效的屏蔽、滤波和接地措施等。另外，对于电动汽车上的 DC/DC 和电控系统，还应注意从源头设计上增强系统的抗电磁干扰能力。

GB/T 18488.2—2015《电动汽车用驱动电机系统 第 2 部分：试验方法》中：辐射干扰按 GB 14023—2022 的规定进行测试；电磁抗扰度按 GB/T 17619—1998 的规定进行测试。

1. 测试对象

可将驱动电机系统整体（包括系统运行所需的辅助设备）作为测试对象，如将驱动电机系统的主要部件电机和逆变器作为独立的部件分开测试，但技术上实现的成本将很高，并且意义不大。

2. 试验时驱动电机系统的布置和运行工况

可参照相应具体标准中的布置和运行状态，在相应标准中无规定或有规定但难以适用驱动电机系统的，以模拟实际装车和运行环境并在典型负载和工作条件下试验为原则，并在报告中注明试验时实际的布置和运行工况。目前来说，在电磁兼容试验中为驱动电机系统加载（即加扭矩），需要另外建造驱动电机系统测试专用的半电波暗室，并配备相应的测功机，技术上实现成本高昂，但驱动电机系统加载后发射水平确实会有明显的提高。某检测中心曾制作过一辆测试专用的台车，其上驱动电机系统通过底盘测功机为驱动电机系统加载，试验数据证明辐射水平确实会有明显的提高，平均有几个 dB 的差别。

3. 测试标准

（1）辐射发射可参照 GB/T 18655—2018。GB/T 18655—2018 用于保护车内的接收机，适用于任何用于汽车和大型装置的电子、电气零部件。如果驱动电机系统能满足该标准，可使车内接收机取得满意的接收效果。辐射发射的测量频率范围为 150 kHz ~ 1 GHz，宽带窄带自动判定。可采用标准中第三等级限值。

（2）传导发射亦可参照 GB/T 18655—2018。传导发射的测量频率范围为 150 kHz ~ 108 MHz，可测量弱电的电源线、通信线、直流母线。可采用标准中第三等级限值。

（3）辐射抗扰度可参照 GB/T 17619—1998。GB/T 17619—1998 用来检测车载零部件抵抗车外辐射源辐射干扰的性能，规定了机动车电子电气组件对电磁辐射的抗扰性限值和测量方法。该标准中规定了 4 种测试方法，测量频率范围为 20 ~ 1 000 MHz，驱动电机系统与传统内燃机汽车用的零部件所遭受的车外辐射电磁环境相同，故 GB/T 17619—1998 完全适用于驱动电机系统的辐射抗扰性试验。GB/T 17619—1998 未给定等级评定分类，如需要评定等级，可参考 ISO 11452 等级评定分类。

（4）传导抗扰度可参照 ISO 7637-2：2004 和 ISO 7637-3：2007。ISO 7637-2：2004 规定了道路汽车沿 12 V 或 24 V 电源线的瞬态传导抗扰台架试验方法。传导抗扰度共有 7 种测试脉冲形式。可采用脉冲 1、2a、3a、3b，波形 2b、4、5a、5b，不适用于驱动电机系统的测试。ISO 7637-3：2007 规定除电源线外的其他线缆的瞬态传导抗扰台架试验方法，测试包括快速和慢速 4 种瞬态骚扰波形。

（5）静电放电可参照 GB/T 19951—2019。GB/T 19951—2019 用于检测人进出汽车过程中可能产生的静电放电对汽车产生的影响，可在通电运行和不通电运行两种状态下分别测试。

2.4 驱动电机系统试验平台

新能源汽车驱动电机系统试验平台要能准确地检测电机和电机控制器在各个环节的相关参数；要能准确地评价驱动系统各个模块的效率，确定电机的高效工作区，令新能源汽车在运行时尽可能工作在高效区；要能完整地测试新能源汽车驱动电机和动力电池组的性能，满足新能源汽车驱动系统全部功率范围内精确加载测试的需要。新能源汽车驱动电机系统试验平台主要包括能量消耗型和互馈对拖型。

1. 能量消耗型试验平台

能量消耗型试验平台是当下电机性能测试系统的通用型平台，其控制机构结构相对简单，操作方便，直流电机和功率电阻可以模拟实际负载并吸收被测电机输出的机械功率，但负载电阻要求系统具有强大的散热能力，能量消耗很大，而且测功机无法工作在电动运行状态，只能通过励磁控制限制电机的转速，因此无法实现反拖测试，无法完成新能源汽车驱动电机系统的加速性能和能量回馈制动测试。

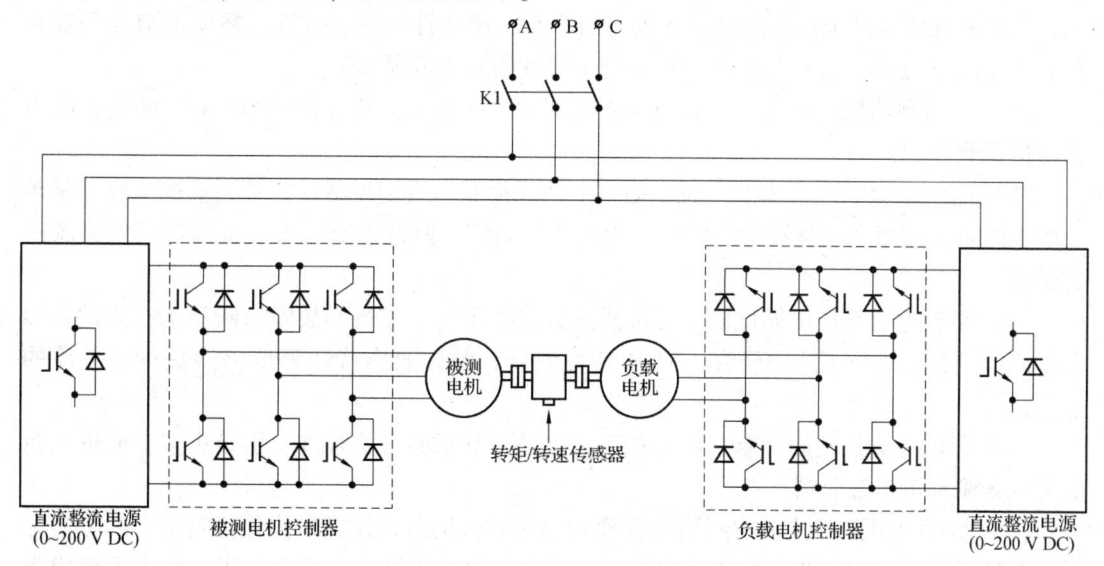

2. 互馈对拖型试验平台

互馈对拖型试验平台的负载没有采用传统的测功机，而是用一台和被测电机相同的电机，利用两台电机对拖试验，这样就能够克服能量消耗型试验平台无法进行反拖测试和能量浪费的缺点。当被测电机处于电动机状态时，负载电机处于发电机状态，同理，当负载电机处于电动机状态时，被测电机处于发电机状态。互馈对拖型试验平台的结构（见图2-12）相对简单，效率高，能量损耗较小。

图 2-12 互馈对拖型试验平台的结构

由于两套电机-控制器系统共用直流母线并同轴相连，能量在两者的内部互馈，整个系统所消耗的能量就是各个部分的总损耗，主要包括电机损耗、电机控制器损耗和PWM整流器损耗和少量的线路损耗等，因此大大提高了能量利用率。

2.5 驱动电机及其测试技术的发展趋势

2.5.1 驱动电机技术的发展

我国地大物博，但是人均资源较匮乏、石化能源大量依赖进口、单位 GDP 能耗高，因此发展高效率的、基于驱动电机技术的新能源汽车对我国能源安全具有重要的战略意义。同时，我国车用内燃机技术和西方发达国家一线厂商仍存在较大的差距，在未来 10 年内将难以实现赶超。我国当前驱动电机技术和西方发达国家整体差距不大，因而大力发展基于驱动电机技术的新能源汽车将是我国车企赶超西方一线车企、实现弯道超车的重要机遇。

对新能源汽车而言，在当前动力电池技术未能取得突破的前提下，提高驱动电机系统的效率、功率密度、安全性与可靠性成为新能源汽车驱动电机系统的主要研究方向，也是我国政府和企业进行政策制定和未来发展规划的重点。

2.5.2 驱动电机测试技术展望

目前，国内外都致力于发展新能源汽车产业和电动汽车市场的扩张，解决能源和环境的问题，培育新的产业振兴经济。面对巨大的市场，各种新能源汽车的研究和开发将变得越来越紧迫，高效的新能源汽车测试平台对新能源汽车的研究和发展将产生直接的影响，它可以让新能源汽车制造商更敏捷地应对市场需求，提高新能源汽车的市场份额，产生直接的经济效益。

近年来我国驱动电机的测试技术朝着可靠性、耐久性、动态特性、环境适应性等综合性能的方向发展。新能源汽车驱动电机测试领域的发展情况如下：

（1）电力测功机的最高工作转速向着高速化方向发展，超过 20 000 r/min 的高速电力测功机受到重视；

（2）面向驱动电机系统生产的自动线下性能检测和质量控制设备受到重视，成了驱动电机生产企业缩短产品终端检测时间、提高生产效率、降低检测成本、提高产品质量的重要保证；

（3）驱动电机系统可靠性国家标准进入修订阶段，可靠性和故障诊断技术在测试台架和车载检测方面进行了应用研究，NVH 特性测试、电磁兼容特性测试仍旧是行业关注的重点；

（4）寻求为电机控制器单独制定相关技术条件和试验方法标准，引导更多企业进入新能源汽车驱动电机控制器行业；

（5）驱动电机测试技术的网络化管理和云端平台仍旧是建设现代化检测平台的方向之一，台架系统通信网络化、控制数字化、测试自动化是趋势，大数据分析、数据挖掘成为分析的重要手段；

（6）随着碳化硅技术在电机控制器中的应用，高效高频复杂谐波条件下新能源汽车驱动电机系统测试精度的提高成了研究重点；

（7）基于电机控制器硬件在环的功率级电机模拟器逐步成熟，并在行业获得应用。

在未来几年，基于高性能交流电力测功机系统的驱动电机测试平台的数字化控制、自动化测试和网络化集成将更加普遍，利用互联网技术的测试台架也将出现；互联网技术、自动测试技术和数据挖掘技术相结合，将推动测试设备对电机功能的深度开发和充分利用；计算机仿真软件、试验台架和被试电机相结合的程度越来越大，分别依托于电机测试台架、电机控制策略开发和电机控制器的硬件在环仿真和试验测试技术将更为成熟，并成为技术发展的主要方向之一。

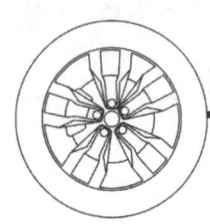

第3章 传动系统

学习目标

1. 了解传动系统的类型和发展趋势。
2. 掌握各类传动系统的构型、参数匹配及控制方法。
3. 熟悉传动系统各类测试的标准和方法。

思 考

1. 新能源汽车传动系统与传统内燃机汽车传动系统的区别是什么？
2. 在测试平台上进行各类传动系统测试时需要满足哪些要求？

3.1 传动系统的基本组成

汽车动力装置与驱动轮之间的动力传递装置称为汽车的传动系统。传动系统一般由离合器、变速器、万向传动装置、主减速器、差速器和半轴等组成，其基本功用是将内燃机或驱动电机发出的动力传给驱动轮，产生驱动力，使汽车能以一定速度行驶。

3.1.1 混合动力汽车传动系统

传统内燃机汽车的传动系统由内燃机输出动力，通过变速器驱动车轮，变速器可以调节内燃机与车轮之间的传动比。内燃机和变速器之间的干式离合器或液力变矩器，可在特定情况下将内燃机从动力传输中分离，如变速器改变传动比的瞬态过程。驱动汽车行驶的所有转矩均由内燃机或机械制动器产生，并且车轮处的转矩与内燃机产生的转矩（正）或制动器产生的转矩（负）之间存在明确关系。混合动力汽车的动力系统包含一个或多个连接内燃机或车轮的电机。当今市场上的汽车分类如图3-1所示。

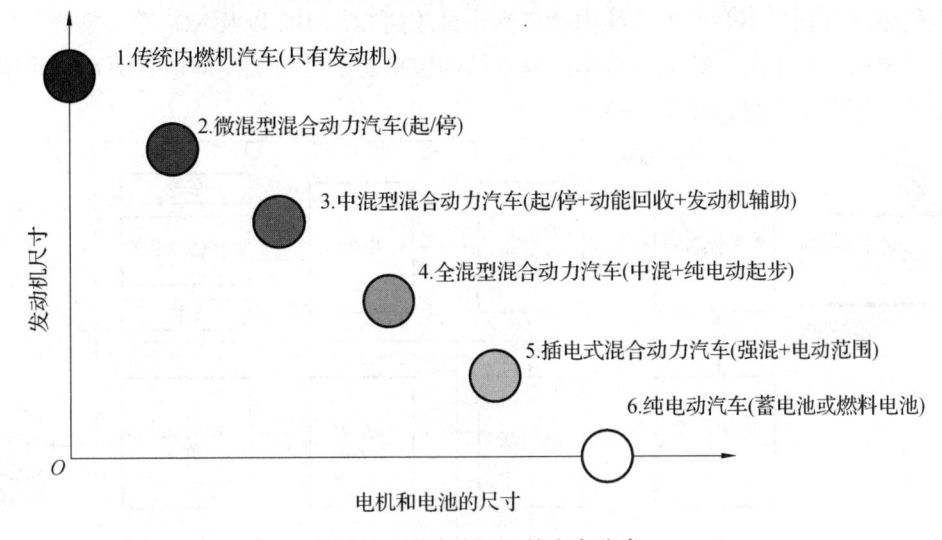

图 3-1 当今市场上的汽车分类

不同类型汽车的区别和主要特征概述如下。

（1）对于传统内燃机汽车而言，内燃机是唯一的动力源，提供驱动汽车行驶所需要的动力。

（2）微混型混合动力汽车，其起/停控制系统可以通过关闭和起动内燃机，以减少内燃机处于急速状态的时间，从而降低燃油消耗和排放。这种解决方案对于花费大量时间等待红绿灯或经常在交通中停车的汽车大有益处。这一特点不仅仅存在于混合动力汽车中，也可能出现在非混合动力汽车中。具有起/停控制系统的非电动汽车通常称为微混型混合动力汽车。

（3）中混型混合动力汽车，其内燃机通常与一个电机耦合工作（在并联结构中通常是一个电动机/发电机），这使得汽车在滑行、制动或停车时可以关闭内燃机。中混型混合动力汽车可以实现制动能量回收和一定程度上的内燃机动力辅助，但并没有纯电动驱动模式。

（4）全混型混合动力汽车，其具有内燃机单独驱动、纯电动驱动和混合驱动 3 种行驶模式。在纯电动模式起步时由于只使用动力电池，因此需要配备较大容量的动力电池组。对于微混型和中混型混合动力汽车而言，通常只需要简单的启发式规则来协调内燃机起/停功能和动力辅助功能，而在全混型混合动力汽车中，则需要通过能量管理策略来协调各个执行器，以最大限度地降低油耗，从而充分展现混合动力的优点。

（5）插电式混合动力汽车，是一种使用充电式动力电池的混合动力汽车，充电式动力电池可以通过连接外部电源进行充电。插电式混合动力汽车具有全混型混合动力汽车和纯电动汽车的特点，既有内燃机和电动机两个动力源，也有连接外部电网的接口。

3.1.2 纯电动汽车传动系统

纯电动汽车仅由车载电机驱动，电机由蓄电池（电池可通过外部电网进行充电）或氢燃料电池提供电能。相比于其他类型的新能源汽车，纯电动汽车完全依靠储存在动力电池中的电能驱动行驶，不会产生传统内燃机汽车排放的 CO、HC 以及 NO_x 等污染物，是公认的未来理想的交通工具。纯电动汽车的基本结构包括 3 个子系统，即电力驱动子系统、能源子系统和辅助子系统，如图 3-2 所示。

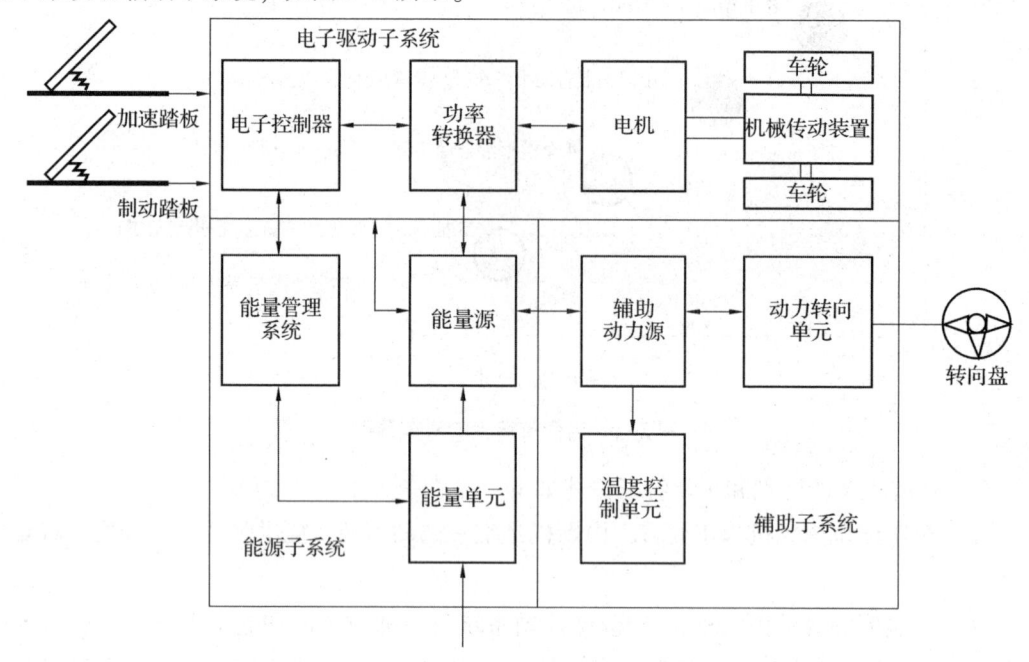

图 3-2 纯电动汽车的基本结构

电力驱动子系统的功能是通过控制器电路与制动踏板和加速踏板相连，将制动踏板和加速踏板信号输入控制器，以获得驾驶意图，通过控制电动机驱动汽车并且进行制动能量回收。

能源子系统的功能是保证汽车上各元件有稳定的能量来源；当动力电池能量不足时，能够对动力电池进行充电，以及时补充汽车的能量。

辅助子系统的功能是借助辅助动力源、动力转向系统、导航系统、空调器、照明及除霜装置、刮水器和收音机等辅助设备来提高汽车的操纵性和乘坐舒适性。

不同子系统又可分为不同的部分，就电力驱动子系统而言，又可分为电气和机械两大系统。其中，电气系统包括电动机、功率变换器和电子控制器等子系统；机械系统的组成主要包括变速装置和车轮等。电力驱动子系统的电气和机械有着多种组合方式，其基本布置方式通常可分为机械驱动布置方式、电机-驱动桥组合式、电机-驱动桥整体式和轮毂电机分散式 4 种。

3.1.3 新型传动系统

除了混合动力汽车和纯电动汽车的传动系统，还有一种新型传动系统，即燃料电池汽车传动系统。燃料电池汽车结构多种多样，从能源配置角度对其进行分类可分为：

（1）纯燃料电池（Fuel Cell，FC）的 FCV（Fuel Cell Vehicle）；
（2）燃料电池与动力电池相混合（FC+B）的 FCV；
（3）燃料电池与超级电容相混合（FC+C）的 FCV；

(4) 燃料电池与动力电池和超级电容相混合（FC+B+C）的 FCV。

图 3-3 所示为 FC+B 燃料电池汽车动力系统结构。该燃料电池汽车整车系统主要由整车控制器（包括整车控制单元和能量控制单元）、燃料电池内燃机、DC/DC 双向变换器、动力电池系统、辅助系统、驱动系统等模块组成，各个模块之间出电气机械部件连接形成一个整体。该模式中的动力电池可以为汽车在行驶过程中提供峰值电流，从而降低对燃料电池功率和动态特性的要求；还可以通过制动能量回馈减少耗氢量，以提高整车效率和续驶里程。目前，该混合驱动模式被较多的燃料电池汽车所采用。

图 3-4 所示为 FC+C 燃料电池汽车动力系统结构。工作状态下，燃料电池供给汽车所需能量，并利用多余电能给超级电容充电；加速和上坡时，超级电容与燃料电池同时工作，提供峰值功率；减速、下坡、制动时，由超级电容吸收制动回馈能量。由于燃料电池达到其工作温度需要一定时间，而超级电容放电做功可使燃料电池很快达到工作温度，并同时提供汽车起动所需电能，因此燃料电池和超级电容的组合是较理想的混合动力驱动模式，也是未来混合动力汽车的发展方向之一，尤其适用于轿车和城市公交车。但目前该类混合驱动技术尚处于研究阶段。

图 3-5 所示为 FC+B+C 燃料电池汽车动力系统结构。该系统同时加入了动力电池和超级电容。在混合动力汽车和纯电动汽车中，要求尽可能多地利用制动回馈能量。目前，通常采用为动力电池充电来吸收制动回馈能量，但动力电池充放电循环次数有限并难以实现短时间大功率充电，从而导致其循环寿命大大缩短，成本增加。而超级电容具有比电解电容高得多的能量密度（比能量）和比动力电池高得多的功率密度（比功率），适合用作短时间功率输出源。此外，因具有比功率高、一次储能多等优点，FC+B+C 的配置结构可以大大提高混合动力汽车、纯电动汽车的续驶里程，并能在汽车起动、加速、爬坡时有效改善混合动力汽车的动力特性。但是，由于这种结构过于复杂，对整车控制和参数匹配提出了较大挑战。

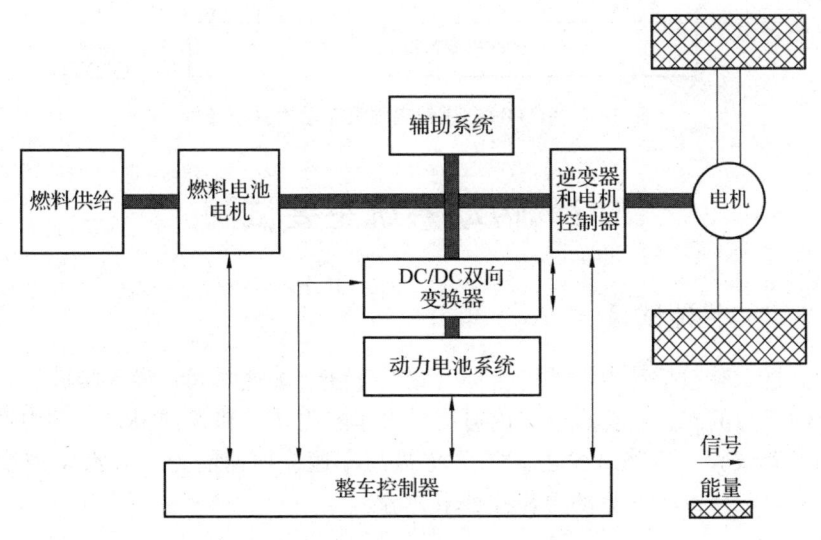

图 3-3　FC+B 燃料电池汽车动力系统结构

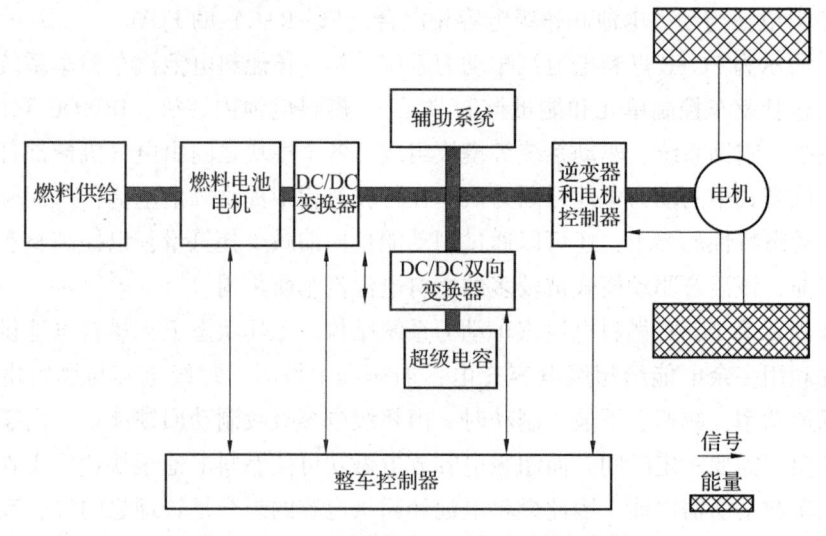

图 3-4　FC+C 燃料电池汽车动力系统结构

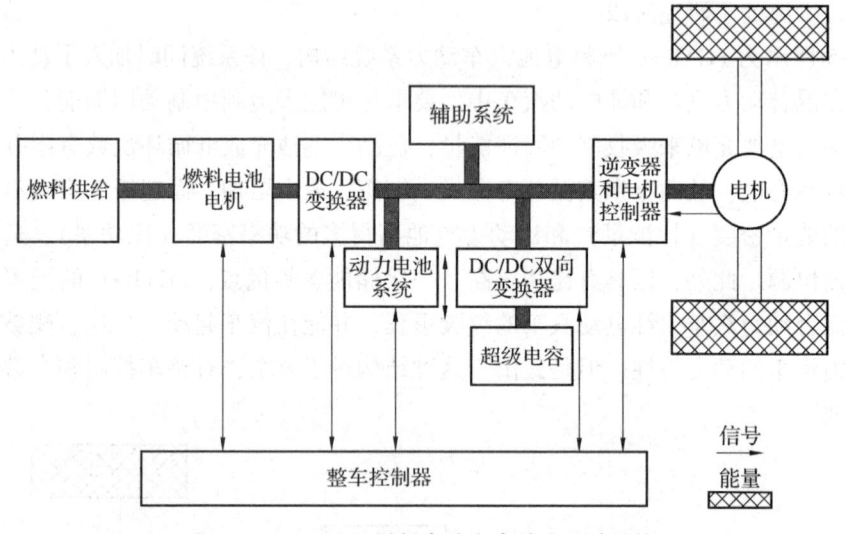

图 3-5　FC+B+C 燃料电池汽车动力系统结构

3.2　传动系统主要试验

3.2.1　动力性能试验

汽车动力性试验包括动力性评价指标（最高车速、加速时间、最大爬坡度）、驱动力、行驶阻力及附着力的测量。在实验室内可测量汽车的驱动力和各种阻力。动力性试验分为道路试验和台架试验。道路试验主要是测定最高车速、加速能力、最大爬坡度等评价指标，台架试验可测量汽车的驱动力和各种阻力等。

1. 道路试验

1）滑行试验

汽车的滑行性能是指汽车行驶时利用汽车本身所具有的动能克服行驶阻力的能力。滑行试验经常要测定滑行距离和滑行阻力系数。

(1) 滑行距离的测定。

选择长 800~1 000 m 的平整路段作为滑行区段,汽车在进入滑行区段前,车速应稍大于 50 km/h,此时驾驶员将变速器排挡置入空挡,并松开离合器踏板,汽车开始滑行,在滑行过程中,驾驶员不得转动方向盘,直至完全停车为止。

记录从车速为 50 km/h 开始,到汽车停止的整个滑行过程的滑行时间和滑行距离。试验至少往返各滑行 1 次,往返区段尽量重合。

国家标准规定滑行试验的标准初速度为 50 km/h,但是实际滑行初速度很难准确地控制到 50 km/h,故为了使试验结果具有可比性,应按照换算公式将实测的滑行距离换算成标准滑行初速度 50 km/h 下的滑行距离。

(2) 滑行阻力系数的测定。

滑行阻力包括滚动阻力、空气阻力和传动系统摩擦阻力等。采用低速滑行试验,测量出滑行阻力系数,可近似看成由滚动阻力和空气阻力两部分组成,进而求出空气阻力系数。滑行阻力系数的测定,通常采用定距离测定法、定初速度测定法和负荷拖车测定法。

试验前,在滑行试验的同一场地,选定长度为 100 m 的测量路段,并将其分为两段,每段各 50 m,然后反复预试,找出该车在 (20±2) s 时间内能通过 100 m 路段的滑行初速度。

试验时,驾驶汽车匀速接近测量段起点,在驶至起点的瞬间,迅速踩下离合器踏板,变速器挂空挡,控制汽车使其通过 100 m 的滑行时间为 (20±2) s,同时测定汽车通过开始 50 m 路段和整个 100 m 路段的滑行时间 t_1 和 t_2,往返测量至少 3 次。

2) 车速试验

车速试验包括最低稳定车速试验和最高车速试验。

(1) 最低稳定车速试验。

最低稳定车速通常指在直接挡下汽车能够稳定行驶的最低车速。

试验之前,应选取 50 m 长的平坦、坚实的直线路段,并在该路段的两端各插上一根标杆。

试验时,汽车变速器置于所要求的挡位,使汽车保持较低的稳定车速驶入试验路段。各种汽车的变速器挡位要求如下:对于货车、客车、专用汽车及重型矿用汽车,都挂直接挡;对于越野汽车,除挂直接挡试验外,还要增加挂传动系统最低挡位的最低稳定车速试验,另外,还可以根据试验要求,挂超速挡或其他挡位进行试验;对于没有直接挡的汽车,应选传动比最接近直接挡传动比的挡位。

当汽车驶出试验路段时,快速踩下踏板,此时,内燃机不应熄火,传动系统不得发生抖动,汽车能平稳地加速行驶。如果踩下加速踏板后,内燃机没有熄火并且传动系也未发生抖动,应适当降低车速继续进行试验。反之,若内燃机熄火或传动系统抖动,应适当提高车速再进行试验,直至找到符合要求的该挡最低稳定车速,试验至少往返各进行两次。另外,在试验过程中,不允许为保持汽车稳定行驶而切断离合器或使用制动器制动汽车。

(2) 最高车速试验。

最高车速是指无风情况下,汽车在水平良好的路面(混凝土或沥青)上能达到的最大行驶速度。

在符合试验条件的道路上,选择中间 200 m 为测量路段,并用标杆做好标志,测量路段两端为试验加速区间。根据试验汽车加速性能的优劣，选定充足的加速区间（包括试车场内环形高速跑道），使汽车在驶入测量路段前能够达到最高的稳定车速。

试验汽车在加速区间以最佳的加速状态行驶，在到达测量路段前保持变速器（及分动器）在汽车设计最高车速的相应挡位，油门全开，使汽车以最高的稳定车速通过测量路段。试验过程中注意观察汽车各总成、部件的工作状况并记录异常现象。试验往返各进行一次，测定汽车通过测量路段的时间，并按公式计算试验结果。

3）加速试验

加速试验是为求得汽车加速能力而进行的试验，一般在平坦干燥的铺装路面上测定从加速起点开始的时间、车速和距离等以求得加速能力。根据试车环境的实际使用条件决定加速开始和结束条件，大体可分为以下两种。

（1）速度法：用车速给出加速开始及结束条件的方法。

（2）距离法：加速开始条件是车速，但以行驶距离给出结束条件的方法。

4）爬坡试验

爬坡试验为评价汽车在各种坡度的坡路上起步和爬坡能力而进行的试验。一般有爬陡坡和爬长坡两种试验。

（1）爬陡坡试验。

陡坡一般指角度大于10%（5.7°）的坡。试验一般有两种：一种是从坡下平坦路处起步后向上爬坡；另一种是在坡路中途紧急停车之后再起步加速，从而试验起步的难易程度和加速能力。

（2）长坡路试验。

一般在坡度小于10%（5.7°）的长坡路进行试验。长坡路试验不仅测试汽车动力性能，同时测试行驶时的内燃机冷却水温度，各种润滑油温度及其各部分温度并进行整体的实用性评价。

5）牵引性能试验

汽车牵引性能试验主要用于确定汽车牵引挂车的动力性能，它分为牵引性能试验与最大拖钩牵引力试验两种。

（1）牵引性能试验。

汽车牵引性能试验最好采用试验汽车牵引负荷拖车的方式进行，没有负荷拖车时，也可以用处于最大总质量状态的其他汽车代替负荷拖车。

试验时，汽车起步后尽快加速并将变速器排挡升至需要的挡位，而后逐渐将加速踏板踩到底，使汽车加速到该挡最高车速的80%以上。然后，负荷拖车慢慢施加负荷，在试验汽车内燃机正常转速范围内，取5~6个试验车速点，待车速稳定后，测量车速值及相应车速下的拖钩牵引力。试验往返各进行一次，取两次试验结果的算术平均值作为最后的试验结果。

（2）最大拖钩牵引力试验。

试验时由试验车拖动负荷拖车运动，试验汽车动力传动系统均处于最大传动比状态，自锁差速器应锁住。如果用钢丝绳牵引，两车之间的钢丝绳不得短于15 m。

试验开始时，试验汽车应缓慢起步，待钢丝绳（或牵引杆）拉直后，逐渐将加速踏板踩到底，以该工况下最高车速的80%行驶。当驶到测定路段时，负荷拖车开始平稳均匀地施加负荷，使试验车车速平稳下降，直到试验汽车内燃机熄火或驱动轮完全滑转为止，并从牵引力测量仪器上读取最大拖钩牵引力。试验往返各进行一次，以两个方向测得的最大拖钩牵引力的算术平均值作为试验最终结果。

2. 台架试验

台架试验与实车道路试验相比，具有以下优点：不受外界试验条件与环境条件的影响；试验周期短；节省人力；精度高、效率快。另外，在对特异现象进行性能分析或测试带有危险性的实车临界特性时，台架试验更能发挥巨大作用。

台架动力性试验主要是测定驱动力、传动系统机械效率、轮胎滚动阻力系数及汽车空气阻力系数等参数，通常在转鼓试验台上进行。试验时，用转鼓的表面来模拟路面，通过加载装置给转鼓轴施加负荷以模拟汽车在实际行驶时的阻力，再配以可调风速的供风系统提供汽车迎面行驶风，就可模拟道路试验。

目前在转鼓试验台上可进行的试验项目有：汽车动力性能评价（测定汽车各挡位下的驱动力、最大爬坡度、最低稳定车速、最高车速、加速性能）；汽车经济性能评价（多工况及等速油耗试验）；汽车内燃机冷却散热能力试验（在环境试验室中进行）；汽车噪声、振动试验（在消声室中进行）；汽车空调性能试验（在环境试验室中进行）；汽车排放性能试验（在排放试验室中进行，主要有排气污染物排放试验、汽车蒸发排放试验、曲轴箱气体排放试验）；电磁兼容试验（在吸收试验室中进行）；ABS 检验试验及自动变速器性能试验。

3.2.2 燃油消耗、SOC 试验

1. 燃油消耗

根据 GB/T 19233—2020《轻型汽车燃料消耗量试验方法》，通过测定汽车二氧化碳（CO_2）、一氧化碳（CO）和碳氢化合物（HC）排放量，用碳平衡法计算燃料消耗量。此方法适用于以点燃式内燃机或压燃式内燃机为动力，最大设计车速大于或等于 50 km/h 的 N_1 类和最大设计总质量不超过 3 500 kg 的 M_1、M_2 类汽车，最大设计总质量超过 3 500 kg 的 M_1 类汽车可参照执行；适用于能够燃用汽油或柴油的汽车，不适用于混合动力电动汽车，其他燃料类型汽车可参照执行。

按照 GB 18352.6—2016 中附件 CA 所述的全球统一轻型车测试循环（WLTC）或 GB/T 38146.1—2019 中附录 A 规定的中国汽车行驶工况（CLTC P 和 CLTC C，其中 CLTC P 适用于 M_1 类汽车，CLTC C 适用于 N_1 类和最大设计总质量不超过 3 500 kg 的 M_2 类汽车），测量汽车的 CO_2、CO 和 HC 排放量。

试验汽车要满足试验环境、试验汽车自身、试验燃料、测试设备等的要求。

进行 CO_2、CO 和 HC 排放量测量时，试验循环如 GB 18352.6—2016 中附件 CA 所述，包括低速段（Low）、中速段（Medium）、高速段（High）和超高速段（Extra High）4 个部分；或如 GB/T 38146.1—2019 中附录 A 所述，包括低速（1 部）、中速（2 部）和高速（3 部）3 个部分。道路载荷测量与测功机的设定按 GB 18352.6—2016 中附件 CC 进行设定，如行驶阻力曲线由汽车生产企业提供，需要提供试验报告、计算报告或其他相关资料，并由检验机构确认。按照 GB 18352.6—2016 中附件 CE 的规定计算 CO_2、CO 和 HC 排放量。

燃料消耗量计算：

(1) 对于装备汽油机的汽车

$$FC = \frac{0.1155}{D}[(0.866HC) + (0.429CO) + (0.273CO_2)] \tag{3-1}$$

(2) 对于装备柴油机的汽车

$$FC = \frac{0.1156}{D}[(0.865HC) + (0.429CO) + (0.273CO_2)] \quad (3-2)$$

式中，FC 为燃料消耗量，L/100 km；HC 为碳氢化合物排放量，g/km；CO 为一氧化碳排放量，g/km；CO_2 为二氧化碳排放量，g/km；D 为 288 K（15 ℃）下试验燃料的密度，kg/L。

可根据需要参照 GB/T 19233—2020《轻型汽车燃料消耗量试验方法》附录 A、附录 B、附录 C 测量汽车在低温环境、开启空调制冷状态和高海拔环境下的燃料消耗量。

2. SOC 试验

对于纯电动汽车、可插电式混合动力电动汽车，电池管理系统 SOC 估算的累积误差应不大于 5%。对于不可外接充电的混合动力电动汽车，锂离子动力电池管理系统 SOC 估算的累积误差应不大于 15%，镍氢动力电池管理系统 SOC 估算的累积误差应不大于 20%。

根据 GB/T 38661—2020《电动汽车用电池管理系统技术条件》，SOC 估算精度测试包括 SOC 累积误差试验和 SOC 误差修正速度试验。由电池老化或其他因素造成的 SOC 估算误差测试由整车厂和制造商协商进行。

1）SOC 累积误差试验

按照 GB/T 38661—2020《电动汽车用电池管理系统技术条件》附录 B 进行，具体为：

(1) 电池系统（或电池模拟系统）按标准要求所采用的充电规范充电；

(2) 静置 30 min 或制造商规定的搁置时间，将电池管理系统上报 SOC_{BMS} 值修改为 100%；

(3) 测试设备开始累积循环充放电容量；

(4) 以 $1Q_0$（A）放电 12 min；

(5) 静置 30 min 或制造商规定的搁置时间；

(6) 采用特定工况循环 N 次，N 是使 $SOC_{真值}$ 接近 30% 的最大整数，但循环过程中需保证 SOC 不低于 30%，否则停止工况循环跳至（7）；

(7) 静置 30 min 或制造商规定的搁置时间（静置过程内不得触发电池管理系统的 SOC 修正）；

(8) 以标准要求所采用的充电规范将电池系统（或电池模拟系统）充电至实际 SOC 为 80%；

(9) 静置 30 min 或制造商规定的搁置时间（静置过程内不得触发电池管理系统的 SOC 修正）；

(10) 按（6）~（9）循环 10 次；

(11) 记录电池管理系统上报 SOC_{BMS} 值；

(12) 测试过程实时记录测试设备的累积循环充放电容量 Q_1，充电为负，放电为正，并计算 $SOC_{真值} = \frac{Q_0 - Q_1}{Q_0} \times 100\%$；

(13) 测试结束后，SOC 累积误差的计算公式为 $|SOC_{真值} - SOC_{BMS}|$。

2）SOC 误差修正速度试验

可以参照 GB/T 38661—2020《电动汽车用电池管理系统技术条件》附录 C 进行，具体为：

(1) SOC ≥ 80%。
①电池系统按标准中 B.2 所采用的充电规范充电;
②静置 30 min 或制造商规定的搁置时间;
③测试设备开始累积循环充放电容量;
④以 $1Q_0$(A)放电 6 min;
⑤静置 30 min 或制造商规定的搁置时间;
⑥将电池管理系统上报 SOC_{EMS} 值修改为 75%;
⑦采用特定工况,放电至实际 SOC 为 30%;
⑧静置 30 min 或制造商规定的搁置时间;
⑨以 B.2 所采用的充电规范将电池系统充电至实际 SOC 为 95%;
⑩静置 30 min 或制造商规定的搁置时间;
⑪重复⑦~⑩步骤两次;
⑫测试过程中实时记录电池管理系统上报 SOC_{BMS} 值;
⑬测试过程中实时记录测试设备的累积循环充放电容量 Q_1(充电为负,放电为正);
⑭计算全测试过程中 SOC 误差,SOC 误差的计算公式为 $|SOC_{真值}-SOC_{BMS}|$。

(2) 30%<SOC<80%。
按以下步骤测试 SOC 接近 80%,估计值上偏的误差修正速度和精度:
①电池系统按 B.2 中所采用的充电规范充电;
②静置 30 min 或制造商规定的搁置时间;
③测试设备开始累积循环充放电容量;
④以 $1Q_0$(A)放电 15 min;
⑤静置 30 min 或制造商规定的搁置时间;
⑥将电池管理系统上报 SOC 值修改为 90%;
⑦采用特定工况,放电至实际 SOC 为 30%;
⑧静置 30 min 或制造商规定的搁置时间;
⑨以标准要求所采用的充电规范将电池系统充电至实际 SOC 为 80%;
⑩静置 30 min 或制造商规定的搁置时间;
⑪重复⑦~⑩步骤两次;
⑫测试过程中实时记录电池管理系统上报 SOC_{BMS} 值;
⑬测试过程中实时记录测试设备的累积循环充放电容量 Q_1(充电为负,放电为正);
⑭计算全测试过程中 SOC 误差,SOC 误差的计算公式为 $|SOC_{真值}-SOC_{BMS}|$。

按以下步骤测试 SOC 接近 80%,估计值下偏的误差修正速度和精度:
①电池系统按要求所采用的充电规范充电;
②静置 30 min 或制造商规定的搁置时间;
③测试设备开始累积循环充放电容量;
④以 $1Q_0$(A)放电 15 min;
⑤静置 30 min 或制造商规定的搁置时间;
⑥将电池管理系统上报 SOC 值修改为 60%;
⑦采用特定工况,放电至实际 SOC 为 30%;

⑧静置 30 min 或制造商规定的搁置时间；
⑨以要求所采用的充电规范将电池系统充电至实际 SOC 为 80%；
⑩静置 30 min 或制造商规定的搁置时间；
⑪重复⑦~⑩步骤两次；
⑫测试过程中实时记录电池管理系统上报 SOC_{BMS} 值；
⑬测试过程中实时记录测试设备的累积循环充放电容量 Q_1；
⑭计算全测试过程中 SOC 误差，SOC 误差的计算公式为 $|SOC_{真值}-SOC_{BMS}|$。

按以下步骤测试 SOC 接近 30%，估计值上偏的误差修正速度和精度：
①电池系统按 B.2 中所采用的充电规范充电；
②静置 30 min 或制造商规定的搁置时间；
③测试设备开始累积循环充放电容量；
④以 $1Q_0$（A）放电 39 min；
⑤静置 30 min 或制造商规定的搁置时间；
⑥将电池管理系统上报 SOC_{BMS} 值修改为 50%；
⑦采用特定工况放电至实际 SOC 为 30%；
⑧静置 30 min 或制造商规定的搁置时间；
⑨以 B.2 所采用的充电规范将电池系统充电至实际 SOC 为 80%；
⑩静置 30 min 或制造商规定的搁置时间；
⑪重复⑦~⑩步骤两次；
⑫测试过程中实时记录电池管理系统上报 SOC_{BMS} 值；
⑬测试过程中实时记录测试设备的累积循环充放电容量 Q_1（充电为负，放电为正）；
⑭计算全测试过程中 SOC 误差，SOC 误差的计算公式为 $|SOC_{真值}-SOC_{BMS}|$。

按以下步骤测试 SOC 接近 30%，估计值下偏的误差修正速度和精度：
①电池系统按 B.2 中所采用的充电规范充电；
②静置 30 min 或制造商规定的搁置时间；
③测试设备开始累积循环充放电容量；
④以 $1Q_0$（A）放电 39 min；
⑤静置 30 min 或制造商规定的搁置时间；
⑥将电池管理系统上报 SOC_{BMS} 值修改为 20%；
⑦采用特定工况，放电至实际 SOC 为 30%；
⑧静置 30 min 或制造商规定的搁置时间；
⑨以要求所采用的充电规范将电池系统充电至实际 SOC 为 80%；
⑩静置 30 min 或制造商规定的搁置时间；
⑪重复⑦~⑩步骤两次；
⑫测试过程中实时记录电池管理系统上报 SOC_{BMS} 值；
⑬测试过程中实时记录测试设备的累积循环充放电容量 Q_1（充电为负，放电为正）；
⑭计算全测试过程中 SOC 误，SOC 误差的计算公式为 $|SOC_{真值}-SOC_{BMS}|$。

（3）SOC≤30%。
按以下步骤进行测试：
①电池系统按标准中 B.2 所采用的充电规范充电；

②静置 30 min 或制造商规定的搁置时间；
③测试设备开始累积循环充放电容量；
④以 $1Q_0$（A）放电 48 min；
⑤静置 30 min 或制造商规定的搁置时间；
⑥将电池管理系统上报 SOC_{BMS} 值修改为 35%；
⑦采用特定工况放电至实际 SOC 为 5%；
⑧静置 30 min 或制造商规定的搁置时间；
⑨以要求所采用的充电规范将电池系统充电至实际 SOC 为 80%；
⑩静置 30 min 或制造商规定的搁置时间；
⑪重复出⑦~⑩步骤两次；
⑫测试过程中实时记录电池管理系统上报 SOC_{BMS} 值；
⑬测试过程中实时记录测试设备的累积循环充放电容量 Q_1，（充电为负，放电为正）；
⑭计算全测试过程中 SOC 误差，SOC 误差的计算公式为 $|SOC_{真值}-SOC_{BMS}|$。

3.2.3 强度、耐久可靠性试验

强度与耐久的可靠性试验是以故障（丧失项目规定的功能）为问题的试验，除加大负荷进行一次性破坏试验和反复负荷疲劳破坏试验外、还考察通过使用所产生的质量、功能的变化及老化情况。也就是说，除破坏外，磨损、螺栓松动、腐蚀，甚至变色也是试验的对象。

在对传动系进行开发试验时，实车行驶时的负荷及各总成的结构、形状、材料、热处理、机加工等参数已经通过台架试验取得，并广泛积累了数据，很容易利用。因此，该试验方法广泛应用于总成的耐久可靠性试验。各总成的耐久可靠性几乎都在这一阶段作出评价，最后经实车行驶耐久试验进行再确认。

1. 离合器

1）离合器分离耐久性试验

利用图 3-6 所示的装置，自动操作离合器踏板，进行离合系统及离合器盘的断开性试验。

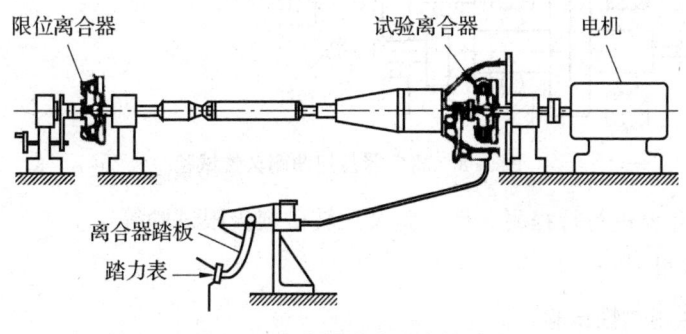

图 3-6 离合器分离耐久性试验

2）离合器摩擦片磨损耐久性试验

利用如图 3-7 所示的装置，一般进行 1 000 个循环（有时进行 5 000 个循环）的反复试验，根据离合器的使用条件，改变惯性体的大小和时间周期进行试验，将试验结果与实车的试验结果进行对比，推测离合器的使用寿命。

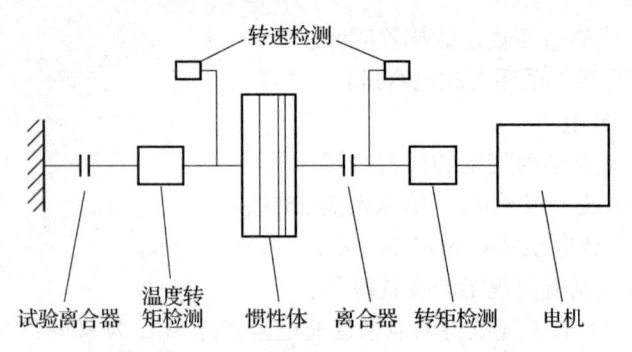

图 3-7　离合器摩擦片磨损耐久性试验

3) 离合器盘扭曲耐久性试验

利用图 3-8 所示的装置，将离合器盘的外缘部分（摩擦片部分）固定，给予轮毂的花键部以反复扭曲动作，研究扭曲阻尼的耐久性。

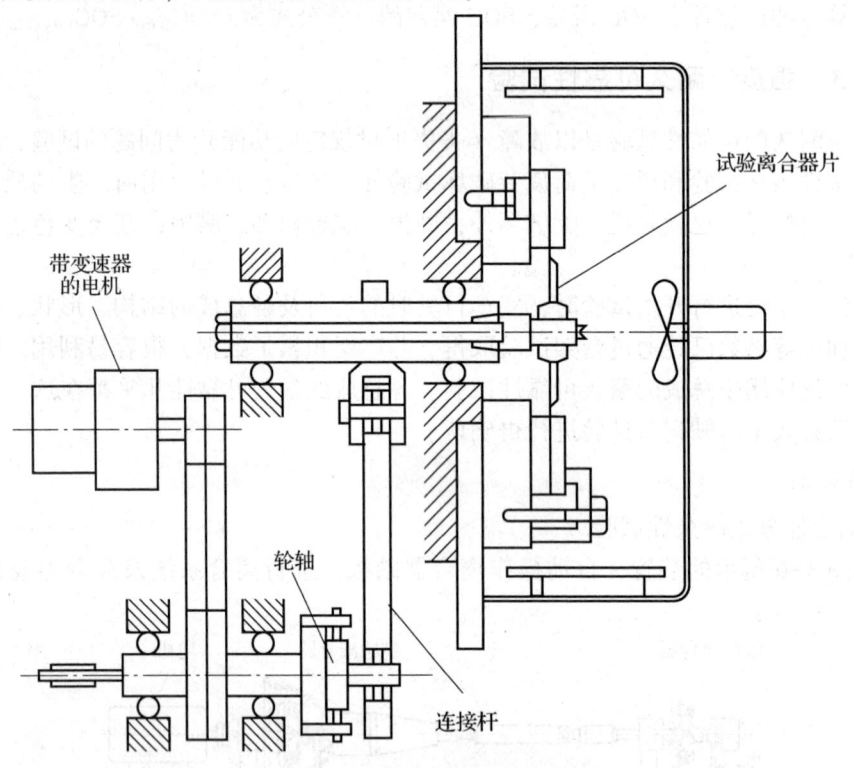

图 3-8　离合器盘扭曲耐久性试验

除此之外，还要进行行程耐久性试验及运转破损极限试验等。

2. 手动变速器

1) 强度台架耐久性试验

该试验有内燃机驱动和电机驱动两种。用内燃机驱动时，装上与实车相同的惯性盘，通过测功机吸收功率进行加、减速耐久与起步耐久性试验。电机驱动有两种方式：一是功率吸收式（见图 3-9），二是动力循环式（见图 3-10）。但都是进行一定负荷耐久性试验，并可作出齿轮、轴承等的 S-N 曲线图。

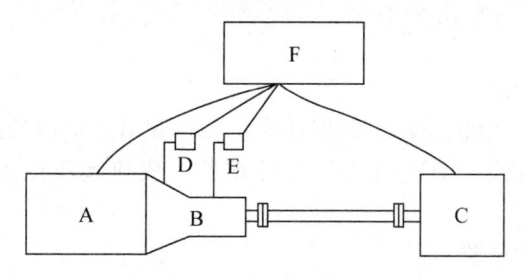

A—电机；B—试验用变速器；C—电动测功机；D—离合器操纵装置；E—变速器操纵装置；F—控制装置。

图 3-9 动力吸收式耐久性试验

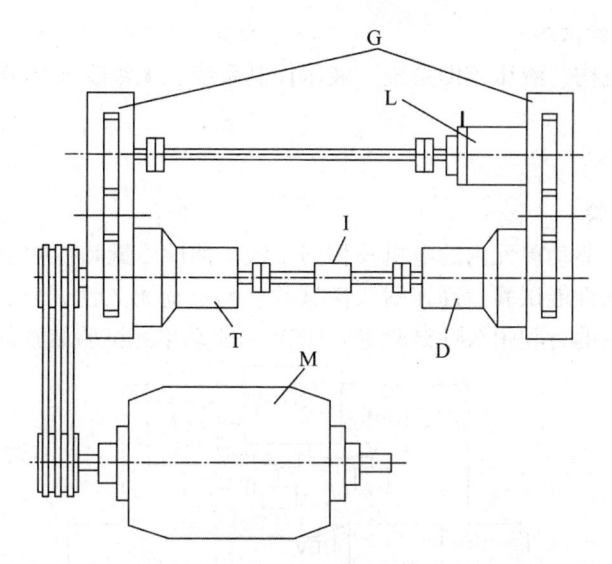

T—试验用变速齿轮箱；D—代替变速器；M—电机；L—扭矩负荷装置；I—扭矩仪；G—变速齿轮装置试验机。

图 3-10 动力循环式耐久性试验

2）强度实车耐久性试验

进行一般行驶高速行驶、反复加减速行驶、快速起步行驶等的耐久性试验。

3）同步器台架耐久性试验

如图 3-11 所示，在变速器上装离合器盘，通过惯性圆盘用电机带动变速器输出轴旋转，进行变速操作，观察同步器耐久性试验规范（变速时间、变速车速、操作力、间隔）按汽车、变速器的种类设定。

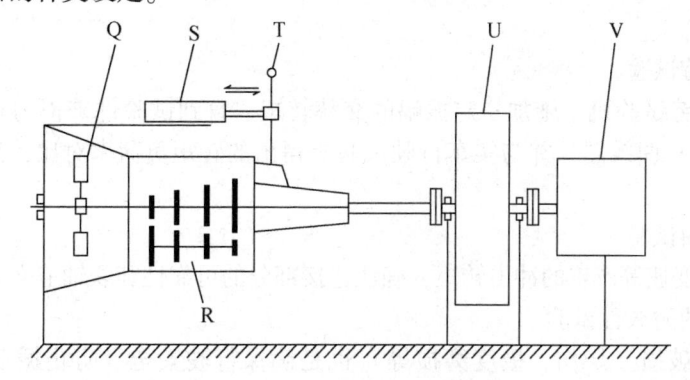

Q—离合器盘；S—换挡操纵装置；T—换挡杆；R—变速器；U—惯性体；V—电机。

图 3-11 同步器台架耐久性试验

3. 自动变速器

1）台架一般耐久性试验

用具有相当内燃机或电机及汽车的惯性质量和行驶阻力负荷的测功机驱动变速器，可进行高速高负荷连续试验、变速模式耐久性试验、快速起步试验等，验证变速器的耐久性。

2）实车一般耐久性试验

可进行一般行驶、高速行驶、反复加减速行驶、快速起步行驶等的耐久性试验，验证变速器的耐久性。

3）分总成耐久性试验

进行驻车制动机构、液压辅助系统、液压控制系统、无级变速部分等分总成的耐久性试验。

4. HEV 驱动装置

1）台架性能试验

使带有内燃机、驱动单元内的电机及相当于汽车惯性质量和行驶阻力负荷的测功机运行工作，进行耐烧伤性能试验、高速耐久性试验、高负荷耐久性试验，以及包括 EV 和紧急再生制动工况在内的行驶耐久性试验等。HEV 用驱动单元试验装置如图 3-12 所示。

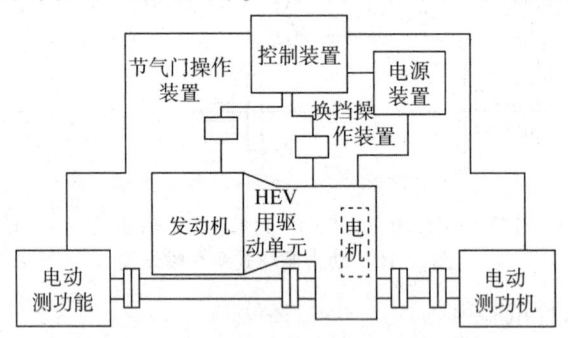

图 3-12　HEV 用驱动单元试验装置

2）实车一般耐久性试验

该试验分一般行驶、高速行驶、加减速行驶、快速起步行驶等，包括 EV 和紧急再生制动工况在内的行驶耐久性试验。

5. 传动轴

1）扭曲疲劳试验

采用扭曲疲劳试验机，施加一定振幅的交替转矩，直到试验件破损为止，将结果整理成 T-N（或 S-N）曲线图，并与实车行驶试验等得出的转矩负荷率对比，然后推测、评价传动轴寿命。

2）冲击扭曲试验

附加起步、变速等产生的冲击转矩，确认连接部分的可靠性和联轴节交叉角的富余度。

3）联轴节的耐久性试验

防止联轴节破损（烧伤、极度磨损等）也是确保行驶安全、防止振动噪声的重要问题，有必要通过耐久性试验确认。

设定传动转矩、交叉角、旋转速度等条件，试验多数用电机驱动，也进行改变这些条件组合的多程序耐久性试验，必要时可在泥水、灰尘多的苛刻条件下确认耐久性。

6. 驱动轴

1）扭曲疲劳试验

与传动轴接头的试验样，采用可给予交叉角的疲劳试验机进行试验。

2）冲击扭曲试验

与传动轴的试验相同。

3）等速万向节的耐久性试验

等速万向节产生不正常磨损、烧伤等破损时，不仅产生振动而且危及行驶安全。除用单一规范进行耐久性试验外，还要将实车行驶时的负荷条件置换为由转矩、交叉角、旋转速度组合构成的多种代表性试验规范，依次反复增加负荷进行耐久性试验。

等速万向节的橡胶套起到保护接头部位润滑剂的作用，并且防止外部泥水及灰尘等的侵入。为此，还需要试验它对低温、高温、臭氧等环境，润滑脂中油和添加剂的化学侵蚀，以及曲轴旋转的力学性能等多项负荷的耐久性。

7. 主减速器

1）齿轮的疲劳试验

这是对传递动力导致齿根疲劳破损进行的试验。一般要求在一定转矩下试验到破损的寿命，并制作出 T-N 曲线图。在试验当中使用的是动力循环式疲劳试验机。

2）其他耐久性试验

通过试验评价齿面的烧伤、磨损的损伤和轴承的磨损，以及轴承预压下降等。试验多采用能覆盖整个车速范围的负荷条件，且装备有动力吸收装置的大型试验设备，各种行驶条件在台架上重复进行再现。

3）润滑油循环试验

润滑油供给不足导致街面和轴承快速烧伤，通过试验可确认润滑油向各润滑点的循环供给状况。将试验用主减速器需进行试验确认的部分做成透明状，装在安装姿势和旋转速度可变的试验机上，即可目视多点润滑循环的情况。在低温、低速的条件下，确认各部位润滑油的供给状况非常重要。

3.2.4 振动、噪声试验

汽车振动、噪声试验主要以性能指标测试、故障诊断、道路模拟试验等为研究内容。任何一款新车型，在开发过程中都要对整车各项性能指标进行试验验证。同样，对于整车的 NVH 性能指标，在开发过程中各个环节都要对其进行试验验证，如车内振动目标值试验验证、车外噪声目标值试验验证、内燃机悬置性能试验验证等。对于现有车型存在的振动、噪声问题，可以通过试验手段进行测试分析，查找产生问题的原因，提出可行的工程治理方案，最后通过试验验证结果。振动试验包括白车身、整车及零部件模态试验；振动响应测量；异响识别；隔振器刚度、隔振率测量等。噪声测试包括声腔模态、车内噪声、通过噪声、进排气系统噪声、动力总成辐射噪声、壳体辐射噪声等。

1）车内噪声值试验

车内噪声值试验的目的主要是获取竞争车型或设计新车型的车内噪声值，为新车型车内噪声目标值设定提供参考依据；同时，验证开发的车型车内噪声值是否达到设计要求。要保证试验重复性、可靠性、可比性，就需要对试验对象、测试环境、测点位置、测试工况等设计定义。汽车车内噪声级与测量位置有关，应该选取能够代表驾驶员和乘员耳旁的车内噪声分布的测点。以 M_1 类汽车为例，一般选取驾驶员右耳和右后座乘员左耳的位置为测量点，传声器具体的安装位置如图 3-13 所示。

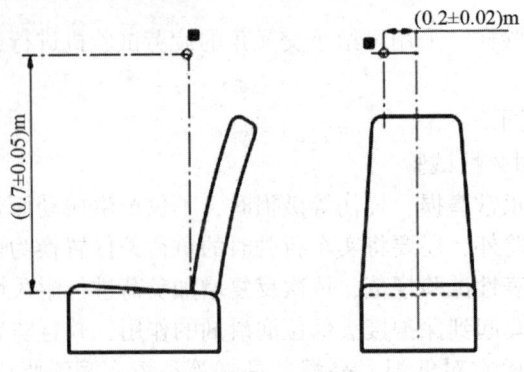

图 3-13　车内噪声值测点布置

车内噪声值的试验工况分为定置工况和路试工况。其中，定置工况下主要测试内燃机在急速和不同转速下的车内噪声值；路试工况主要测试匀速行驶、加速行驶、减速行驶、急加速工况下的车内噪声值。

路面对于车内噪声的影响是不同的，因此要选择几种典型的路面进行车内噪声值试验，主要包括粗糙路面、光滑路面和冲击路面。车内噪声的评价主要是噪声值大小和声品质。由于车内噪声直接作用于人耳，因此噪声值的大小用 dB（A）来表示，对于其频率特性，采用声功率密度函数来分析，频率分辨率要求达到 1 Hz。声品质是指声给人的特有的听觉感受，声品质好是指人们察觉不到噪声的存在或者声音并不让人烦恼，而声品质坏是指噪声使人不舒服并让人有烦恼的感受。对于声品质的评价，主要包括响度、音色、音调、尖锐度、粗糙度、抖晃度、语音清晰度等指标。

2）动力总成辐射噪声试验

通常是在内燃机运转时，在距离内燃机 1 m 处用声功率计进行动力总成辐射噪声试验。动力总成可以安装在台架上，在内燃机消声室内试验，也可以在车载状态下试验。两种试验方法的结果当然会有一定的差别，要根据实际情况来选择。试验的位置一般包括内燃机上方、进气侧、排气侧和底部。图 3-14 所示为动力总成辐射噪声消声室试验。

图 3-14　动力总成辐射噪声消声室试验

3）进气噪声试验

进气噪声试验是在消声室内进行的，样车左右两侧前轮停放在转鼓上，而当汽车前轮转动时，转鼓用来模拟实际道路阻力，这样测得的进气噪声接近于实际路况的情况。在将进气系统与节气门体安装之前，首先要在内燃机舱上面铺上隔声材料，如铅板和隔声垫，如图 3-15 所示，这是为了在试验进行中，将内燃机舱内的噪声隔离，使其不会影响进气系统进气口测得的噪声。一般情况下，隔离后内燃机舱内传出的噪声要小于 3 dB。在进气口的轴线上距离进气口 100 mm，与中心线垂直的角度放置一个传声器来测量的。如果测试的位置有障碍物，应尽可能拆除。试验时，内燃机、驱动系统等按正规式样，冷却系统保持关闭状态。进气噪声试验应该在带底盘驱动电机的消声室内进行，如图 3-16 所示。

图 3-15　进气噪声试验布置　　　　图 3-16　试验环境和状态

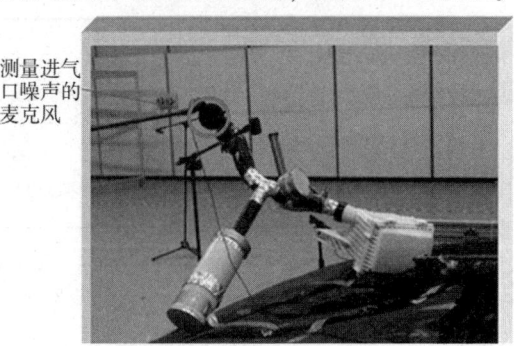

4）排气噪声试验

排气噪声试验是在排气管 500 mm 处以 45°入射角进行的，需要关注的是总的声压级和内燃机点火阶次声压级。排气噪声试验可以在试验台架上进行，也可以在实车上进行。实车试验时，应该采取必要的措施以排除进气噪声、路面噪声的影响。

5）路面噪声试验

路面噪声主要是指轮胎噪声。影响路面噪声的因素包括路面、轮胎类型、车速等。汽车在高速行驶时，路面噪声占车内噪声的主导地位。测试主要包括路面噪声及路面噪声对车内噪声的影响。

6）风噪声试验

为了消除轮胎和内燃机噪声的影响，风噪声试验一般需要在声学风洞试验室内进行，汽车静止不动，由风洞产生不同速度的气流，模拟风噪声对汽车的影响。试验结果主要关注车外流场分布、车外特定点的空气压力和速度、车体振动和车内噪声。

7）通过噪声试验

通过噪声试验大多数是在露天试验场进行的。试验场包括一个长 20 m、宽 20 m 的主体部分，10 m 长的驶入道路和 10 m 长的驶出道路，这两条道路的宽度至少为 3 m。在驶入和驶出的道路两边还要有与之连接的道路，以便汽车开进和离开试验场地。通过噪声的试验场必须满足下面的条件和测量要求。

(1) 声场条件：在 50 m 半径范围内，不能有明显的障碍物，如建筑物、墙壁、桥梁等；在传声器附近，不能有任何影响声场的物体；人不能站在声源和传声器之间。

(2) 背景噪声：一般要求背景噪声比汽车通过时的噪声低 15 dB，绝对不能低于 10 dB。

(3) 路面条件：路面要非常平，其误差不能超过 ±0.05 m，路面的材料不能吸声。

(4) 天气条件：大气的温度在 0~40 ℃。在传声器高度处的风速不能超过 5 m/s，下雨的时候不能进行测试。

(5) 传声器的位置：两个传声器放在试验场的南北中轴线上，离水平中轴线的距离为

（7.5±0.05）m，传声器离地面的高度为（1.2±0.02）m，如图 3-17 所示。

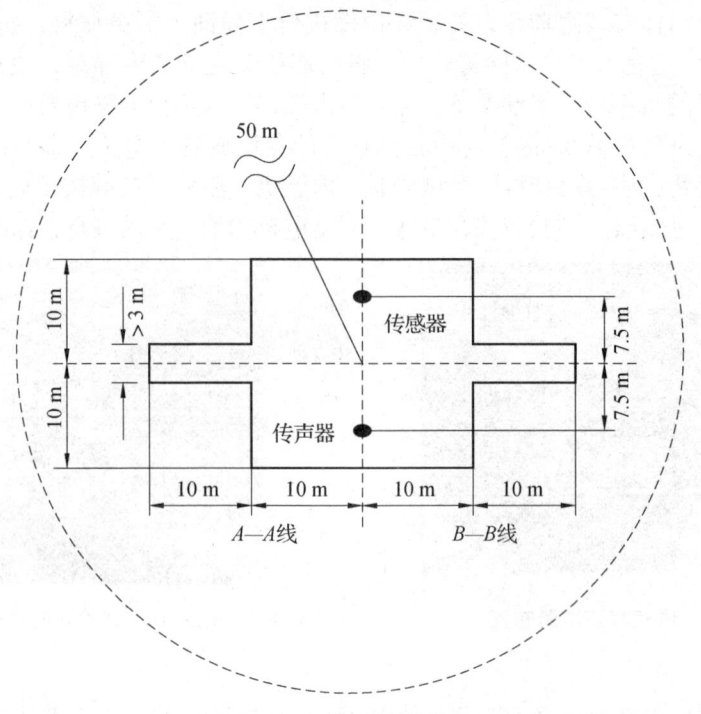

图 3-17 传感器的位置

（6）测量次数：每边最少测量 4 次，4 次测量中，每两次测量的最大噪声的差值不能超过 2 dB，否则要增加测量次数。

（7）汽车的速度：不同的汽车（如轿车和卡车等）和不同的变速器（如自动变速器和手动变速器），到达 A—A 线时的速度和离开 B—B 线时的速度是不一样的，SAE J1470 和其他标准中都有详细规定。

3.3 传动系统试验平台

传动系统试验台是用于测试和研究汽车传动系统总成部件的设备。这些总成部件包括变速器、驱动桥、半轴、差速器、主减速器等。

试验台主要包括驱动电力测功机 1 套、加载低速大扭矩电力测功机系统 1~4 套、试验台控制测试系统软件和其他附属装置等。

试验对象包括：自动变速器、手动变速器、混合动力机电耦合系统、差速锁自动控制系统、牵引力控制系统、混合动力传动系统、液力变矩器、离合器、分动器、驱动桥、主减速器、轮边减速器、差速器、多片湿式离合器等部件，可进行单部件或多部件综合试验。

在该试验台架上主要进行的试验类型主要有：传动系统匹配试验；变速器性能及开发试验；差速锁自动控制系统、牵引力控制系统试验；混合动力传动系统特性曲线、蓄电池充放电特性曲线、动力总成联调试验；变速器、变矩器及分动器联调试验；液力变矩器试验；分动器性能试验；轮边减速器试验；驱动桥与轮边减速器试验；驱动桥试验；其他试验。

3.3.1 总成和系统台架试验平台

传动系统试验台可实现转矩试验、转速试验、空载试验、堵转试验、温升试验等多种常用电动汽车驱动电机试验的自动化测量，让用户程度节省试验时间，提升工作效率。

图 3-18 所示的 HXN3B 型干线内燃调车机车交流传动系统试验台，可以进行 0~600 kW、0~10 000 r/min 范围内的电动车用异步电机、电动车用永磁同步电机、电动车用直流无刷电机、电动车用开关磁阻电机、电动车用横向磁场电机等的试验。

图 3-18 HXN3B 型干线内燃调车机车交流传动系统试验台

3.3.2 大型通用试验设备

1. 环境试验设备

1) 高温环境风洞实验室

高温环境风洞实验室是用来评价汽车耐热、耐湿、耐日晒等环境适应性能的实验室。图 3-19 所示为长城集团汽车高温环境风洞实验室，该实验室的技术参数如下：风洞喷口面积 8 m²/6.4 m²，最高风速 250 km/h，具备两个高、低温浸车间和两个汽车准备间，占地面积约 4 000 m²，可开展热管理、空调系统、阳光、雨雪模拟试验。

图 3-19 长城集团汽车高温环境风洞实验室

在高温环境风洞实验室内可进行下列试验项目：

（1）冷却性能试验。该试验是模拟在热带地区及国内夏季的高温条件下，对有关散热性能进行评价的试验，评价内容包括内燃机、变速器等的润滑油、工作油的冷却性能、燃油冷却性能和排气冷却性能等。

（2）驾驶性能试验。评价在高温条件下，燃料温度升高时汽车内燃机的功率是否下降和内燃机是否可以平稳加速，在高温条件下停车时的再起动性能，以及汽车行驶的平稳性等。

（3）热损害性能试验。在各种行驶状态下（如高温条件下的高速行驶、塞车行驶、爬坡行驶及经过这些行驶后的怠速和停车等），评价汽车零部件的耐热性，评价内容包括内燃机舱内部件的功能，内燃机舱内及车身各部橡胶、塑料、树脂等零件的热变形，由底盘下面的排气系统部件产生的热量对车室内部件温度上升所造成的影响等。

（4）空调性能试验。为了在高温多湿的自然条件下也能保持舒适的乘用环境，对车内的温度、湿度、辨认性等环境的控制能力进行评价，评价内容包括车内的空调、换气、清除风窗玻璃的水蒸气等。

各汽车厂家、汽车零部件厂家及各试验研究机构为了顺利进行上述试验，都做了大量工作。但因各高温环境风洞实验室所具备的设备种类、能力、条件等不同各有其特点，所以不能一概而论。

2）低温环境风洞实验室

低温环境风洞实验室是模拟低温环境状态，评价汽车及汽车零部件环境适应性能的实验室，适用于下列试验项目：

（1）起动性能试验。该试验用于评价低温状态下内燃机的起动性能，包括蓄电池和起动机的容量选定，燃油喷射量及正时的设定。

（2）驾驶性能试验。该试验用于评价当内燃机起动后，在多短的时间内汽车可以平稳行驶。

（3）空调性能试验。该试验是为了得到舒适的乘用环境和确保汽车安全行驶，对保证清晰视野的有关性能进行评价，评价内容包括采暖能力、换气、自动空调控制、除霜、防雾（使风窗玻璃清洁）的能力等。

（4）环境适应性能试验。该试验用于在低温条件下对汽车基本性能进行评价。评价是在整车使用状况下进行的，以考核开关类等各种功能部件的工作和塑料件的耐低温脆性能力等。

2. 底盘测功机

底盘测功机是将转鼓作为假设路面，汽车驱动轮置于转鼓上进行汽车性能试验的装置，如图3-20所示。汽车在路面上行驶时受到的负荷称行驶阻力，由轮胎滚动阻力、空气阻力、坡度阻力及惯性阻力构成。行驶阻力R_L是车速v的函数，即：

$$R_L = A + Bv + Cv + Mg\sin\theta + Mg\mathrm{d}v/\mathrm{d}t \tag{3-3}$$

式中，A、B为轮胎的滚动阻力系数；C为由车身形状决定的空气阻力系数；θ为道路坡度；M为汽车质量；g为重力加速度。

图 3-20　底盘测功机

最初，底盘测功机几乎都用于动力性能试验，现在多数用于排放、油耗、耐久性、振动噪声及低、高温环境试验，近几年增加了针对电子控制化程度较高的制动、驱动装置专用设备。除上述试验目的以外，由于设备安装及房屋建筑尺寸的关系，底盘测功机的构成和布置各种各样。下面对主要设备做简要说明。

1）转鼓

转鼓大致分为双鼓和单鼓，目前单鼓较为主流。单鼓底盘测功机直径为 1 061～1 910 mm，较大。因为轮胎变形接近于路面，所以轮胎滑移变小，除了用于高负荷、高精度的试验以外，还用于耐久性试验。直径增加，转鼓的转动惯量也增加，为了尽可能减小转动惯量，单鼓大都是铝制的。

一般转鼓表面是平滑的，为了提高转鼓与轮胎的摩擦系数，会在转鼓表面进行滚花加工和涂覆高摩擦因数材料。轴承采用滚动轴承，在进行噪声试验时大多采用静压轴承。

2）功率吸收装置

目前功率吸收装置大都使用与内燃机测功机相同的摆动型测功机，但也有将直流发电机与转矩表组合在一起，用于测出转矩的非摆动型测功机。测功机中直流式的较多，为了减小测功机的体积，出现了将交流测功机装入转鼓内部进行试验的方式。

3）飞轮

用离合器可使惯量不同的多个飞轮单独离合，给予满足试验车装载条件的惯性阻力负荷。通常使用像爪形离合器那样的不滑移式离合器。为提高惯性的设定分解能力，需要几个飞轮，这样除导致价格昂贵、体积增大外，还会带来机械损失变化大、试验精度低的后果。为了解决上述问题，广泛采用功率吸收装置自动控制与转鼓圆周速度变化率（加速度）成比例的制动力，即电模拟惯量控制。但是，若控制范围过大，将导致功率吸收装置容量增大，使控制性能（特别是响应速度）及试验精度下降。

4）其他机械装置

与功率有关的机械装置还有升速器、转矩表及中间轴。升速器的主要用途除了在转鼓直径大的底盘测功机上缩小功率吸收装置体积和飞轮体积外，还可以用伞齿轮进行轴向转换并缩小安装面积。伞齿轮也用于连接四轮驱动车试验用底盘测功机的前后轴，但近几年，因升速器会使机械损失变动大，对提高试验精度不利而很少使用。大型载货车试验和耐久试验仍使用升速器。

以前常用的转矩表，由于其输出功率不包括转鼓机械损失和转鼓惯性加速力，而且测大转矩值时精度不高等原因，现在几乎不用了。在噪声试验、低高温试验及低压试验用底盘测功机上，中间轴用于连接实验室内的转鼓和实验室外的功率吸收装置，以及飞轮等，在隔墙处设有非接触型防声或防热套筒。

5）控制装置

功率吸收装置的控制装置与内燃机测功机相同，但更复杂，主要控制方式是速度控制和行驶阻力控制（包括电模拟惯量控制）。速度控制主要用于预热、内燃机的性能测定及振动噪声试验等稳速性能试验。行驶阻力控制用于排放、加速性能、加减速耐久性、变速性能试验等各种过渡性能试验。

一般用计算机设定行驶阻力，以模拟各种复杂的行驶阻力，进行高精度的设定。标准的道路行驶阻力测定除受试验行驶路面状态（路面粗糙度及坡度变化、风、气温、气压等）变化影响外，试验汽车本身变化对测定结果也有很大影响。为了解决这些问题，提出了各种测定法。

3. 驾驶模拟器

驾驶模拟器是模拟汽车行驶状况的装置，如图 3-21 所示。一般的驾驶模拟器由显示车外景色的装置、模拟行驶声音的装置、模拟方向盘反作用力的装置、仪表类装置、模拟汽车运动产生的惯性力及振动的装置、统一控制的计算机和计算汽车运动的计算机等构成，按照坐在模拟器驾驶座椅上的试验人员的驾驶动作实时模拟车外景色、行驶声音、方向盘反作用力、惯性力、振动等。

图 3-21 驾驶模拟器

驾驶模拟器的用途大致分为 3 种：

（1）用于有关人-汽车系统的研究、开发，特别是在使用 IT 设备和 ITS 时的人-汽车系统的研究、开发。根据用途也用于危险状况和交通堵塞等特殊环境状况下的试验等。

（2）用于有关汽车运动的研究、开发，即用于汽车操作稳定性、安全性、可靠性等相关汽车运动的研究、开发，也用于特殊环境状况下的试验等。

（3）用于教育、训练。教育、训练驾驶者，如何在实际行驶的危险状况下，对从死角突然出现的步行者或对面的汽车采取对应措施等。

4. 碰撞试验设备

一直以来，碰撞试验设备通常是将试验汽车连接到绞盘电动机牵引缆索上，向墙壁方向牵引，在即将到达墙壁之前解除连接，靠惯性使其碰撞。但是，近年来，为了进一步确保安全性能，正在寻求更加接近于真实事故形态的碰撞试验，因此出现了能够再现车对车碰撞设备，如图 3-22 所示。在这种情况下，一般采用的是在多个行驶路线上，同时牵引多个汽车，以十字点的方式进行碰撞试验。但是，如果这些汽车不能够同步到达十字点的话，碰撞的形态就会发生变化。因此，牵引装置要使用高精度的计算机控制。

图 3-22 车与车的碰撞试验

3.4 传动系统及其测试技术的发展趋势

3.4.1 传动系统技术的发展

1. 电动化趋势明显，多挡位变速器需求迫切

基于对汽车认知的改变，以及对环境与安全的考量，汽车电动化不仅改变了制造商、零部件供应商的发展规划，也对人们的消费观念产生了巨大影响。而目前电动汽车所使用的传动装置还无法满足实际行驶过程中对于各项性能的需求。因此，加速对传动装置的研发显得十分迫切。

传动系统的作用在于，保证汽车具有在各种行驶条件下所必需的牵引力、车速，以及保证牵引力与车速之间协调变化等功能，使汽车具有良好的动力性和燃油经济性。同时，也是保证汽车实现倒车，以及左、右驱动轮能适应差速要求，并使动力传递能根据需要而平稳地结合或彻底、迅速地分离。当前市场上绝大部分纯电动汽车采用单挡减速器进行动力传递，没有进行传动比的转换。由于单挡减速器的单一传动比很难满足高速行驶、低速行驶、加速超车、坡道行驶、制动能量回收等各种工作情况下的最优性能要求，因此开发多挡位变速器成为提升电动汽车性能的重要途径，也是当下各大主机厂、供应商、科研机构重点研究及开发的领域。

新能源传动技术的快速发展，让传统内燃机感受到了压力，不过，可通过不断改进来提升内燃机技术，再加上成本较低，内燃机的优势还是比较明显。在考虑电气化之前，要充分挖掘传统传动系统的潜力。如果希望能进一步降低油耗，混合动力和纯电动传动则是很好的补充。目前，如果不配备混合动力的话，传统内燃机以 4~5 速的传动系统是无法达到节能减排相关标准的。以 C 级及更小级别的车型为例，只有通过采用小排量直喷涡轮增压内燃机并配备 7~9 速的自动变速器才能满足法律法规需求。而对于运动型多功能车等大型汽车来说，则必须采用混合动力系统才能满足油耗及排放的要求。电气化将是未来发展的一个大趋势，因此市场充斥多种解决方案是有必要的。

2. 新能源汽车传动技术未来的发展趋势

无论是 HEV 还是 PHEV，对所配置的传动系统都提出了较高的要求。在实现技术提升方面的一个有效方案是在变速器内集成 1~2 个电机，从而实现所谓的"主动变速器"，这类变速器有着以下的一些特征。

（1）变速器内包含有电机、功率电子装置、执行器、传感器、控制器，可以在变速器内将电能转换为机械能从而实现汽车驱动。

（2）变速器的主要功能与传统变速器一样，仍然是转速和转矩的转换。

（3）为实现"主动变速"，变速器可以与汽车内所有控制单元进行通信交流，特别是与驱动系统、底盘系统、驾驶辅助系统及车载资讯娱乐系统通信。

（4）变速器内配有先进的控制策略，以实现各项性能的最优化，包括驾驶性能、舒适性、动力性、燃油经济性、最大行程及驾驶的安全性。为实现以上目标，"主动变速器"中的执行装置除了换挡任务外，还可以根据驾驶情况将内燃机或电机与传动系统分开，在适当的时候再将其闭合。

以上所述的特征，主动变速器将在内燃机 HEV 及 PHEV 中广泛使用。与传统内燃机汽车相比，这类新能源汽车将提供更好的燃油经济性。在法定的测试循环中，混合动力汽车的燃油经济性可以比传统内燃机汽车提升 20%~30%，插电式混动汽车最高则可以提升 70%。

新能源汽车区别于传统内燃机汽车最核心的技术是"三电"（电驱动、动力电池、电控）。目前，新能源汽车所使用的控制系统大多是在传统内燃机汽车控制器基础上，再进行一些适应性的更改，形成适用于新能源汽车工作的控制软件。国内在电机、电控领域的自主化程度仍远落后于动力电池，部分电机电控核心组件（如 IGBT 芯片等）仍不具备完全自主生产能力，具备系统完整知识产权的整车企业和零部件企业仍是少数。随着国内电机电控系统产业链的逐步完善，电机电控系统的国产化率逐步提高，电机电控市场具有的增速有望超过新能源汽车整车市场的增速。

此外，随着整车车体结构轻量化的推进，动力电池、电机、电控系统在新能源汽车整车中的成本占比也逐渐上升。根据 Argonne 国家实验室统计数据，新能源汽车动力总成（电机、电控、变速器）的成本分别占整车成本的 15.67%（轿车）和 13.69%（小型货车），总成占比仅次于动力电池和 BMS 系统。在新能源汽车补贴逐步上升的政策驱动下，动力总成成本下降的压力将逐步向上传导至电机、电控产品上。因此，电机电控市场在很大程度上仍将影响新能源汽车市场的走向。

3. 电动汽车传动技术发展

电动汽车传动系统分为两大类，一类是集中式电驱动技术电机与变速器或减速器直接通过传动轴连接，实现动力传动；另一类是分布式电驱动技术，又可以细分为轮边驱动和轮毂驱动。

乘用车普遍采用集中式电驱动技术，采用单级减速器。尽管电机有比内燃机更好的调速特性，但由于单级减速器传动比调节范围有限，使动力性、特别是中高速阶段的加速性能受到较大的限制，高效工作区也不能得到充分的利用。为了扩宽传动比范围并提升驱动电机效率，乌克兰 Antonov 汽车公司研发了一款 3 挡的可动力换挡的 EVT（Electric Vehicle Transmission），并在 NEDC 循环测试中，可以提升 15% 的工作效率。德国的 GKN 传动公司亦设计出了一款基于同步器换挡的 2 挡自动变速器，目前已经搭载于混合动力跑车上，大大降低了对前轴电机的性能需求。

3.4.2 传动系统测试技术展望

远程测控是试验台发展的一个方向，可利用 LabVIEW 软件强大的网络功能实现对试验台的远程控制，从而完成试验台试验任务。

随着我国汽车行业的快速发展，我国汽车传动系统试验与检测技术水平得到了空前提高。通过自主研发和引进技术的消化吸收，我国自主研制的测试装备水平不断提高，但仍与国际先进水平有一定差距。未来我国的汽车齿轮传动试验检测技术与装备将朝着高端化、平台化、智能化发展，为提升企业自主创新能力和正向设计、制造一体化水平提供更好的保障。

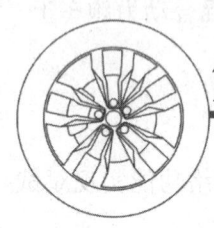

第4章 燃料电池系统

> **学习目标**
> 1. 理解燃料电池（堆）的基本工作原理。
> 2. 熟悉影响燃料电池的工作性能的参数。
> 3. 掌握测试与评价燃料电池性能的方法。

> **思　考**
> 1. 燃料电池是如何产生电能的？
> 2. 如何评价电池性能的优劣？
> 3. 如何开展燃料电池性能测试？

4.1　燃料电池系统的基本原理

4.1.1　燃料电池

燃料电池是一种发电装置，它突破了卡诺循环的限制，有望获得更高的能量利用效率。目前，使用质子交换膜（Proton Exchange Membrane，PEM）作为电解质的质子交换膜燃料电池（Proton Exchange Membrane Fuel Cell，PEMFC）是最有可能商用化的车用燃料电池。

1. 燃料电池的工作原理

燃料电池是将化学能转换为电能的装置，其工作原理如图 4-1 所示。从图中可以看出，在电池内部的膜电极上，氢气经过电极的扩散层与催化层到达膜与催化剂界面发生活化，成为氢离子（质子），并向电极释放电子，其反应式如下：

$$H_2 \longrightarrow 2H^+ + 2e^- \tag{4-1}$$

氢离子经过质子交换膜到达电池阴极,在阴极催化剂的作用下,由到达阴极扩散层空气中的氧气与氢质子及经负载回来的电子发生反应生成水,反应式如下:

$$\frac{1}{2}O_2+2H^++2e^-\longrightarrow H_2O \qquad (4-2)$$

总反应式如下:

$$\frac{1}{2}O_2+H_2\longrightarrow H_2O \qquad (4-3)$$

最简单的燃料电池是单电池燃料电池,它由三合一组件和用来输送气体与冷却水的双极板组成。由于单片电池的发电能力有限,因此一般大功率的燃料电池都把许多片的单电池组合在一起,反应气体和冷却水则由堆内的共用气体总管和冷却水管来向各单片提供,形成燃料电池堆。燃料电池堆的结构如图4-2所示。

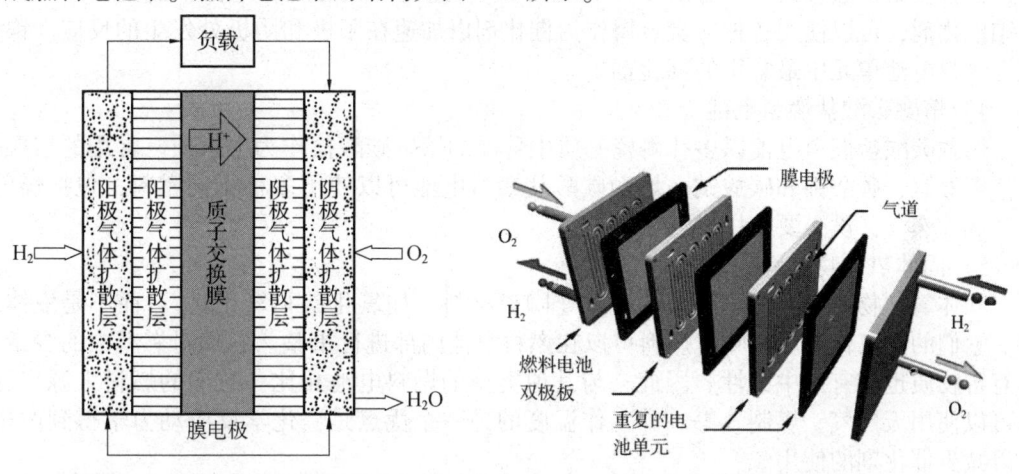

图4-1 燃料电池工作原理

图4-2 燃料电池堆的结构

2. 燃料电池的种类

燃料电池是一种类似于普通电池的可以把化学能转化成电能的电池,但是它又与普通电池有较大的差别。它通过催化剂促使燃料发生氧化还原反应,持续产生电流,进而起到发电的作用。

燃料电池的分类可以依据电堆工作温度、燃料种类、电解质性质等分类。按照电解质性质可以分为五大类,分别为:质子交换膜燃料电池;磷酸燃料电池(Phosphoric Acid Fuel Cell,PAFC);碱性燃料电池(Alkaline Fuel Cell,AFC);熔融碳酸盐燃料电池(Molten Carbonate Fuel Cell,MCFC);固体氧化物燃料电池(Solid Oxide Fuel Cell,SOFC);直接甲醇燃料电池(Direct Methone Fuel Cell,DMFC)等。

1)质子交换膜燃料电池

质子交换膜燃料电池采用亲水的氟化磺酸聚合物膜为电解质,通常采用铂/碳(Pt/C)颗粒作为催化剂。这种燃料电池运行在较低的温度(低于100 ℃)下,可以改变输出电流大小以满足动态功率输出要求。由于相对较低的温度和使用贵金属铂基电极,这种电池必须在纯氢气条件下工作。质子交换膜燃料电池是目前轻型汽车和物料搬运汽车的主流先进技术,在固定设备和其他设施上也有小范围的应用。

质子交换膜燃料电池的一个变种是高温质子交换膜燃料电池,其可以在较高的温度下运行。通过把电解质膜由亲水氟化磺酸膜改造为基于无机矿物酸的材料,高温质子交换膜燃料电池可在高达200 ℃的温度下运行。高温质子交换膜燃料电池能够使用含少量一氧化碳的燃料，辅助系统也因为不需要加湿器而变得更加简化。

质子交换膜燃料电池也被称为聚合物电解质膜燃料电池（Polymer Electrolyte Membrane Fuel Cell），它们的英文缩写都是PEMFC。

2）磷酸燃料电池

磷酸燃料电池使用液体磷酸作为电解质，其工作温度要比质子交换膜燃料电池和碱性燃料电池略高，为150~200℃，一般需要在电极上添加铂催化剂来加速反应。阳极和阴极上的反应与质子交换膜燃料电池相同，但因为其工作温度较高，所以阴极上的反应速度要比质子交换膜燃料电池快。

3）碱性燃料电池

碱性燃料电池是最早发展的燃料电池技术之一，它使用碱性电解质，如氢氧化钾溶液，并且供给纯氢燃料，典型的工作温度为70℃左右。碱性燃料电池不需要在系统中使用铂催化剂，可以使用各种非贵金属作为催化剂以加速在阳极和阴极处发生的反应。镍是碱性燃料电池单元中最常用的催化剂。

4）熔融碳酸盐燃料电池

熔融碳酸盐燃料电池以多孔陶瓷基质中悬浮的熔融碳酸盐作为电解质。常用的熔融盐包括碳酸锂、碳酸钾和碳酸钠。熔融碳酸盐燃料电池可以使用多种不同燃料，包括煤气、沼气或天然气，没必要使用燃料重整器。

5）固体氧化物燃料电池

固体氧化物燃料电池用固体电解质（陶瓷材料，如氧化锆和氧化钇），而不是液体或膜。它们的高工作温度意味着燃料可以在燃料电池内部进行重整。它们对燃料中的少量硫等有害物质也具有抗中毒性。因此，与其他类型的燃料电池相比，它们的燃料来源广泛，如可以使用天然气、煤制气等。高工作温度的另一个优点是，化学反应动力学得到改进，可以减少催化剂的使用。

6）直接甲醇燃料电池

直接甲醇燃料电池是一种相对较新的燃料电池技术，它类似于质子交换膜燃料电池，使用聚合物膜作为电解质。直接甲醇燃料电池阳极中的铂催化剂能够从液体甲醇中抽氢，这样就可以省下燃料重整器，使得纯甲醇可以直接用作燃料。

上述6种燃料电池，不仅在电解质、催化剂材料上不同，还具有不同的工作温度、适用燃料及生成物。不同类型燃料电池的特性对比如表4-1所示。

表4-1 不同类型燃料电池的特性对比

电池种类	特性				
	工作温度/℃	催化剂	电解质	燃料	生成物
PEMFC	25~100	Pt/C	Nafion膜	纯氢	H_2O
PAFC	150~200	Pt/C	液态H_3PO_4	重整气	H_2O
AFC	50~220	Pt/C、Ni	KOH溶液	纯氢	H_2O
MCFC	650~700	Ni	熔融碳酸盐（K_2CO_3）	氢气、甲烷、重整气	H_2O、C_2O
SOFC	900~1000	钙钛矿（陶瓷）	固体氧化物	净化煤气、天然气、氢气	H_2O、C_2O
DMFC	25~100	Pt/C	Nafion膜	甲醇	H_2O、C_2O

3. 燃料电池的结构

单体质子交换膜燃料电池一般由质子交换膜、催化层、气体扩散层和双极板构成，如图4-3所示。

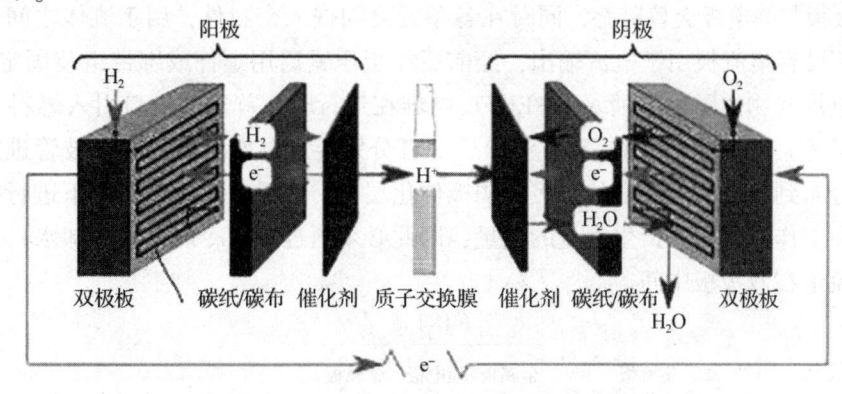

图4-3 单体质子交换膜燃料电池的结构

质子交换膜是燃料电池的核心组件，极大程度上决定着电池的性能。质子交换膜要求具有良好的质子电导率、低气体渗透系数、电化学稳定性，同时要具有一定的机械强度。目前，质子交换膜主要包括全氟磺酸型质子交换膜、Nafion 膜、非氟聚合物质子交换膜及新型质子交换膜。绝大多数的燃料电池采用 Nafion 膜，但是 Nafion 膜也存在一定的缺陷：制作困难导致成本较高；工作条件要求苛刻，含水量和温度的变化均会对电池性能产生较大的影响；不适用于渗透率较高的燃料。因此，新型符合条件的质子交换膜还有待研究发现。

扩散层和催化剂层共同组成了电极，分为阴极电极和阳极电极。扩散层一方面要收集电流，同时起着支持催化剂层的作用。电极的设计也极大地影响着电池的性能。燃料电池在工作过程中会伴随着水的产生，需要进行合理的排水，在大功率模式下，良好的电极设计可以有效地防止水淹电极。催化层主要是通过 Pt 吸附在碳纸上而构成，由于 Pt 资源的限制，需要提高 Pt 的利用率，并寻找新型的替代材料。另外，Pt 对于气体 CO 有很强的吸附性，导致不能有效地催化目标燃料，降低电池性能，故提高催化层的防中毒能力也是需要研究的问题。质子交换膜和阴极电极、阳极电极一起构成了膜电极。

双极板是多个单体电池之间连接的桥梁，双极板的两侧分别连接一个单体电池的阳极与另一个单体电池的阴极，防止阴、阳极气体发生接触，保证电化学反应的正常进行。双极板两侧均设计有气体流道，合理的流道设计可以使参与反应的气体平稳地进入电堆，增加反应气体的停留时间，促进反应的进行，同时可以有效地排出流道内的水。目前，流道主要有蛇形流道和交指形流道。

4.1.2 燃料电池系统的组成

燃料电池系统主要由燃料电池堆、空气供给系统、氢气供给系统、水热管理系统、电子控制系统组成。

1. 燃料电池堆

燃料电池堆（简称电堆）是燃料电池系统的核心，反应气体在其中发生反应，将化学能转化为电能。

电堆是由两个或多个单体电池和其他必要的结构件组成的、具有统电输出的组合体，其中必要结构件包括极板、集流板、端板、密封件等。图4-4为电堆剖面示意图，电堆结构可表示为双极板与膜电极交替层叠，同时在各单元之间嵌入密封件，用于流体之间及对外密封，其端部设有集流板用于电流输出，经前后端板压紧后用螺杆或绑带组装固定。70 kW燃料电池电堆实物如图4-5所示。PEMFC电堆在运行时，首先从进口引入燃料（主要为氢气或甲醇等）和氧化剂（纯氧或空气），二者分别经过电堆阳极和阴极歧管进入双极板中，均匀分布到膜电极组件中的阳极和阴极催化层内，最后在催化剂作用下进行电化学反应。电堆在工作过程中会产生大量的热量，因此必须通过加入冷剂（如冷却水）来控制温度，冷剂流道在双极板中间。

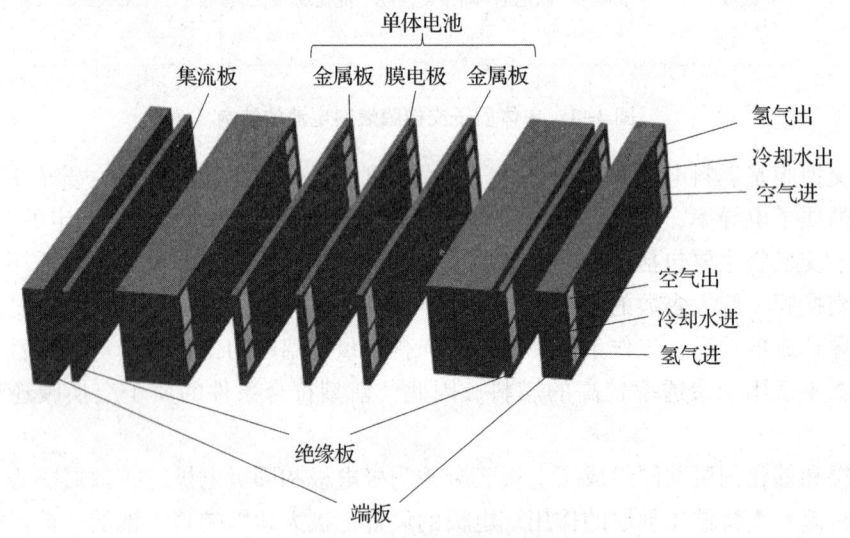

图4-4 电池堆剖面示意图

图4-5 70 kW燃料电池电堆实物（图片来源：新源动力官网）

2. 空气供给系统

按照反应气体压力的高低，燃料电池系统可以分为高压系统和低压系统。高压系统采用空气压缩机提供高压空气，低压系统（也叫常压系统）则一般采用鼓风机供气。

空气供给系统的作用是将具有一定压力、流量及湿度的空气供应给燃料电池堆。通常，空气供给系统包括过滤装置、空压机、加湿器、调节阀等。其中，地面应用的燃料电池一般采用空气作为氧化剂,而航空和潜艇等特殊场所则采用纯氧。空气经过过滤装置(过滤掉空气中的油滴、灰尘、水滴等杂质)、空气流量计、空压机(增加空气进堆压力)、加湿器(增加空气进堆湿度)、调节阀(调节空气流量)等进入电堆。空气供给系统原理如图4-6所示。

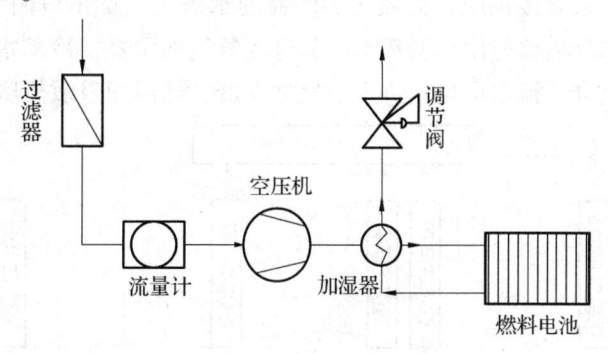

图4-6 空气供给系统原理

空气作为燃料电池的氧化剂,其流量和压力直接影响燃料电池堆的发电效率,当采用常压供给电堆时,电堆前的空气增湿相对湿度要高;否则,会导致膜电极失水,大幅度降低电池性能。采用加压空气供气,电池组阴极的极化小于采用常压空气的极化,即电池组的性能会上升。因此,低成本、低功耗、低质量体积比的空压机已成为研究热点。

3. 氢气供给系统

氢气供给系统的作用是持续地将高纯度的、具有定流量和压力的氢气提供给电堆,包括氢气供给、传输、反应、排气和循环过程。氢气作为燃料电池发电用燃料,其流量大小直接关系到燃料电池系统的发电效率:氢气流量过小会导致供氢不足,对燃料电池膜造成损伤,影响燃料电池寿命;氢气流量过大则会导致燃料浪费,降低燃料的利用率。

通常,氢气供给系统包括氢源、减压阀、压力调节阀、气水分离器、氢气循环泵、氢气尾排阀等。氢气储存于高压储氢瓶中,经瓶口的气罐阀(用以开关储氢瓶)、减压阀(降低氢气压力)、电磁阀、氢气流量传感器等进入电堆。燃料电池发电系统的氢气回路结构如图4-7所示。目前,常见的车载氢源以高压压缩氢气为主,也有使用储氢材料作为氢气存储介质的,另外还有通过车载的天然气、甲醇、汽油高温裂解装置进行现场制氢的方式。

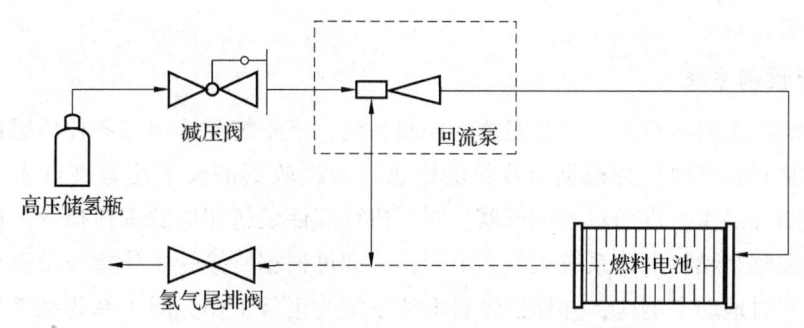

图4-7 燃料电池发电系统的氢气回路结构

4. 水热管理系统

水热管理系统是保证电堆安全稳定运行的重要部分。如图 4-8 所示，水热管理系统包括加湿部分和冷却水循环部分。其中，加湿部分分别设置空气加湿器和氢气加湿器。空气加湿器的水由加湿水泵直接供应，而氢气加湿器的水来自电堆出口循环水和阴极生成水，阴极生成的水经气水分离器与出口循环水一起进入氢气加湿器。冷却水循环部分中，冷却水由冷却水泵进入电堆、流出电堆后进入氢气加湿器，然后通过散热器散热后流回水箱。

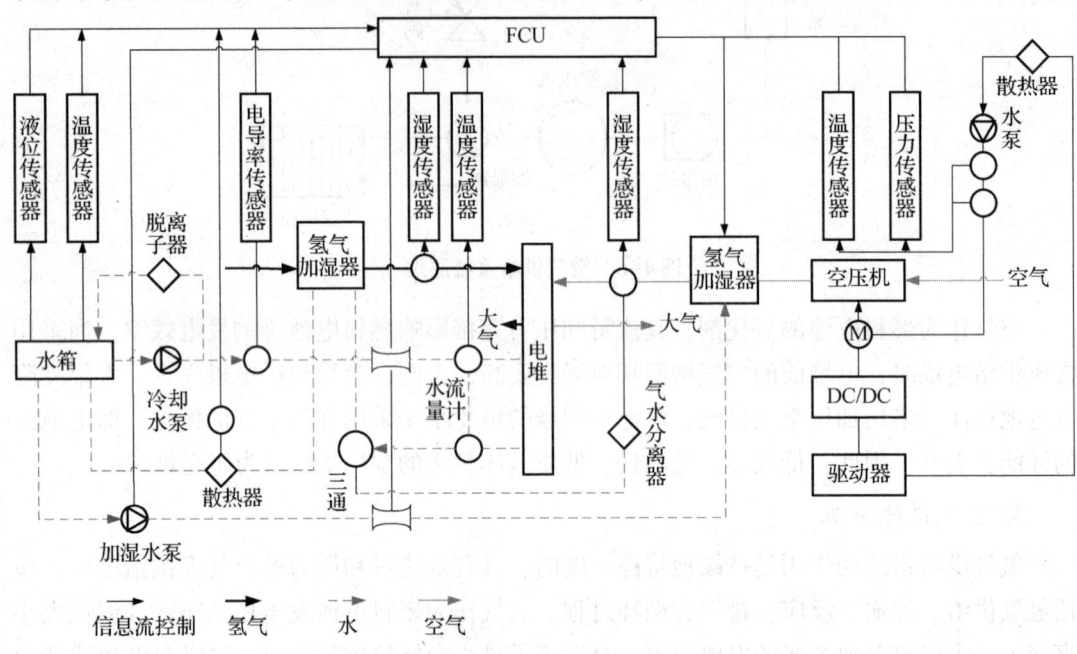

图 4-8 燃料电池内燃机水热管理系统

除了电堆需要冷却外，燃料电池系统中的空压机和 DC/DC 等辅件也可能需要冷却，需同时考虑。

电堆对水管理的要求很高，要求保证膜的湿润，同时避免堵塞反应气体通道。一般在反应气体进入电堆之前进行增湿，常用的增湿方法有冒泡法、膜增湿法、喷射法、蒸汽增湿法、循环法、焓轮增湿法等。排水一般采用脉冲排气法，阳极侧一般设有排气阀；电堆的热管理与传统内燃机相似，为了排出电堆工作过程中的废热，维持电堆在一定的温度范围内工作，需要对电堆进行冷却。

5. 电子控制系统

燃料电池系统的运行需要一套完整的控制系统，该系统能够通过各种传感器收集各子系统的运行状态和参数，并根据所收集的信息以及接收到的需求信号进行相应的逻辑运算、故障诊断等工作，进而对各执行器、阀等执行部件发送相应的工作指令。通过电子控制系统可保证整个燃料电池系统无须人工干预，即可根据所接受工作指令及整个燃料电池的当前状态实时地动态响应，并保证燃料电池系统的正常工作。图 4-9 为某燃料电池系统（低压系统）示意图。

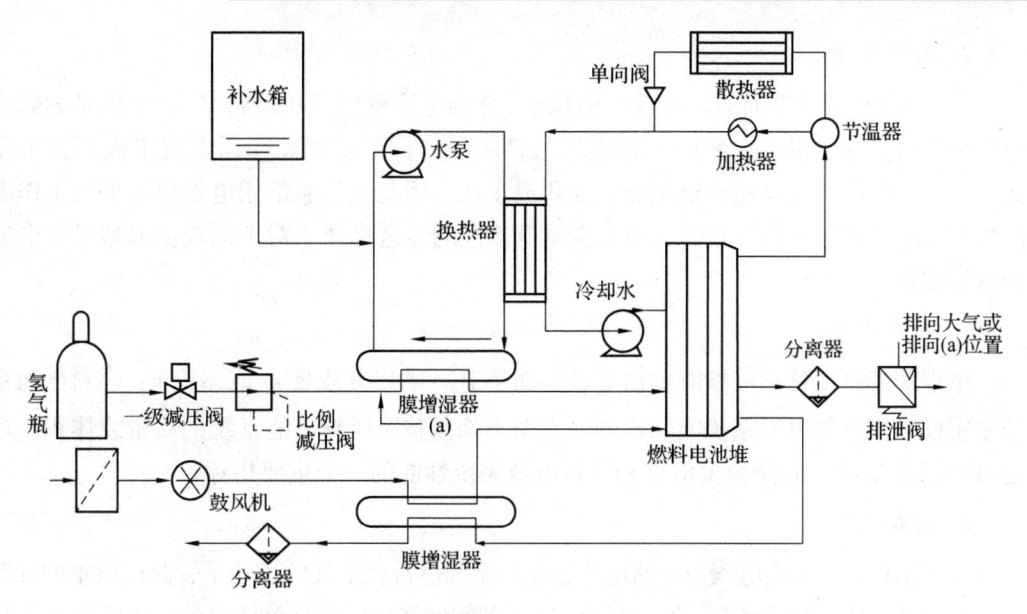

图 4-9　某燃料电池系统（低压系统）示意图

4.2　燃料电池系统的主要性能指标

4.2.1　电堆的性能指标参数

1. 伏安曲线

目前，国内外研究分析电堆的性能主要通过研究电堆的电流-电压极化曲线（伏安曲线）来进行。典型的电堆伏安曲线如图 4-10 所示。通过电堆的伏安曲线，可以研究和分析电堆的性能及变化规律。电堆的输出功率则是伏安曲线上工作电压与输出电流的乘积。

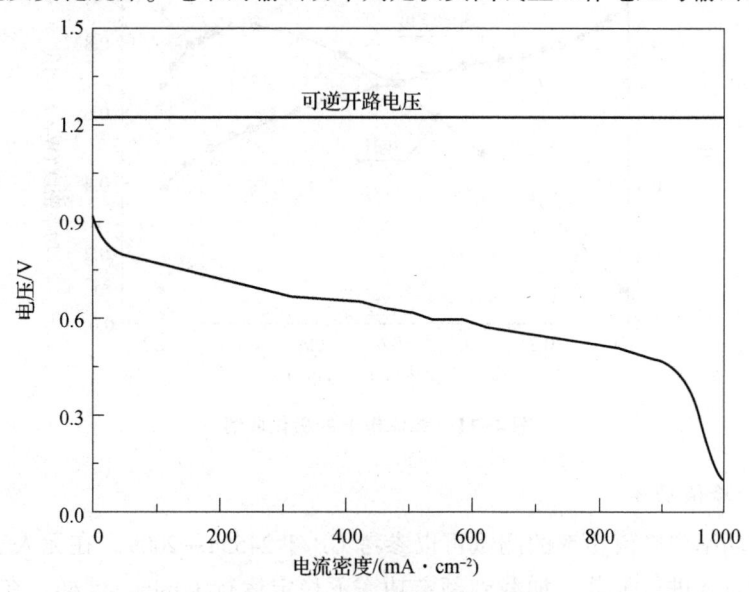

图 4-10　典型的电堆伏安曲线

2. 电流密度

电流 I 除以反应界面的（有效）面积 S，称为电流密度（单位符号），单位是 mA/cm^2。对任一燃料电池来说，在相同工作电压的情况下，都要求提高输出电流来提高其工作性能。由于工作电流与电池的电极有效面积成正比，因此人们通常用电堆单片平均工作电压 U 与输出电流密度单位符号的关系来衡量电池性能，这也便于对不同规格或型号的电池性能进行比较。

3. 功率密度

电堆功率密度是指电堆能输出的最大功率 P_{max} 除以其质量 m 或体积 V；燃料电池系统功率密度是指燃料电池系统能输出的最大功率除以整个燃料电池系统的质量或体积，单位是 W/kg 或 W/L。它是衡量电堆和燃料电池系统性能的一个重要指标。

4. 开路电压

在开路状态下的端电压为开路电压，在一定的燃料和空气的流速下，测试电堆的开路电压，其测量方法：在开路电压下运行 1 min 后关闭空气，使每个单体电池电压降到 0.1 V 以下，此时测电堆两端电势，即为开路电压。

5. 极化曲线

极化曲线是评价电堆性能的重要参数，是表示电堆电压与电流关系的曲线，单体电池的极化曲线如图 4-11 所示。电压的损失主要包括高电流密度下的极化损失、中间电流密度下的欧姆损失和低电流密度下的质量传输损失。测试过程中，需要在一定的操作条件下运行，SAE J2617—2011 中提到的测试条件参考如下：常温（15 ℃）、常压（101 kPa）、相对湿度为 60% 的空气。并且，在从最低电流密度到最大电流密度均匀取得测试点，在每个测试点持续稳定运行 5 min，逐渐增加电流密度，记录每个电流密度下的电压值。

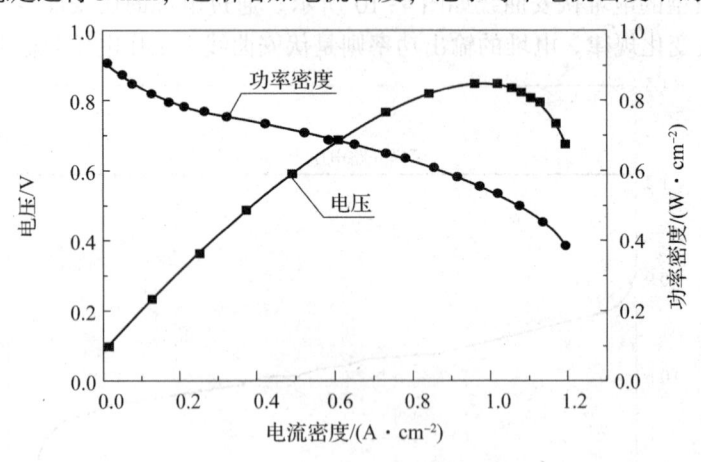

图 4-11 单体电池的极化曲线

6. 额定和峰值功率

电堆额定功率和峰值功率的测试可以参考 GB/T 24554—2009。在无人工干预下，按照厂商的加载方式进行加载，加载到额定功率下稳定运行 1 min。同样，在热机状态下，加载到峰值功率，运行 10 min，测试电堆额定功率随时间的变化量。

7. 动态响应

对于电堆的动态响应特性的测试，考察的是电堆的动态加载响应及承受加载冲击的能力。在测试时，通过电堆测试台对电堆发出动态阶跃工作指令，按照厂家规定的方式进行加载和卸载，选取一定功率范围（如额定功率的10%~90%）内的响应时间作为评价电堆的动态响应指标。

4.2.2 燃料电池系统的输出功率

燃料电池系统的输出功率是电堆的输出功率减去附属系统所有耗电部分的总消耗功率所剩余的部分，它是燃料电池系统输出的有用功率。附属系统中的空压机（低压系统则用鼓风机）是最大的功率消耗部件，它占据了附属系统消耗功率的绝大部分。所以，可以近似认为电堆输出功率减去空压机消耗的功率就是燃料电池系统的输出功率。

电堆的输出功率是指其工作电压与输出电流的乘积。在实际测试过程中采用的计算公式为：

$$电堆输出功率（kW）=\frac{电堆工作电压（V）\times 电堆工作电流（A）}{1\,000}$$

$$燃料电池系统输出功率（kW）=\frac{燃料电池系统输出电压（V）\times 燃料电池系统输出电流（A）}{1\,000}$$

燃料电池系统附属系统消耗功率（kW）= 电堆输出功率（kW）− 燃料电池系统输出功率（kW）

一般情况下，燃料电池系统输出电压与电堆工作电压相等。

燃料电池动力系统输出功率则由电动机的输出扭矩与转速计算。

4.2.3 燃料电池系统的效率

针对车用燃料电池的特点，将电堆的效率定义为单位时间内所消耗燃料的能量转化为电堆输出功率的份额；燃料电池系统的效率定义为单位时间内所消耗燃料的能量转化为燃料电池系统输入功率的份额。计算表达式为：

$$电堆效率=\frac{电堆输出功率（kW）\times 3\,600\times 1\,000}{氢气化学能消耗量（kJ/s）}\times 100\%$$

$$燃料电池系统效率=\frac{燃料电池系统输出功率（kW）\times 3\,600\times 1\,000}{氢气化学能消耗量（kJ/s）}\times 100\%$$

氢气化学能消耗量（kg/s）= 氢气消耗量（kg/s）× 氢气低热值（kJ/kg）

热值有低热值和高热值之分，电堆中氢气与氧气发生化学反应时，生成气态的水分子。这些气态水不论在堆内或堆外变为液态水，其释放的潜热不在电堆输出能量之内，所以在进行效率计算时，为了方便与传统内燃机相比较，热值通常取低热值，氢气低热值为 120.915×10^3 kJ/kg。

4.2.4 氢气利用率的计算

氢气利用率是指燃料电池系统工作过程中，参与电化学反应的氢气量与总的氢气消耗量的比值。计算参与电化学反应的氢气量是燃料电池内燃机性能参数中计算的重点。计算的思路是依据法拉第定律，计算电堆实际输出电流所需燃料量与实际燃料消耗量之比。

由燃料电池的基本工作原理可知，参与反应的氢气量与电路中转移的电子有明确的比例关系，而电子的转移就在外电路中形成电流。因此，可以通过电堆输出的电流来计算参与反应的氢气流量。

根据燃料电池阳极的反应式，即式（4-1），设参与单体电池反应的氢气流量为 x mol/s，则同时产生 $2x$ mol/s 的电子转移。将单位时间电子转移的物质的量乘以法拉第常数 F，就可得到电路中单位时间流过的电量，即由参与反应的氢气流量计算出电流。利用测量得到的流过单电池的实际电流 I_{stack}，就可以得到下面的方程：

$$2xF = I_{stack}$$

于是，可以计算出参与反应的氢气流量：

$$x = \frac{I_{stack}}{2F}$$

上式计算得到的结果为一个单体电池参与反应的氢气流量，需要将其乘以单体电池片数 n，再把单位转换为 g/h，就得到了参与反应的氢气流量的计算公式：

$$B_a = \frac{I_{stack}}{2F} \times n \times 2 \times 3600 = \frac{3600}{F} nI_{stack} = 0.037311 nI_{stack}$$

式中，B_a 为参与反应的氢气流量，g/h；I_{stack} 为流过单电池的电流，A；F 为法拉第常数，96485 C/mol；n 为单体电池片数。

所以，氢气利用率可以通过下面的公式计算：

$$\eta_a = \frac{B_a}{B} \times 100\% = \frac{0.037311 nI_{stack}}{B} \times 100\%$$

4.2.5 氢气消耗率的计算

传统内燃机燃料消耗率的定义为每千瓦小时有效功所消耗的燃料量，计算公式为：

$$g_e = \frac{B}{P_e} \times 10^3$$

式中，g_e 为燃料消耗率，g/(kW·h)；B 为整机燃料消耗量，kg/h；P_e 为内燃机有效功率，kW。

参照传统内燃机燃油消耗率的定义，燃料电池系统氢气消耗率可定义为：每小时单位有效功率消耗的燃料量，单位为 g/(kW·h)。则燃料电池系统氢气消耗率的计算公式为：

$$燃料电池系统氢气消耗率（g/(kW·h)）= \frac{氢气消耗量（g/h）}{燃料电池系统输出功率（kW）}$$

4.3 燃料电池系统主要试验

4.3.1 燃料电池常规试验

功率密度是指燃料电池能输出最大的功率与整个燃料电池系统的质量或体积（或面积）的比值，单位是 W/kg 或 W/L，这是衡量燃料电池性能的重要综合指标之一。在燃料电池不工作的时候可以测得燃料电池系统的质量和体积。电堆体积的计算，需要测量电堆的三维尺寸。电堆的体积与燃料电池系统边界相关。图 4-12 为 GB/T 23645—2009 和

GB/T 24554—2009 规定的电堆最大外围体积。

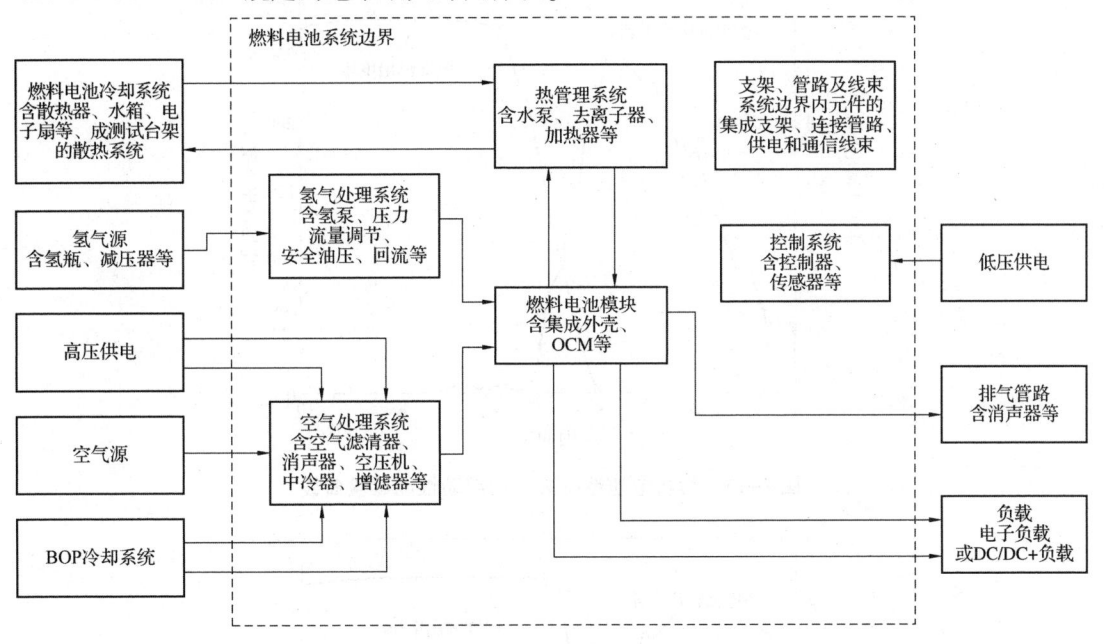

图 4-12 燃料电池系统边界示意图

燃料电池系统质量应包括电堆和辅助系统的质量，其中辅助系统包括氢气供给系统（不包括高压气瓶）、空气供给系统、电子控制系统、水热管理系统（不包括散热器总成）等，其质量应包括冷却液及加湿用水的质量。

4.3.2 燃料电池系统环境温度适应性试验

环境温度适应性试验的目的是考核燃料电池系统在不同环境条件下是否能有效工作，如在高温、高寒、高湿、高原环境下燃料电池系统是否能正常起动，动力性、经济性能否满足车用燃料电池使用要求，因此对燃料电池系统的环境温度适应性考核就显得非常重要。通过考核燃料电池系统在极限环境下的起动与运行特性，可确定其对环境的适应性。

1. 常温起动试验

起动性能是汽车燃料电池系统的一项重要指标，常温起动试验的目的是检测燃料电池系统在环境温度 0~40 ℃（目前的测试条件）条件下的起动特性及起动至急速工况所需时间。在 0~40 ℃环境条件下，进行燃料电池系统常温起动性能测试时，起动前不允许预热，起动成功并急速运转 15 s 后停机。连续起动 3 次，每次间隔时间不少于 5 min，同时记录环境温度、环境湿度、进气温度、进气压力、冷却液温度、起动时间，并记录起动过程中电堆输出电流、电堆输出电压、蓄电池向空压机供电电流随时间变化的历程。

图 4-13~图 4-15 所示为某 50 kW 燃料电池系统 3 次起动试验过程，试验时的环境温度为 9 ℃，湿度为 42%，大气压力为 0.1 MPa。

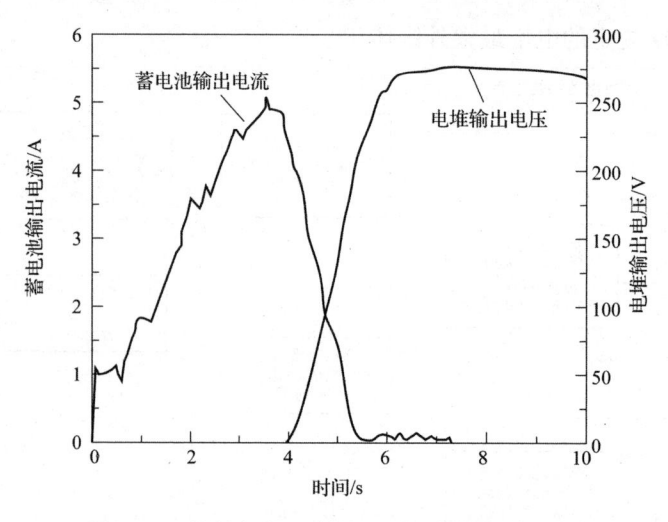

图 4-13　燃料电池系统第一次起动性能试验曲线

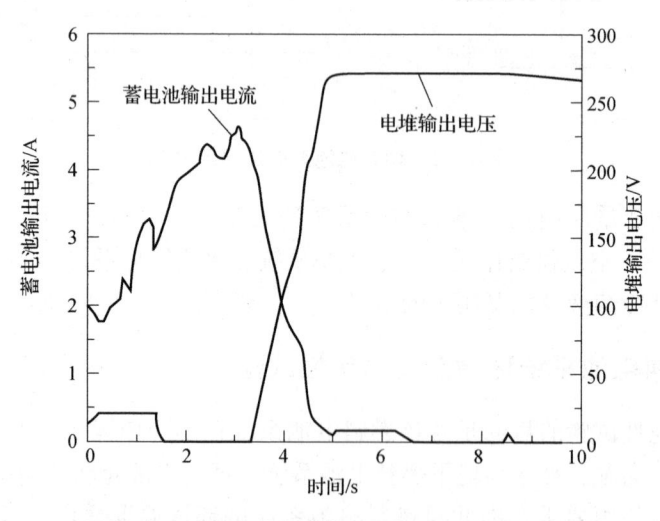

图 4-14　燃料电池系统第二次起动性能试验曲线

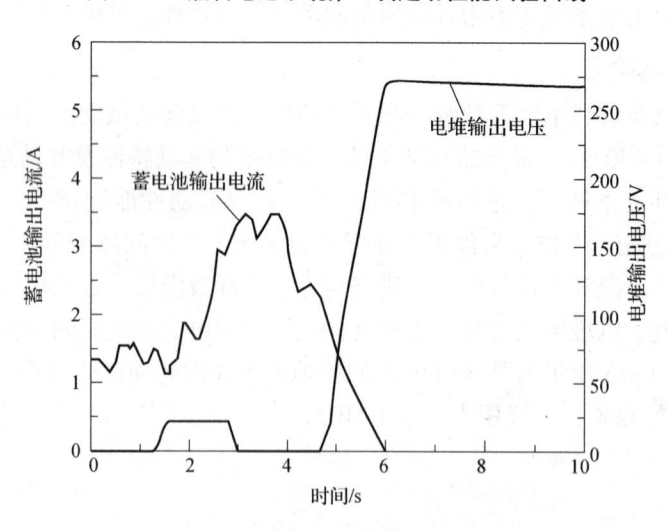

图 4-15　燃料电池系统第三次起动性能试验曲线

从图 4-13~图 4-15 可以看出燃料电池的起动时间，即该燃料电池系统在 7 s 内就可以完成起动过程。约 4 s 之内，蓄电池输出电流将达到最大值，而后其输出电流逐渐下降至 0，此时电堆输出电压逐渐增大，经过约 1.6 s 后，系统完全切换至燃料电池系统自供电状态，此时端电压约为 260 V。图 4-14 中初始维持约 1.5 s 的约 20 V 电堆端电压是由残留氢气产生的，当氢气消耗完后，电堆端电压为 0。

通过 3 次起动得到的试验曲线还可以看出，3 次起动试验的起动时间逐次减少，这可说明预热后的燃料电池系统起动性能更好。同时，说明燃料电池系统在较低的温度下（9 ℃）具有良好的起动性能。目前，国际上先进的燃料电池系统能在-30 ℃下顺利起动，并且起动时间大大缩短。

2. 低温起动试验

燃料电池在发生电化学反应时，会不断有液态水生成。如果温度较低，就会导致水在内部结冰，电化学反应将会因反应域的冰封而停止，使燃料电池起动困难，或起动失败。同时，冰的形成导致体积膨胀可能会对膜电极的结构产生破坏。因此，燃料电池 0 ℃以下环境下的起动性能是评价其性能的重要指标之一。

低温起动试验基本过程如下。

1）试验前准备

（1）额定工况稳态运行。为了保证电堆能够正常工作及在低温起动后与之对比，一般在低温起动前按照额定工况操作条件（冷却水温度、压力，氢气、空气的进气温度、湿度，过量比，背压）下运行，稳态运行 30 min。

（2）停机吹扫。燃料电池运行 30 min 后降载停机，接着对电堆进行吹扫。所谓吹扫，是将电堆内的液态水排出，以保证电堆在降温至 0 ℃以下时不会出现因为冰冻膨胀破坏膜电极甚至电堆结构。

一般使用干气（氮气）对电堆阴极和阳极分别进行吹扫，目的是除去燃料电池内部过多的水，提高低温起动过程电堆的储水能力，减少起动过程结冰量。为了检测电堆内含水状态，可使用专用仪器，实时测量高频阻抗值（HFR）或交流阻抗；也有研究者使用中子成像方法，用于测量液态水和冰。此方法适用于起动过程中测量液态水和冰的生成，不适用于吹扫过程。

（3）电堆降温。电堆置于环境舱内，起动环境舱，设置环境舱温度为目标试验温度。待确认电堆温度降低到所需温度后，维持环境舱在该温度并静置 12 h。

（4）供气（氢气和空气）。起动试验之前，先开启气体预冷器，温度同样设置为目标试验温度，等待预冷器温度降低到试验温度，打开测试台架供气系统，向燃料电池电堆供给氢气和空气。

2）低温起动过程

为保证电堆顺利起动，低温起动过程要求产热功率值大于散热功率值，使电堆温度逐步上升，当温度超过 0 ℃时，电堆内所产生的水不再冻结，进而不影响传质，实现电堆冷起动。实现这一过程的基本方法是降低气体计量比，加大加载电流密度。

冷起动后需在急速状态下持续稳定运行 10 min，同时记录电堆的电流、电压，单体电池电压，氢气、空气进排气温度、压力，冷却水进出口温度、压力，电堆温度，环境舱温度，电堆高频阻抗值。根据起动数据计算电堆温度从起动温度到 0 ℃所需时间，从起动温度到正常工作温度所需时间，从起动温度到 50% 额定功率所需时间；起动过程能耗和氢气消耗量；起动过程电堆总发热量；起动前吹扫耗气量。

图 4-16 所示为上汽 36 kW 燃料电池系统在 -10 ℃ 低温下起动过程中电堆的电压、电流随时间的变化情况。图 4-17 所示为上汽额定功率为 43 kW 的燃料电池系统在 -20 ℃ 下低温起动过程中电堆的输出功率、电压、电流和出口冷却液温度变化情况。通过测试台架控制电子负载逐渐减载到 0，停止气体供给，用氮气吹扫至符合停机要求。设置环境舱温度为室温，等待温度上升到设定温度，关闭试验系统。

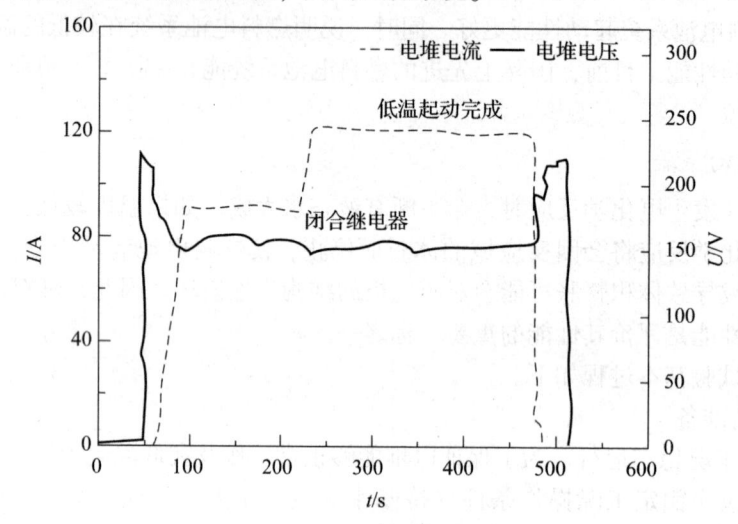

图 4-16　-10 ℃低温起动过程

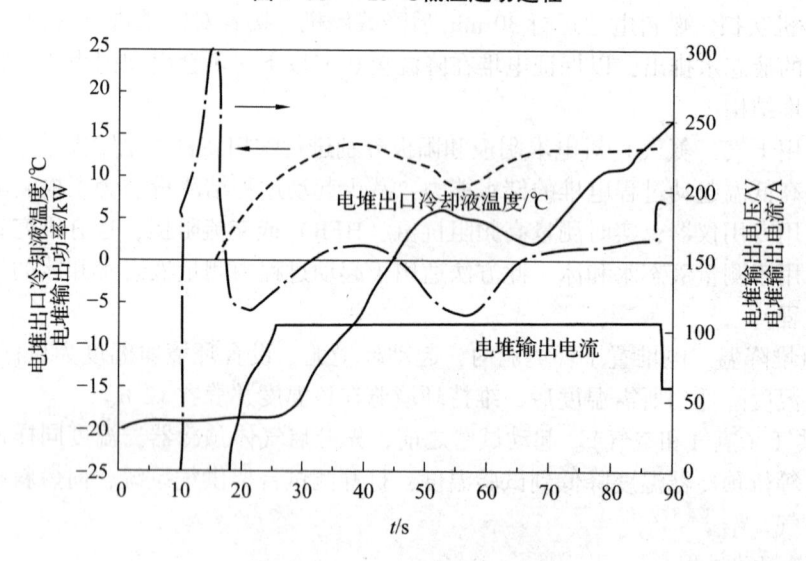

图 4-17　-20 ℃低温起动过程

4.3.3　燃料电池系统安全性试验

1. 燃料电池系统机械冲击安全试验

试验目的：

为满足 GB/T 36288—2018 的要求，我们需保证电堆受冲击之后，机械结构不发生损坏。气密性采用压降法测试，且保证测试结果不低于测试初始压力的 85%；绝缘性测试要求电堆在加注冷却液且冷却液处于冷态循环状态下运行，保证正负极的对地绝缘性均不低于 100 Ω/V。

试验方法：

电堆安装固定后，在 3 个轴向：X 向、Y 向、Z 向上以 $5g$ 的冲击加速度进行冲击试验。机械冲击脉冲采用半正弦波形、持续时间为 15 ms，每个方向各进行一次。

注：X 向是汽车前进方向，Y 向是侧向，Z 向是垂直方向。

2. 燃料电池系统电安全试验

试验目的：

为满足 GB/T 36288—2018 的要求，我们需保证电堆在加注冷却液而且冷却液处于冷态循环状态下，正负极的对地绝缘性要求均不低于 100 Ω/V。

试验方法：

绝缘电阻的测量应在出现露点的阶段以适当的频次进行测量，以便得到绝缘电阻的最小值。如果电流的接合开关集成在 REESS（Rechargeable Energy Storage System，车载可充放电储能系统）中，测量时开关应全部闭合，如果汽车有 REESS 绝缘电阻监测系统，在测量时应将其关闭，以免影响测量值。具体测量步骤如下。

（1）测量 REESS 的两个端子和汽车电平台之间的电压。较高的一个定义为 U_1，较低的一个定义为 U_1'，相应的两个绝缘电阻定义为 R_{i1} 和 $R_{i2} = R_i$。

注：R_{i2} 是两个绝缘电阻中阻值较小的，因此将其确定为 REESS 的绝缘电阻 R_i。

（2）添加一个已知的测量电阻 R_0 与 R_{i1} 并联，测量 U_2 和 U_2'。测试期间应保持稳定的电压。

（3）计算绝缘电阻 R_i，方法如下：

①将 R_0 和 3 个电压 U_1、U_1' 和 U_2 代入下式：

$$R_i = R_0 \frac{U_1 - U_2}{U_2}\left(1 + \frac{U_1'}{U_1}\right)$$

②将 R_0 和所有 4 个电压值 U_1、U_1'、U_2、U_2' 代入下式：

$$R_i = R_0 \left(\frac{U_2'}{U_2} - \frac{U_1'}{U_1}\right)$$

图 4-18 为电压和电阻测量示意图。

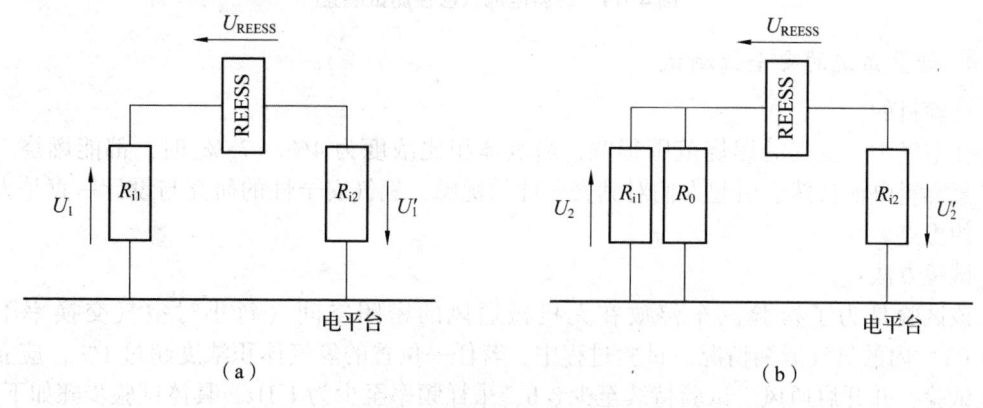

图 4-18　电压和电阻测量示意图
（a）U_1 和 U_1' 的测量；(b) 添加测量电阻 R_0，测量 U_2、U_2'

3. 电池堆气密性试验

试验目的：

为满足 GB/T 36288—2018 的要求，需采用压降法测试电堆的气密性，保证结果不低于初始压力的 85%。

试验方法：

关闭燃料电池系统排氢阀，将燃料电池氢气供给系统中充满惰性气体（氮气、氩气、氦气，或者氢气浓度不低于 5% 的氢氮混合气），压力改定为 50 kPa，压力稳定后，关闭氢气的进气阀，保持 20 min。

关闭燃料电池系统排氢阀，燃料电池系统空气排气口。将燃料电池氢气供给系统和阴极流道中充满惰性气体，两侧压力都设定为正常工作压力，压力稳定后，关闭两侧的进气阀，保持 20 min。

记录压力下降值，结果不应低于初始压力的 85%。图 4-19 所示为燃料电池气密性测试装置。

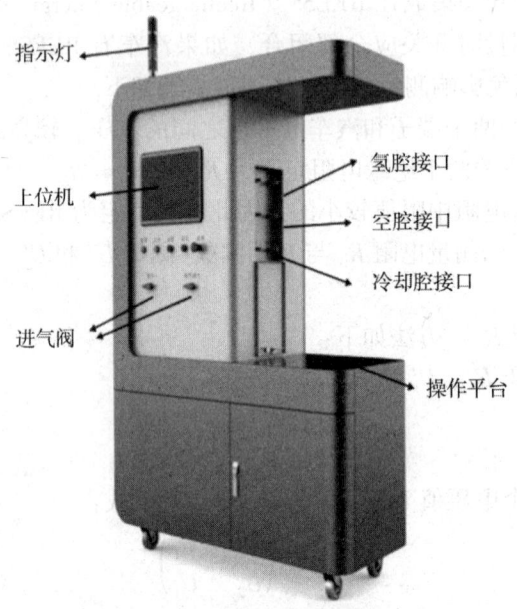

图 4-19　燃料电池气密性测试装置

4. 储氢系统的安全性测试

试验目的：

在空气中，氢气的燃烧范围很宽，当氢体积比浓度为 4% ~ 75% 时，都能燃烧。因此，氢燃料电池自然会引起人们对其安全性的忧虑，氢气安全性的研究与设计一直是人们关注的重点。

试验方法：

该试验是为了检验汽车停放在无机械通风的密闭空间（每小时空气交换率不大于 0.03）内的氢气泄漏情况。试验过程中，若任一位置的氢气体积浓度超过 1%，应立即停止试验，并开启通风。试验持续至少 8 h，采样频率至少为 1 Hz，具体试验步骤如下：

(1) 汽车在密闭空间外完成一次完整的起动、停机过程；

(2) 汽车进入密闭空间后，停机，并在规定的环境条件下浸车 12 h；

（3）浸车完成后，检查环境和试验舱内的氢气浓度，当仪器显示氢气浓度为 0 mL/m³ 时，关闭密闭空间，并开始记录氢气浓度传感器数据。

5. 电池热管理性能试验

试验目的：

燃料电池对于工作环境温度的要求比较严苛。例如，质子交换膜氢燃料电池的适宜工作温度一般为 60~80 ℃，少数可达到 90 ℃。温度过低，会导致燃料电池内部催化剂活性降低、欧姆极化严重并使电池阻抗增加，从而降低电池性能。温度过高，会加剧电池内部液态水的蒸发而引发质子交换膜脱水干涸，阻碍氢离子的传导并降低电池的效率，长期高温还会损害电池寿命。热管理性能作为影响燃料电池工作效率、寿命和安全的重要因素，是目前燃料电池汽车研究的技术热点。

试验方法：

首先用理论推导方法建立燃料电池的热模型，并通过台架试验验证该模型的准确性。其次建立整车燃料电池热管理系统一维仿真模型，对影响电堆出水温度的风速和风温两个因素进行灵敏度分析。最后通过仿真计算，分析 3 种典型工况下电堆的出水温度，并开展整车环模试验进行验证。燃料电池系统试验中的术语定义如表 4-2 所示。

表 4-2　燃料电池系统试验中的术语定义

序号	术语	定义
1	工况	燃料电池系统工作状态，以功率为标志
2	额定工况	试制方用于标示燃料电池系统能保持某一确定时间内正常运转的最大功率指标所对应的工况
3	燃料电池系统有效功率	电堆输出功率减去燃料电池系统辅助系统消耗功率所剩的功率，即燃料电池系统净输出功率，单位为 kW
4	额定功率	在额定工况时的有效功率，燃料电池系统能够在此功率下持续工作一定时间（目前规定 1 h），单位为 kW
5	过载功率	在超过额定功率的负载情况下按规定运行时间进行试验时，燃料电池系统和电堆所能达到的功率。这里规定运行时间为 3 min，并强调输出电压不低于指定的最低电压，单位为 kW
6	电池堆效率	电堆单位时间内所消耗燃料的能量转化为输出功率的份额，单位为 %
7	燃料电池系统效率	燃料电池系统单位时间内所消耗燃料的能量转化为有效功率的份额，规定以氢气低热值计算，单位为 %
8	燃料电池系统体积比功率	燃料电池系统单位体积的有效功率，也称体积功率密度，单位为 kW/L
9	燃料电池系统质量比功率	燃料电池系统有效功率与燃料电池系统质量之比，单位为 kW/kg
10	怠速工况	发电系统处于工作状态，能维持自身工作，而不对外输出功率的工况
11	待机状态	燃料电池系统试验前准备工作就绪，可随时接收起动命令进行起动的状态
12	冷机状态	燃料电池系统内部温度（冷却液出口温度）与环境温度相同时的状态

续表

序号	术语	定义
13	热机状态	燃料电池系统内部温度处于正常工作温度范围（正常工作温度范围由制造商规定）内的状态
14	起动时间	燃料电池系统由待机状态起动至怠速工况所经历的时间，单位为 s
15	燃料消耗量	燃料电池系统单位时间内消耗的燃料量，单位为 g/h
16	燃料消耗率	燃料电池系统的单位有效功率运行 1 h 所消耗的燃料量，单位为 g/(kW·h)
17	加速时间	燃料电池系统从小功率工况或怠速工况加载到大功率工况所经历的时间。规定以加载信号起点为开始，至燃料电池系统功率达到目标为止的时间段作为加速时间，单位为 s
18	燃料电池系统工作噪声	在燃料电池系统某工况工作时，在其周围所能测到的最大噪声，单位为 dB
19	负荷率	当前工况下燃料电池系统有效功率与额定功率之比，%
20	低温起动	燃料电池系统从 0 ℃以下的冷态达到输出额定功率 90% 的过程

4.4 燃料电池系统试验平台

4.4.1 燃料电池系统试验台架

燃料电池系统是一个复杂且各子系统之间强耦合的系统，其试验台架的结构如图 4-20 所示。实验过程中，燃料电池系统的起、停过程为自动运行，所需程序自主研发。同时，燃料电池氢气供给系统中氢气的纯度达到 99.999%。氢气循环泵有助于燃料电池内部新鲜氢气与废气之间的流通和交换，并有助于新鲜氢气的加湿和提高氢气的使用效率，其工作电压为 24 V。

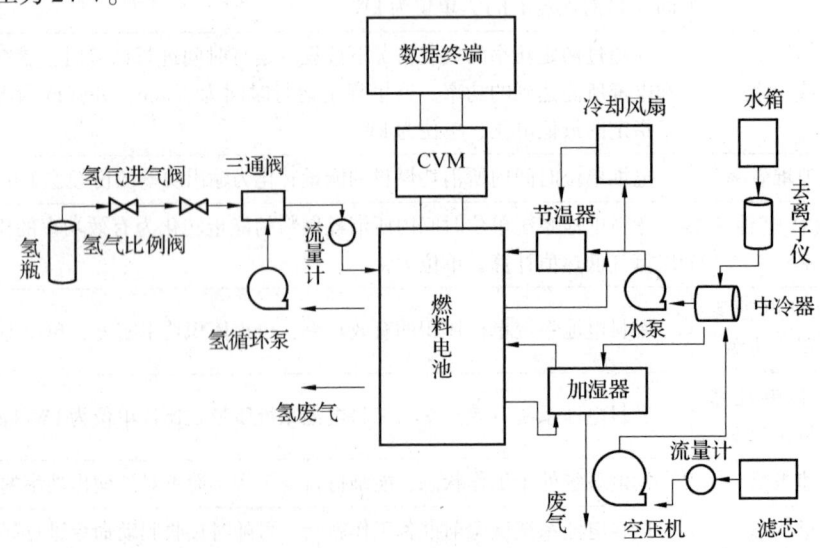

图 4-20 燃料电池系统试验台架的结构

在空气供给系统中，核心设备为离心式空压机，最高空气流量可以达到 255 kg/h，冷却方式为水冷型，噪声小。燃料电池冷却液循环系统中，水泵使冷却液循环流动，以维持燃料电池工作温度处于一个合理平稳的范围之内。水泵最大输出功率为 500 W，工作电压为 14 V。所有设备的数据和命令传输均借助于 CAN 网络机制，监测数据可以在 LABVIEW 软件上进行相应的显示和记录。燃料电池系统控制单元相当于整个系统的"大脑"，它可以接收来自数据终端的命令，也可以寄存各传感器所监测的实时数据。

4.4.2 燃料电池系统测试装备

燃料电池系统的发展对测试装备提出很多要求，不仅包括功能及性能的测试，也包括环境、安规等相关测试。

1. 燃料电池系统测试平台

国内外相关公司、机构对燃料电池实验平台已有一定研究。国外如美国 Arbin 公司的 FCTS、美国洪堡州立大学能源研究中心的 PEMFC、美国密歇根大学燃料电池控制实验室的 FCTS，加拿大 Greenlight 公司 FCATS 等。燃料电池系统主要包括电堆、氢气和空气管理系统、水热管理和电子控制系统，对应的测试系统主要包括进气系统、气体加湿系统、热管理系统、能量管理系统等。在测试系统的工作模式下，试验平台工作的温度、压力、湿度和负载电流等参数都需要进行控制，以便对电堆在各种工作状态下的性能进行测试和评估。

1）进气系统

进气系统是燃料电池系统试验平台非常重要的组成部分。首先要考虑氢气和空气消耗量的计算，不仅要考虑特定功率下氢氧的实际消耗量，而且要考虑由于燃料电池的内部结构，进入燃料电池的氢气和空气并未完全反应的情况，因而系统的设计要留有一定的裕量。

不同于燃料电池车载系统，实验室测试系统对于空气的供给要求精确控制空气的压力、流量和湿度，以便在不同的条件下对燃料电池本体的各种性能进行评定，对发动机的工作特性进行研究。测试系统的空气供给系统包括空滤器、空压机、储气罐、冷干机、减压阀、电动调节阀、流量计、加湿管路，以及燃料电池发动机前后的压力传感器、温度传感器、湿度传感器。由于燃料电池正常工作状态下空气和氢气通过膜的气体交换可以忽略不计，因而空气通过燃料电池电堆后的气体可以认为是安全的，因而可以自然排放。实验室测试系统中的空气供给系统如图 4-21 所示，实验室测试系统中的氢气供给系统如图 4-22 所示。

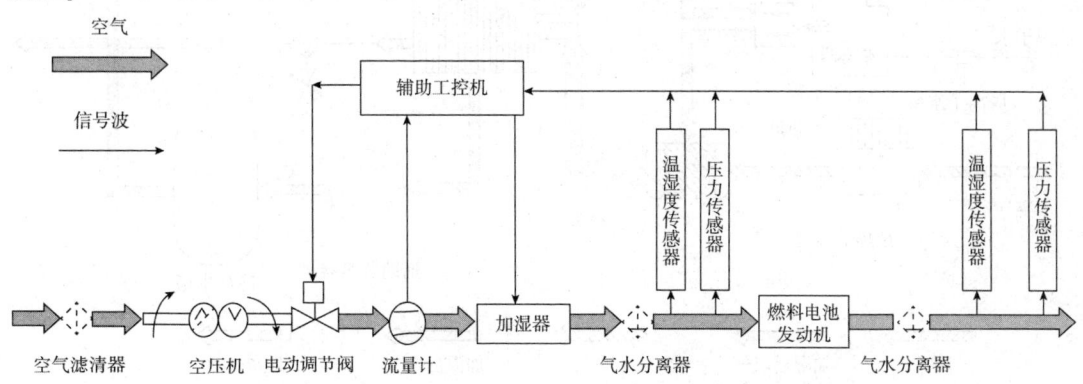

图 4-21 实验室测试系统中的空气供给系统

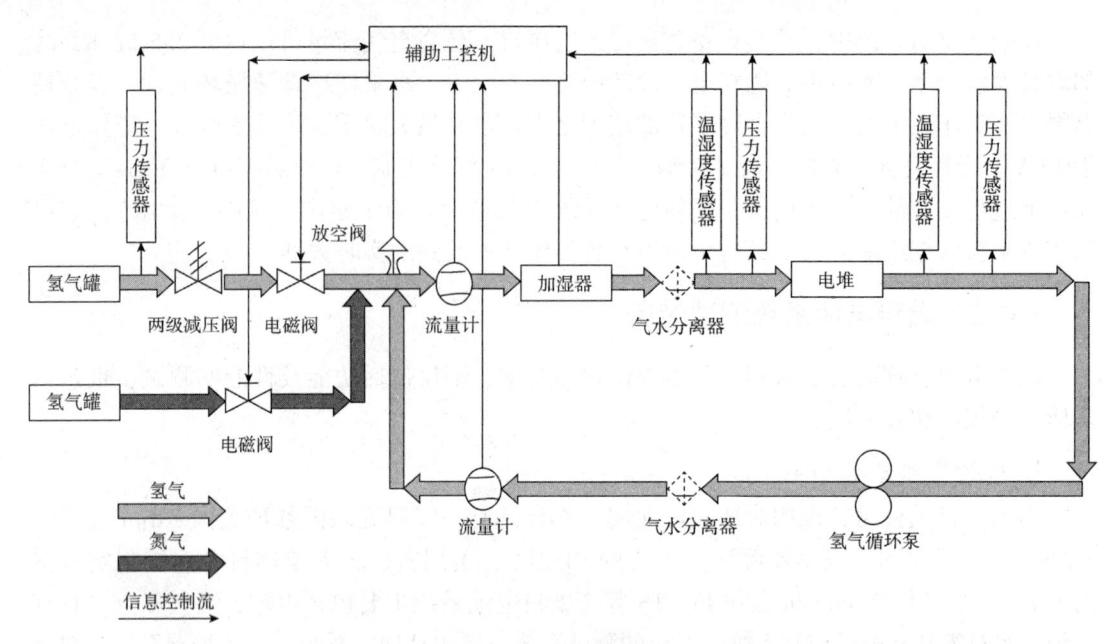

图 4-22 实验室测试系统中的氢气供给系统

2）气体加湿系统

实验室测试系统要求对反应气体进行可控的加湿，即加湿量要可控。车载系统的加湿方式不易得到具体量化的指标，因而在测试系统中，需选用专业的燃料电池电堆测试系统供应商提供的露点加湿器。

露点加湿器的基本原理是在试验温度 T 下，将待加湿气体通过蒸汽和水共存的充满湿饱和蒸汽的混合器中，通过气体的流动将饱和蒸汽带入冷凝器内。在加湿器工作前要设定冷凝器的温度值 T_d，通过加湿器内部的冷却循环支路将通过的饱和蒸汽降低到设定的温度值 T_d，湿饱和蒸汽在该温度下凝结并析出水，形成在温度为 T_d 下的饱和蒸汽。燃料电池发动机测试系统加湿系统原理图如图 4-23 所示。

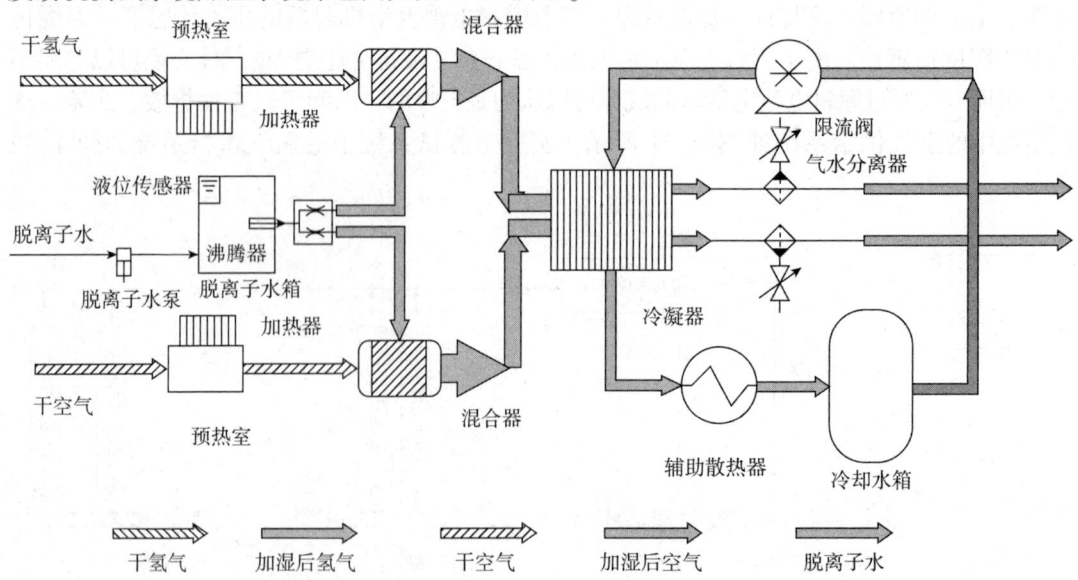

图 4-23 燃料电池发动机测试系统加湿系统原理图

3）热管理系统

由于质子交换膜燃料电池工作温度较低（70~80 ℃），因而在对燃料电池本体测试和调试时，要求实验室散热系统有充裕的散热能力；在对 PEMFCE 测试时，需要辅助散热系统在温度超限时参与发动机循环散热，以满足发动机完成各种工况的散热要求。为防止对燃料电池的"毒化"，散热介质为脱离子水，并设有电导率传感器对水的电导率进行监控，水温保持在 70~80 ℃，并由温度传感器和冷却水泵构成简单闭环控制。辅助散热系统如图 4-24 所示。

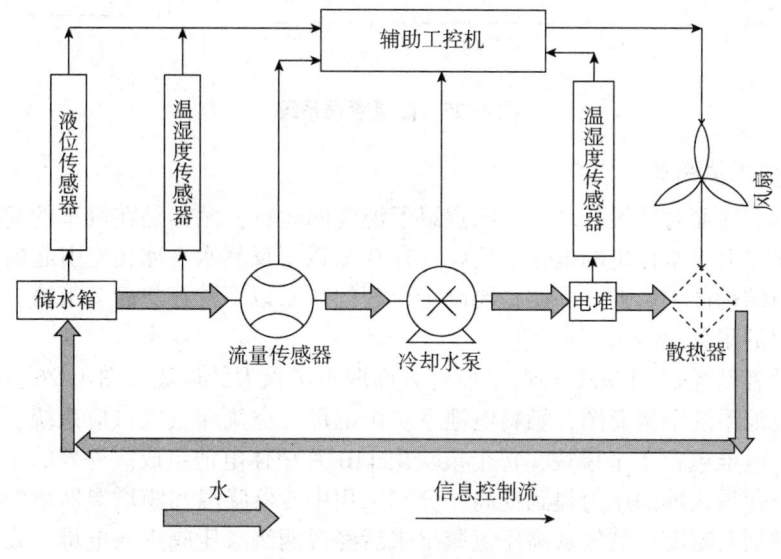

图 4-24 辅助散热系统

4）能量管理系统

能量管理系统的作用是对燃料电池发动机对外输出功率进行分配和吸收。本系统的设计，要求能够模拟车载系统的能量流动方式。由于燃料电池电堆的功率输出特性偏软，并且启动时电堆（PEMFCE）输出功率不能直接驱动测功机，必须经过 DC345 进行直流转换，并与蓄电池组并联输出 288 V 直流电。为同时满足 PEMFCE 内部高压 288 V 和低压电路 12 V 的用电要求，有必要添加辅助 DC/DC 进行电压转换，为发动机内部的用电装置提供 12 V 的弱电。EPMFCE 有效功率经过逆变器转化为三相交流电来驱动电机，试验台通过电机控制器来控制电动机的电压与频率，从而实现电机的转速、扭矩可调。由于 PEMFCE 电气性能的特殊性，以高频斩波方式从燃料电池取电的模式是不可行的，因而在主 DC/DC 之前加装保护电路显得十分必要。蓄电池组在系统中既可作为 PEMFCE 启动时的能量来源，也可以改进为辅助储能部件，作为整车控制策略研究的一部分。燃料电池测试系统的能量管理系统如图 4-25 所示。

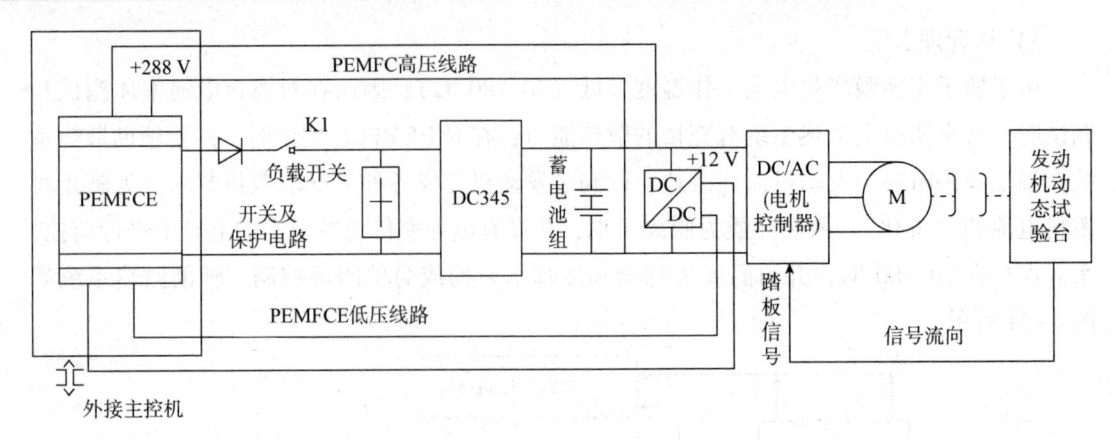

图 4-25　能量管理系统

2. 冷启动测试系统

车用燃料电池面对的挑战之一是冰点以下温度的运行，尤其是在汽车的起动和停车阶段。燃料电池发电是水伴生的电化学反应，在 0 ℃以下反复水、冰相变引起的体积变化会对电池材料与结构产生影响。因此，要制定合理的 0 ℃以下贮存与起动策略，保证燃料电池在冬季使用的耐久性。

国内外学者已经在 PEMFC 冷起动研究方面取得了重大的进展。图 4-26 为冷起动试验采用的燃料电池系统结构简图，燃料电池系统由电堆、空气和氢气供应系统、冷却系统等组成。其中，电堆包含 2 个模块，每个模块由 110 片单体电池组成。外界的空气经过滤器进入空压机，使得入堆的压力得到提高，分别采用中冷器降温和膜增湿器增湿降低入堆的气体温度和增加其湿度。氢气从高压氢瓶出来后经过两级减压阀进入电堆。在冷却水泵的推动下，冷却液分两路进入电堆。当冷却液温度达到节温器大循环开启的范围，冷却液可以经节温器大循环进入散热器，经散热后进入电堆；若冷却液温度没有达到节温器大循环开启的温度范围，节温器大循环不开启，冷却液则通过节温器小循环直接进入电堆，不经过散热器，这样使系统能够将电堆温度维持在一定程度而不至于过低。

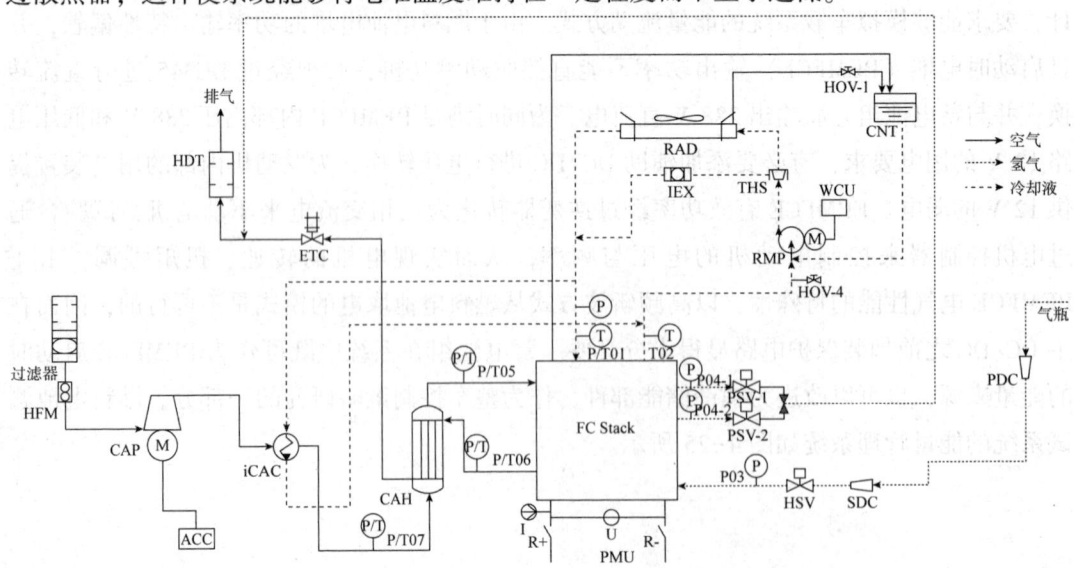

图 4-26　冷启动试验采用的燃料电池系统结构简图

3. 实验室环境要求

实验室环境系统主要包括实验室热环境系统和实验室氢安全系统等，实验室热环境系统是通过防爆送风机采用强制通风系统来模拟汽车在路面行驶的热环境条件。氢安全系统主要用于氢燃料供给系统和燃料电池系统实验室的安全探测与报警处理等。燃料电池系统实验室测试系统监控图如图4-27所示。

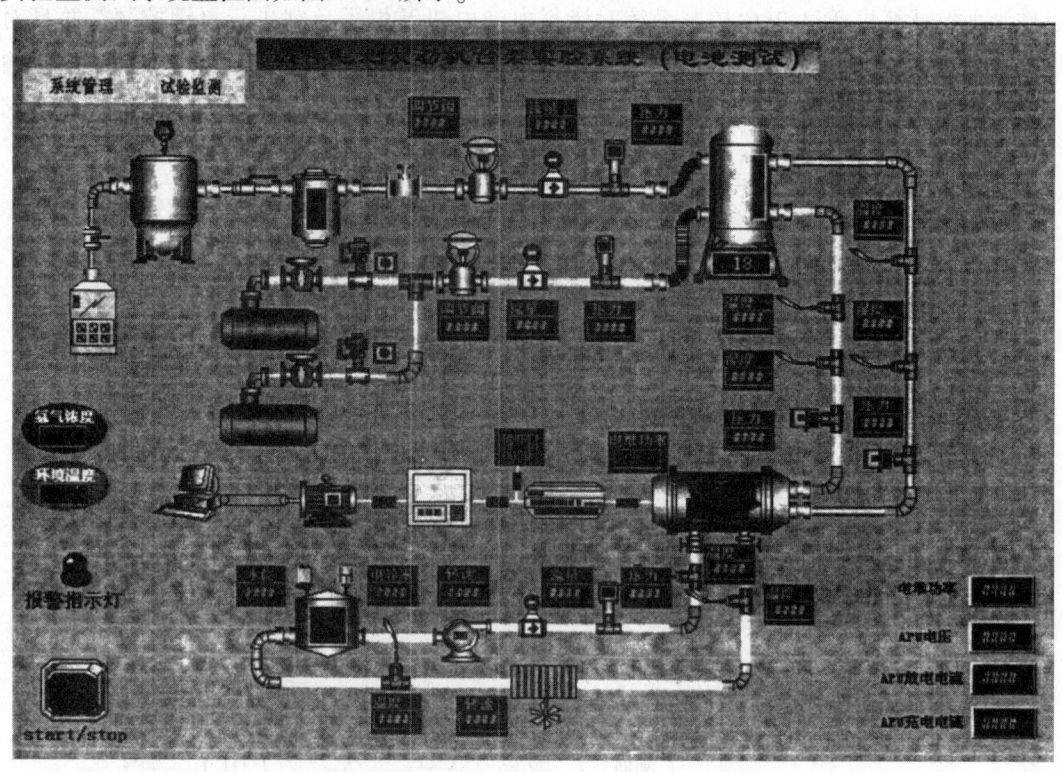

图4-27 燃料电池系统实验室测试系统监控图

4.4.3 燃料电池测试系统电机试验室展示

根据燃料电池内燃机车载系统开发的要求，建立燃料电池电机试验室的目的有：在总装前对燃料电池进行测试和优化；对燃料电池电机进行测试和评定，以期得到燃料电池电机的技术性能参数。因此，测试系统不仅提供对燃料电池本体进行测试的平台，而且提供电机总成的起动与工况测试平台。系统除提供PEMFE工作时的外部条件并对影响其当前输出功率的条件进行监控外，还应具备对试验过程的控制，对电机及实验室安全的保障；并且拥有对试验数据进行采集、处理，对数据库进行维护的能力。为了在试验室条件下满足燃料电池电机运行的要求，实现对燃料电池电机的参数采集和反馈控制，进而对EPMFCE进行测试和调试，燃料电池电机试验室测试系统有必要具备燃料供给系统、加湿系统、辅助散热系统、能量管理系统、数据采集及控制系统。

图4-28所示为上海燃料电池汽车动力系统有限公司推出的燃料电池电机试验室测试系统，包括数据采集及控制系统、辅助冷却系统、供气系统、能量管理系统等。整个系统的原理如图4-29所示。

辅助动力电源提供燃料电池电机起动和运行所需的 350 V 直流电源。燃料电池电机在起动过程中由外接辅助动力电源供电，起动完成后在电堆和辅助动力电源之间通过一个二极管来实现电堆给辅助系统自供电与外接辅助动力电源之间的自动切换；并且，当电堆的电压低于 350 V 时，系统自动切换到 20 kW 辅助动力电源供电。12 V 蓄电池给燃料电池电机控制系统提供低压直流电源。DIGATRON 电子负载用于给燃料电池电机进行加载，工控机作为主控计算机通过 PLC 控制系统对燃料电池电机及电子负载进行自动控制，并且对氢气质量流量、内燃机冷却水流量、辅助动力电源的输出电压和电流、12 V 控制电源的输出电压和电流、电堆的输出电压和电流等参数进行实时采样检测，采样频率可以根据要求进行设定。

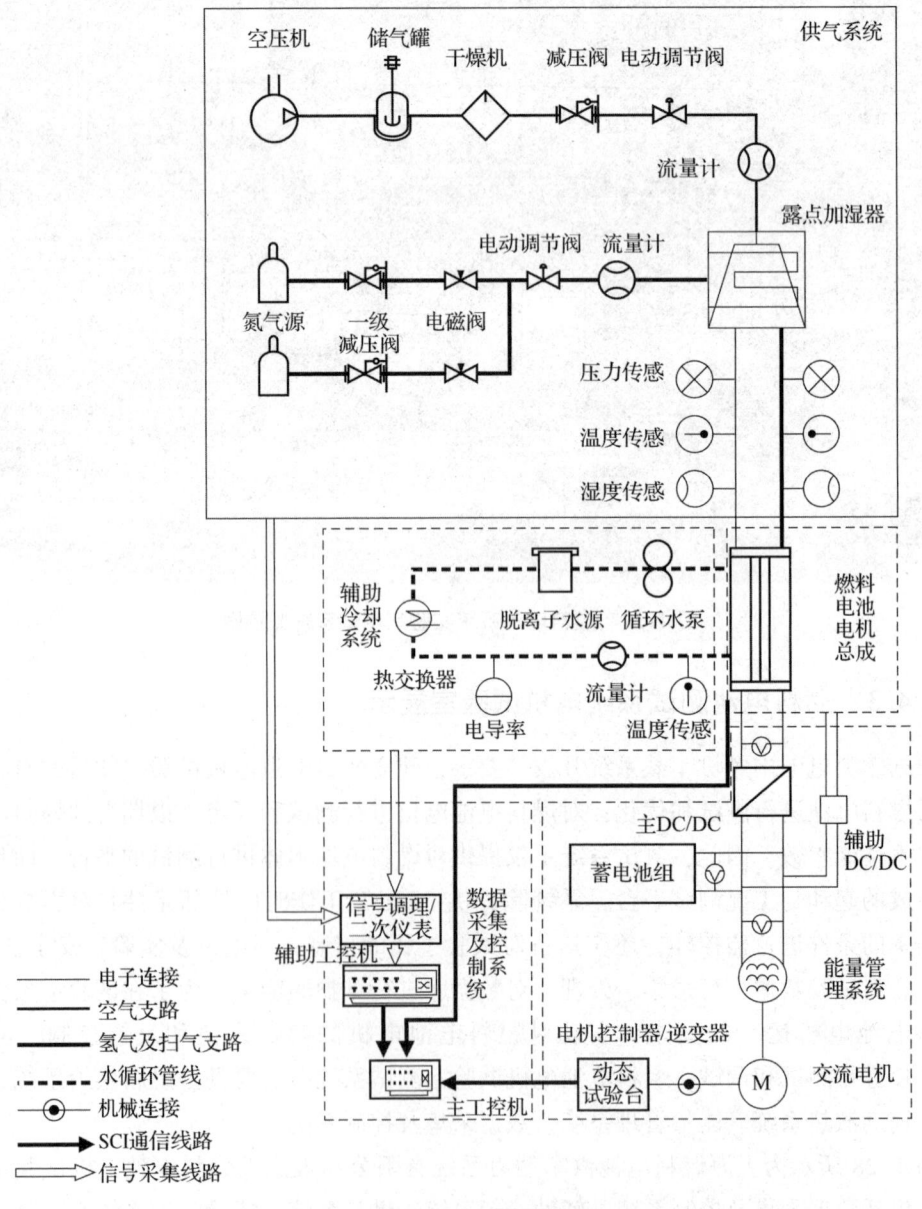

图 4-28 燃料电池电机试验室测试系统

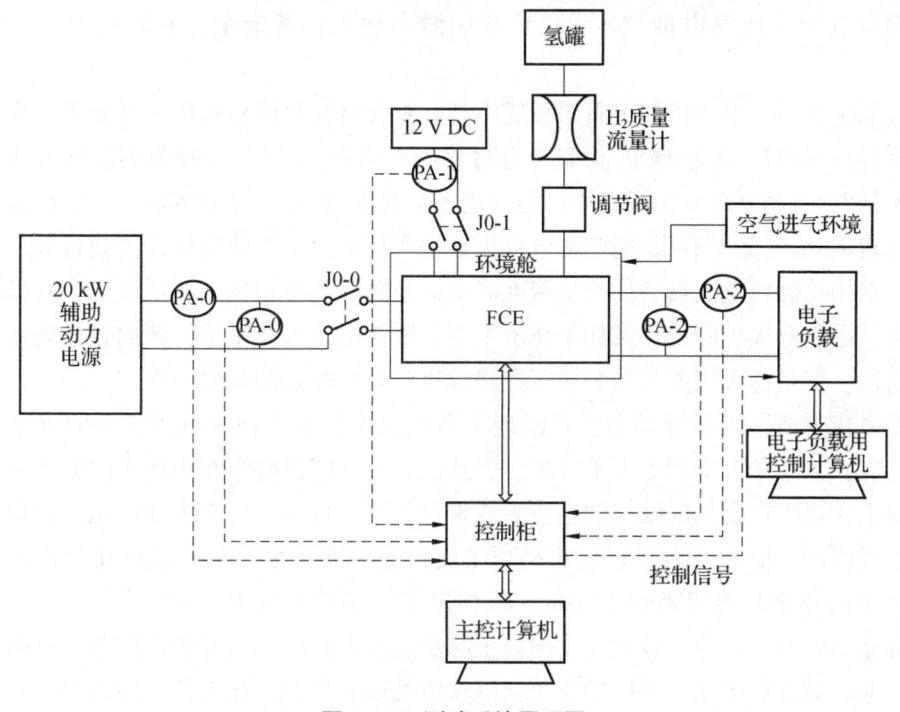

图 4-29 测试系统原理图

4.5 燃料电池及其测试技术的发展趋势

4.5.1 燃料电池技术的发展趋势

在新一轮能源革命驱动下,世界各国高度重视氢燃料电池技术,以支撑实现低碳、清洁发展模式。发达国家或地区积极发展"氢能经济",制定了《全面能源战略》(美国)、《欧盟氢能战略》(欧盟)、《氢能/燃料电池战略发展路线图》(日本)等发展规划,推动燃料电池技术的研发、示范和商业化应用。我国也积极跟进氢能相关发展战略,2001 年确立了"863 计划"中包括燃料电池在内的"三纵三横"战略;《能源技术革命创新行动计划(2016—2030)》《汽车产业中长期发展规划》(2017 年)等国家政策文件均明确提出支持燃料电池汽车发展。2020 年,科技部起动了国家重点研发计划"可再生能源与氢能技术"重点专项,将重点突破质子交换膜、气体扩散层碳纸、车用燃料电池催化剂批量制备技术、空压机耐久性、高可靠性电堆等共性关键技术。国家能源局将氢能及燃料电池技术列为"十四五"时期能源技术装备重点任务。

燃料电池开发以车用质子交换膜燃料电池为主,我国已经具有系统自主开发能力且生产能力较强。以新源动力、亿华通、氟尔赛、重塑科技和国鸿重塑为代表的企业,具备年产万台燃料电池系统的批量生产能力。然而在燃料电池系统关键零部件方面,我国与国际先进水平差距较大,基本没有成熟产品。在电堆方面,我国正在逐渐起步,电堆及相关产业链企业数量逐渐增长,产能量级提升,到 2018 年国内电堆产能超过 40 万 kW。目前,国内电堆厂商主要有两类:一是自主研发,以新源动力、神力科技和明天氢能为代表；二是引进国外成熟电堆技术，以广东国鸿为代表，其余企业有潍柴动力、南通百应等。

在双极板方面，由于机加工石墨板成本高，复合材料双极板近年来开始走向应用，如石墨/树脂复合材料、膨胀石墨/树脂复合材料、不锈钢/石墨复合材料等。国内新源动力开发的不锈钢/石墨复合双极板电堆已经应用于上汽大通V80轻型客车上。广东国鸿引进加拿大Ballard公司膨胀石墨/树脂复合双极板生产技术，生产的电堆已经装备数百辆燃料电池车。乘用车燃料电池具有高能量密度需求，金属双极板相较于石墨及复合双极板具有明显优势。金属双极板的设计及加工技术主要掌握在国外企业手中，国内企业尚处于小规模开发阶段，但是明天氢能科技公司正在建设年产万台级自动化生产线。

在膜电极方面，以新源动力、武汉理工新能源为代表，初步具备了不同程度的生产线，年产能在数千平方米到上万平方米，但还需要开发以狭缝涂布为代表的大批量生产技术。市场上主要生产全氟磺酸膜的企业主要来自美国、日本、加拿大和中国。我国已具备质子交换膜国产化能力，山东东岳集团质子交换膜性能出色，具备规模化生产能力。目前，东岳DF260膜厚度可做到15 μm，在OCV情况下耐久性大于600 h。

在催化剂方面，海外企业领先，国内正起步。国内尚处于研究阶段的单位有两类：一是国内企业，如贵研铂业。贵研铂业主营汽车尾气铂催化剂，和上汽共同研发燃料电池催化剂。二是研究机构，如中国科学院大连化学物理研究所、上海交通大学、清华大学等。例如，中国科学院大连化学物理研究所制备的Pt_3Pd/C合金催化剂，已应用于新源动力生产的燃料电池电机。

在碳纸产品方面，主要由日本Toray公司等几个国际大生产商垄断，国内碳纸产品尚处于研发及小规模生产阶段。

在系统部件方面，氢气循环泵主要依赖进口，空压机还没有能够大批量生产，缺少低功耗高速无油空压机产品。

总而言之，我国在整车、系统和电堆方面均已有所布局，但零部件方面的相关企业仍较少，特别是最基本的关键材料和部件，如质子交换膜、碳纸、催化剂、空压机、氢气循环泵等。

4.5.2 燃料电池测试技术的发展趋势

电堆是一个典型的多物理场耦合系统，内部传热传质和电化学过程复杂。理论上，在一定外部操作条件（如流量、压强、温度等）下，经过足够长时间后，燃料电池在一定电流下的输出电压是固定的。但在实际情况中，电堆内部气、水、热状态需要很长时间（几十分钟）才能达到平衡状态。受电堆内部气体扩散层、催化剂层和膜的状态影响，电堆特性与电堆的历史状态有关。如图4-30所示，在同样的操作条件下，随着电流加载、减载，相同电流下的电压并不相同。这种现象也被称为燃料电池的"滞回效应"。

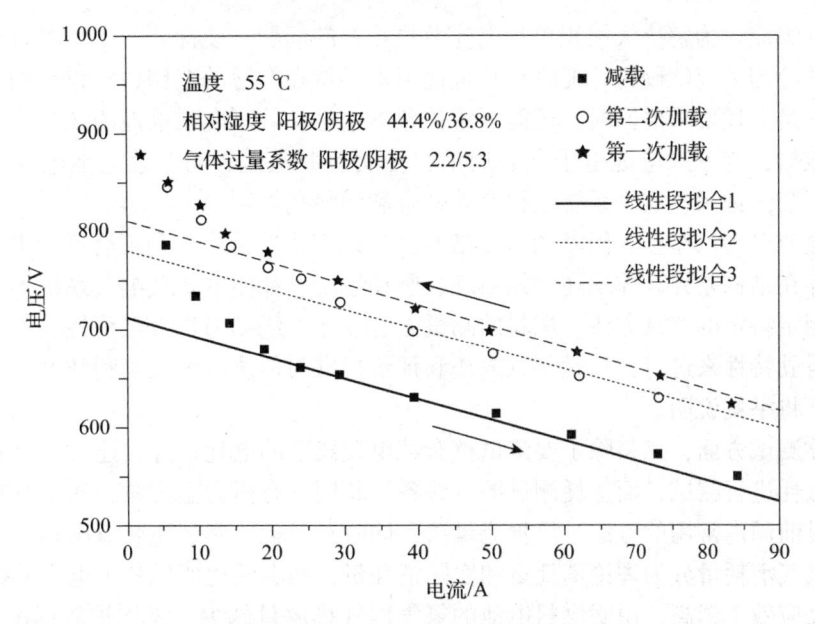

图 4-30 燃料电池"滞回效应"

1. 考虑滞回效应的燃料电池测试技术

滞回效应是质子交换膜燃料电池的基本特性，其本质是堆内传热传质过程，尤其是气液两相流传质过程导致电堆内部状态的切换过程远长于系统操作参数切换过程（前者为分钟级，后者为秒级）。目前大多数系统级建模、测试及分析方法，多未考虑燃料电池的滞回效应，容易产生对电堆性能的"误判"。为了减少误判，提高对燃料电池性能测试的准确性，主要有以下两种方法。

（1）延长系统测试时间，或对电堆进行反复加减载，确保电堆内部状态达到平衡。这种方法测试成本高，且如何界定测试时间、反复加载次数，也是个难点。

（2）建立考虑堆内状态过程滞回效应的系统级模型，在有限时间内进行电堆性能测试，并通过模型来修正。这种方法测试成本低，但如何建立能反映堆内动态过程的模型，是个很大的挑战。

2. 堆内分布式状态在线测试技术

燃料电池测试的难点在于，很难确定电堆内部是否已经达到平衡状态。为进一步提升电堆性能，需要对燃料电池内部状态进行检测。当前，针对堆内电流密度、温度、水含量及气体组分，常见的检测方法如下。

（1）电流密度分布：单片分割法、感生磁场法、垫圈植入法、温度反推法等。

（2）温度：热电偶植入法、热敏电阻植入法、光纤光栅植入法、红外热成像法、激光吸收光谱法等。

（3）水含量：高频阻抗法、中子成像法、X光成像法、核磁共振法、电导率法、红外吸收光谱法、电子显微法、荧光显微法、质谱仪采样法、滞留时间分布法、透明可视化法等。

（4）气体组分：质谱仪采样法等。

清华大学燃料电池动力系统课题组设计了一套"车用大面积燃料单体电池多通道气体组分在线采样系统"。该系统由单片电池测试试验台、燃料电池多通道气体采样单片和气体采样系统组成。为解决大面积单片电池散热较差的问题，设计开发了可控制的冷却液流量和温度的冷却系统软硬件，能将单片电池温度维持在合适的范围内。设计的监控系统控制程序在满足上述要求的同时，还能采集传感器信号，共享燃料电池测试台供气系统及增湿系统的数据，与单片电池电子负载通信，控制负载电流，与单片电池电压检测模块通信，并进行数据记录，实现系统数据有效融合和网络化控制。

燃料电池电动汽车作为国家能源战略的"三纵三横"之一，与混合动力电动汽车、纯电动汽车存在结构差异，体现在储能系统、驱动系统、补能方式及电气系统等方面，因此燃料需要制定特定的测试方法。燃料的测试内容依然围绕动力性、经济性、安全性、环境适应性、行驶特性来进行，只是测试方法和评价标准与传统内燃机车和纯电动汽车等有所区别，以下将举例说明。

经济性测试方面，燃料除了要测试整车纯电模式下的电耗以外，还要对燃料电池起动情况下的氢耗进行测试，而氢耗测试的方法各不相同，有压力温度法、质量分析法、质量流量法，目前国内常用的方法是质量流量法，同时对氢耗的测试还要考虑行车工况和环境的影响。氢气消耗量分为理论消耗量和实际消耗量，两者的比值反映了电堆的燃料反应效率，燃料反应效率越高，说明燃料电池的氢气尾气排放量越少。氢气排放标准要求 3 s 内的氢气尾排浓度平均值不能超过 4%，瞬时最高值不能超过 8%；另外，氢气排放量测试需要考虑做气水分离，这样可以保障氢气排放测试精度。氢气排放既反映了燃料电池电动汽车的经济性，又关系到整车安全性。

安全性测试方面，燃料电池电动汽车车载氢系统的安全是大家关注的重点，以前大家都关注车载氢系统的结构强度安全，也就是耐高压测试，实际上，在真正使用过程中，电堆的返潮会腐蚀车载氢系统，从而导致漏气，所以在车载氢系统的测试中，还需考虑汽车使用过程中的结构可靠性。除了腐蚀性外，车载氢系统的碰撞安全值得重视，我国燃料电池电动汽车的推广主要以客车、重卡等商用车为主，历年来，重型车导致的交通事故虽然少，但是产生的损失占比却最高。通过侧翻试验，检测车载氢系统的结构安全性，为汽车碰撞安全设计提供参考。

在低温条件下，电堆内部残留水凝结会阻碍气液传输，同时膜电极冻结也会破坏电池内部微观结构，既影响寿命，又影响性能。在关注零部件冷起动的同时，也应关注在整车冷起动的过程中，起动时间、能耗及怠速氢排等重要指标。

燃料电池的行驶特性包括噪声、制动性能、平顺性、操作稳定性及可靠性。以噪声测试为例，人们普遍认为燃料电池电动汽车是低噪声的，但实际运行中，由于空压机的使用，会造成 90 dB 以上的噪声，所以燃料的 NVH 测试也至关重要。

综上，燃料电池电动汽车整车测评体系需要考虑低温、高湿、极端气候等问题，燃料电池电动汽车碰撞安全及设计需要涉及多向碰撞及响应、力学仿真与分析、泄压及安全等问题。

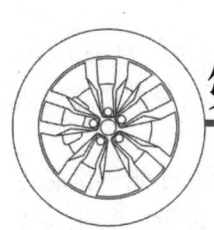

第 5 章
新能源汽车基本性能

学习目标

1. 了解新能源汽车的各项基本性能的评价方法。
2. 掌握各项性能指标的试验方法和测试标准。

思　考

1. 对于纯电动新能源汽车的动力性的评价应该选用哪些试验项目？
2. 如何评价纯电动汽车的制动性？
3. 纯电动汽车的电磁兼容测试要注意什么？

5.1　动力性

　　汽车的动力性是指汽车在良好路面上直线行驶时由受到的纵向外力决定的、所能达到的平均行驶速度。汽车是一种高效率的运输工具，运输效率的高低在很大程度上取决于汽车的动力性。所以，动力性是汽车各种性能中最基本、最重要的性能。

5.1.1　动力性评价指标

　　与传统内燃机汽车类似，新能源汽车的动力性仍由如下 3 个指标进行评价：
　　（1）汽车的最高车速 v_{max}。汽车的最高车速是指在水平良好的直线道路（混凝土或沥青）上汽车能达到的最高稳定行驶车速。
　　（2）汽车的加速时间 t。汽车的加速时间表示汽车的加速能力，它对平均行驶车速有着很大影响。对于轿车，加速时间尤为重要。常用原地起步加速时间与超车加速时间来表明汽车的加速能力。
　　（3）汽车的最大爬坡度 i_{max}。汽车的爬坡能力是用满载（或某一载质量）时汽车在良好路面上的最大爬坡度 i_{max} 表示的。轿车最高车速大，加速时间短，经常在较好的道路上行驶，一般不强调它的爬坡能力。

5.1.2 动力性试验

纯电动汽车的动力性试验根据 GB/T 18385—2005《电动汽车 动力性能 试验方法》进行，对纯电动汽车的最高车速、30 min 最高车速、加速性能、爬坡速度、最大爬坡度进行试验。具体试验项目如表 5-1 所示。

混合动力电动汽车的动力性参考 GB/T 18385—2005《电动汽车 动力性能 试验方法》及 GB/T 19752—2005《混合动力电动汽车 动力性能 试验方法》进行，量化具体的混合动力电动汽车动力性指标，形成可横向比较的指标体系。依据标准，混合动力电动汽车动力性试验项目如表 5-2 所示。

表 5-1 纯电动汽车动力性试验项目

序号	试验项目
1	最高车速（1 km）试验
2	30 min 最高车速试验
3	加速性能试验
4	爬坡车速试验
5	坡道起步能力试验

表 5-2 混合动力电动汽车动力性试验项目

序号	试验项目	模式
1	混合动力模式下的最高车速	混合动力
2	纯电动模式下的最高车速	纯电动
3	混合动力模式下 0~100 km/h 加速性能	混合动力
4	纯电动模式下 0~100 km/h 加速性能	纯电动
5	混合动力模式下超车加速性能	混合动力
6	混合动力模式下的爬坡速度	混合动力
7	纯电动模式下的爬坡速度	纯电动
8	混合动力模式下的 30 min 最高车速	混合动力
9	混合动力模式下的坡道起步能力	混合动力
10	纯电动模式下的坡道起步能力	纯电动
11	混合动力模式下的最大爬坡度	混合动力
12	滑行距离	混合动力
13	最低稳定车速	混合动力

动力性试验需要利用测速仪、里程测量仪、计时器、温度计、压力计记录速度、距离、时间、温度、大气压力参数。如果使用汽车自身安装的速度表、里程表测定车速和里程，在试验前必须按 GB/T 12548—2016《汽车速度表、里程表检验校正方法》进行误差校正。

1. 最高车速（1 km）试验

最高车速试验分为3个部分，分别为纯电动汽车最高车速、混合动力电动汽车在纯电动模式下的最高车速及混合动力电动汽车在混合动力模式下的最高车速。根据国标规定，3个试验的方法及步骤基本相同。

首先在试验前将试验汽车加载到试验质量并按要求合理分布载荷，增加的载荷应均匀地分布在乘客座椅上及行李厢内。其中，试验质量为汽车整车整备质量与试验所需附加质量的和。附加质量的确定原则如下：

（1）如果最大允许装载质量小于或等于180 kg，该质量为最大允许装载质量；

（2）如果最大允许装载质量大于180 kg，但小于360 kg，该质量为180 kg；

（3）如果最大允许装载质量大于360 kg，该质量为最大允许装载质量的一半。

试验开始时，首先在直线跑道或环形跑道上将试验汽车加速，使汽车在驶入测量区之前能够达到最高稳定车速，并且保持这个车速持续行驶1 km（测量区的长度）。此时，记录汽车持续行驶1 km的时间t_1。完成记录后随即做一次反方向的试验，并记录通过的时间t_2。按照下式计算最高车速：

$$V_{\max} = \frac{3\,600}{\dfrac{t_1 + t_2}{2}}$$

若因道路条件限制只能进行单一方向行驶，则按照下式计算：

$$V_{\max} = f\left(\frac{3\,600}{\dfrac{t_1 + t_2}{2}} \pm v_w\right)$$

式中，v_w为风速在行驶方向的水平分量，m/s，若该分量与行驶方向相反，则公式中取+，若相同取−；f为修正系数，取0.6。

2. 30 min 最高车速试验

纯电动汽车、混合动力电动汽车在纯电动模式下及混合动力电动汽车在混合动力模式下的30 min最高车速试验方法及步骤基本相同。

在试验前，首先将试验汽车加载到试验质量并按要求均匀分布载荷。

开始试验时，在环形跑道或底盘测功机上，将汽车加速至制造厂家估计的30 min最高车速（误差为±5%）行驶30 min，并记录汽车实际通过的距离s_1及30 min最高车速v_{30}。30 min最高车速v_{30}可由下式计算得到：

$$v_{30} = \frac{s_1}{500}$$

3. 加速性能试验

1）对于纯电动汽车及混合动力电动汽车在纯电模式下的试验

与前述试验相同，在试验前首先将试验汽车加载到试验质量并按要求均匀分布载荷，并将试验汽车停放在试验道路的起始位置，并起动汽车。

开始试验时，首先将加速踏板快速踩到底，使汽车加速到（50±1）km/h（如有手动变速系统，则需适时切换挡位），并记录从踩下加速踏板到车速达到（50±1）km/h的时间t_1。完成一次试验后，以相反方向行驶再做一次相同的试验，记录时间t_2。

0~50 km/h的加速时间为上述两次试验结果的算术平均值。

完成上述试验后，再次将试验汽车加速到（50±1）km/h，并保持这个车速行驶0.5 km

以上。之后将加速踏板快速踩到底，使汽车加速到（80±1）km/h（如有手动变速系统，则需要适时切换挡位），同时记录从踩下加速踏板到车速达到（80±1）km/h的时间t_3。完成一次试验后，以相反方向行驶再做一次相同的试验，记录时间t_4。

50~80 km/h的加速时间为上述两次试验结果的算术平均值。

2）对于混合动力电动汽车在混合动力模式下的试验

在试验前，首先将试验汽车加载到试验质量并按要求均匀分布载荷。并将试验汽车停放在试验道路的起始位置，并起动汽车。

试验开始时，将加速踏板踩到底使汽车加速行驶（如有手动变速系统，则需要适时切换挡位），记录从踩下踏板至车速达到100 km/h所经历的时间（如被测汽车最高车速低于100 km/h，则试验速度为该车最高车速，并在试验记录中注明）t_5。完成一次记录后，在同样试验道路上以反方向重复上述试验，并记录时间t_6。

0~100 km/h的加速时间为上述两次试验结果的算术平均值。

4. 混合动力电动汽车在混合动力模式下的超车加速性能试验

在试验前，首先将试验汽车加载到试验质量，增加的载荷应均匀地分布在乘客座椅及行李厢，将试验汽车停放在试验道路的起始位置，并起动汽车。

试验开始时，首先逐渐加挡至变速器最高挡或次高挡（对无级变速的汽车，按照厂家的要求选定挡位），使汽车以该挡最低稳定车速匀速行驶。当车速稳定后进入试验路段，将加速踏板快速踩到底，使汽车加速至该挡最高车速的80%以上（轿车应加速到100 km/h以上），同时记录从快速踩下加速踏板到车速达到该挡最高车速的80%以上的时间t_1。完成上述试验及记录后，以相反方向行驶再做一次相同的试验，并记录时间t_2。

计算超车加速时间是两次测得时间的算术平均值。

5. 爬坡车速试验

纯电动汽车、混合动力电动汽车在纯电动模式下及混合动力电动汽车在混合动力模式下的爬坡车速试验方法及步骤基本相同。

在试验前，首先将试验汽车加载到最大设计总质量并按要求合理分布载荷，将试验汽车置于测功机上，调整测功机使其增加一个相当于4%坡度的附加载荷。

试验开始时，将加速踏板踩到底使试验汽车加速或适当变换挡位使汽车加速，确定试验汽车能够达到并能持续行驶1 km的最高稳定车速，同时记录持续行驶1 km的时间t。

完成4%坡度的试验后，继续调整测功机使其增加一个相当于12%坡度的附加载荷，重复试验。

使用如下公式计算4%坡度和12%坡度的最高爬坡速度：

$$V = 3\ 600 \times 1\ 000 / t$$

式中，V为最高爬坡速度，km/h。

6. 坡道起步能力试验

纯电动汽车、混合动力电动汽车在纯电动模式下及混合动力电动汽车在混合动力模式下的坡道起步能力试验方法及步骤基本相同。

与爬坡车速试验相同，在试验前，首先将试验汽车加载到最大设计总质量。选定的坡道应有10 m的测量区，在测量区前应提供起步区域。选定的坡道还应有一定坡度角α_1，该坡度角α_1应近似于制造厂技术条件规定的最大爬坡度对应的角α_0。实际坡度和厂定坡度之差，应通过增减质量ΔM来调整。ΔM的计算方式如下：

$$\Delta M = M \cdot \frac{\sin \alpha_0 - \sin \alpha_1}{\sin \alpha_1 + R}$$

式中，M 为试验时汽车最大总质量；R 为滚动阻力系数；α_1 为实际试验坡道对应坡度角；α_0 为汽车生产企业技术条件规定的最大爬坡度对应的坡度角。

试验时，将加速踏板踩到底使试验汽车加速或适当变换挡位使汽车加速，以每 1 min 至少行驶 10 m 的速度通过测量区。

按照以下公式计算最低挡的最大爬坡度：

$$\alpha_m = \arcsin \left(\frac{M}{M_a} \frac{i_1}{i_a} \sin \alpha_a \right)$$

式中，α_m 为最大爬坡度对应的坡度角，（°）；M 为汽车实际总质量，kg；M_a 为设计最大总质量，kg；i_1 为最低挡传动比；i_a 为实际传动比；α_a 为实际试验坡度角，（°）。

7. 混合动力电动汽车在混合动力模式下的最大爬坡度试验

首先将试验汽车加载到最大设计总质量，增加的载荷应均匀地分布在乘客座椅及行李厢，并将试验汽车停于接近坡道的平直路段上，坡道测量区长度为 10 m。

试验时，使用最低挡起步，完全踩下加速踏板进行爬坡，同时在爬坡过程中监测各种仪表的工作情况。当爬到坡顶后，停车检查各部位有无异常现象发生，并做详细记录。如果第一次爬不上，可以进行第二次，但是不能超过两次。

如果试验中出现两次爬坡均未成功的情况，此时应测量停车点（后轮接地中心）到坡底的距离，并记录爬坡失败的原因。

8. 混合动力电动汽车的滑行距离试验

混合动力电动汽车有两种滑行状态，一种是带能量回馈的滑行，另一种是不带能量回馈的滑行。带能量回馈的滑行将根据车速、动力电池 SOC、内燃机和电机的工作状态由主控制器按照预先确定的控制策略控制回收的动能。因此，这种情况下的滑行距离是不确定的，混合动力电动汽车滑行距离只能是不带能量回馈的滑行距离。

在试验开始时，首先将汽车加速至（50±1）km/h 的速度，稳定后进入滑行区。进入滑行区后，迅速将变速器换入空挡开始滑行，直至汽车完全停止为止。完成一次试验后，以相反方向行驶再做一次相同的试验。使用五轮仪分别记录两次滑行的速度和滑行距离。

被测汽车的滑行距离是两次测得距离的算术平均值。

9. 混合动力电动汽车的最低稳定车速试验

首先在长约 50 m 的试验路段两端设立标杆作为滑行段，并将试验汽车加载到试验质量并按要求合理分布载荷，之后将试验汽车停放在试验道路的起始位置，并起动汽车。

试验时，将汽车的变速器置于最低挡或一挡，使汽车保持一个较低的稳定车速行驶通过试验路段。当汽车驶出试验路段时，立即急速踩下加速踏板，混合动力电动汽车的内燃机不应熄火，电机能转动，传动系统不应颤动，能够平稳地加速。

如不满足上述要求，应该提高车速，重复试验直至找出符合上述条件的最低稳定车速。

5.2 经济性

在保证动力性的条件下，新能源汽车以尽量少的燃油消耗量或电能消耗量经济行驶的能力，称作新能源汽车的经济性。经济性好，可以降低汽车的使用费用、减少国家对进口石油的依赖性、减少电网的压力；同时，也可降低内燃机或电力产生的温室效应气体的排放量，起到防止地球变暖的作用。

由于节约燃料、保护环境已成为全球关注的重大事件，汽车燃油经济性受到各国政府、汽车制造业与汽车使用者进一步的重视。

5.2.1 经济性评价指标

对于电动汽车，其在行驶过程中所需的能量部分或全部来自电能，而电能的单位通常采用瓦时（W·h），在计算电动汽车的能量消耗时，一般以 W·h/km 表示每单位距离所消耗的能量。

对于纯电动汽车，由于全部电能来自动力电池，动力电池能量一般以 W·h 来表示，因此根据动力电池能量就可以计算出纯电动汽车的续驶里程。对于混合动力电动汽车而言，由于能量最终来源于燃油，因此仍采用内燃机汽车中经济性指标 L/100 km，并将电能折算为等效的燃油消耗量。

1. 纯电动汽车的经济性指标

纯电动汽车的经济性常用一定运行工况下汽车行驶的电能消耗量或一定电量条件下汽车行驶的里程来衡量，主要包括能量消耗率和续驶里程两个评价指标。

能量消耗率是指纯电动汽车经过规定的试验循环后，对动力电池重新充电至试验前的容量，从电网上得到的电能与行驶里程的比值，单位为 W·h/km。

续驶里程是指纯电动汽车在动力蓄电池完全充电状态下，以一定的行驶工况，能连续行驶的最大距离，单位为 km。纯电动汽车的续驶里程可以分为等速续驶里程和循环工况续驶里程。

2. 混合动力电动汽车的经济性指标

混合动力电动汽车由于具有内燃机和电机两个动力源，因此，它的能量消耗通常包括燃油消耗和电能消耗。

燃油消耗量是指混合动力电动汽车经过规定的循环工况后，在电池储存的容量与运行前保持同一水平条件下所消耗的燃油量，单位为 L/100 km。

纯电动续驶里程是指混合动力电动汽车在动力电池完全充电状态下，以纯电动行驶工况，能连续行驶的最大距离，单位为 km。

5.2.2 纯电动汽车经济性试验

纯电动汽车经济性试验参考 GB/T 18386—2017《电动汽车 能量消耗率和续驶里程试验方法》对纯电动汽车经的能量消耗率及续驶里程进行试验。

在进行经济性试验前，首先对于 M_1、N_1 类以及最大设计总质量不超过 3 500 kg 的 M_2 类汽车按照 GB 18352.6—2016 中的规定，其他类试验汽车相应载荷的道路行驶阻力按照 GB/T 27840—2021 中的方法进行测量，或按照 GB/T 18386—2017 中的重型商用汽车行驶阻力系数推荐方案。

实验中需要使用底盘测功机和时间、距离、温度、速度、质量、能量、电压、电流的记录仪器。试验的方法与步骤如下。

在试验开始前，首先使试验汽车以 30 min 最高车速的 70%±5% 稳定行驶，使汽车的动力蓄电池放电，放电截止条件为车速不能达到 30 min 最高车速的 65% 或行驶达到 100 km。

当汽车完全放电后,在环境温度为 20~30 ℃时,使用车载充电机或汽车制造厂的外部充电机为蓄电池充电,12 h 的充电即为充电结束标准。记录下动力蓄电池充电结束的时刻,在此之后 12 h 之内开始按照规定的试验程序进行试验,并要求在整个试验期间,汽车必须在 20~30 ℃的温度条件下放置。

在进行道路和底盘测功机的滑行试验时,均应当把制动能量回收功能屏蔽,汽车的其他部件都应当处于相同的状态。

1)适用于 M_1、N_1 类以及最大设计总质量不超过 3 500 kg 的 M_2 类车的工况法

在底盘测功机上采用 NEDC 循环进行试验,直到达到表 5-3 所列的结束条件时停止试验。记录试验汽车驶过的距离 D,用 km 表示,同时记录用时(h)和分(min)表示的所用时间。

2)适用于 M_1、N_1 类以及最大设计总质量不超过 3 500 kg 的 M_2 类车以外的工况法

对于城市客车,在底盘测功机上采用中国典型城市公交循环或 C-WTVC 循环进行试验;对于其他汽车,在底盘测功机上采用 C-WTVC 循环进行试验,直到达到表 5-3 所列的结束条件时停止试验。在中国典型城市公交循环工况结束,汽车停止时,记录试验汽车驶过的距离 $D_{试验阶段}$。在 C-WTVC 循环工况结束,汽车停止时,分别记录试验汽车驶过的市区部分距离 $D_{市区}$、公路部分距离 $D_{公路}$、高速部分距离 $D_{高速}$,用 km 表示,同时记录用时(h)和分(min)表示的所用时间。

3)适用于 M_1、N_1 类以及最大设计总质量不超过 3 500 kg 的 M_2 类车的等速法

进行(60±2)km/h 的等速试验,当汽车的行驶速度达到表 5-3 所列的结束条件时停止试验。记录试验车辆驶过的距离 D,用 km 表示,同时记录用时(h)和分(min)表示的所用时间。

4)适用于 M_1、N_1 类,最大设计总质量不超过 3 500 kg 的 M_2 类车以外的等速法

进行(40±2)km/h 的等速试验,当汽车的行驶速度达到表 5-3 所列的结束条件时停止试验。记录试验汽车驶过的距离 D,用 km 表示,同时记录用时(h)和分(min)表示的所用时间。

在以上试验完成后的 2 h 之内将汽车与电网连接,按照充电规程为汽车的蓄电池充满电,在电网与车载充电机之间连接能量测量装置,在充电期间测量来自电网的能量 $E_{电网}$,用 W·h 表示。

表 5-3 结束试验循环的标准

试验工况	结束条件
NEDC 工况	对最高车速大于等于 120 km/h 的试验汽车,不能满足表 5-4 所列的公差要求时,应停止试验
	对最高车速小于 120 km/h 的试验汽车,在工况目标车速大于车型申报最高车速时,目标工况相应车速基准曲线调整为汽车申报最高车速,此时要求驾驶员将加速踏板踩到底,允许汽车实际车速超过表 5-4 所列的公差上限,当不能满足表 5-4 所列的公差下限时应停止试验;在工况目标车速小于等于车型申报最高车速时,不能满足表 5-4 所列的公差要求,应停止试验。
中国典型城市公交循环工况	不能满足表 5-4 所列的公差要求时,应停止试验

续表

试验工况	结束条件
C-WTVC 工况	在车速小于等于 70 km/h 时，不能满足表 5-4 所列的公差要求，应停止试验；在车速大于 70 km/h 时，不能满足公差要求时，则将加速踏板踩到底，直到车速再次跟随 C-WTVC 循环工况目标车速，允许超出表 5-4 所列的公差范围
等速试验	当汽车的行驶速度达不到 54 km/h（M_1、N_1 类，最大设计总质量不超过 3 500 kg 的 M_2 类车）或 36 km/h（M_1、N_1 类，最大设计总质量不超过 3 500 kg 的 M_2 类以外的汽车）时停止试验

表 5-4 基准曲线和公差

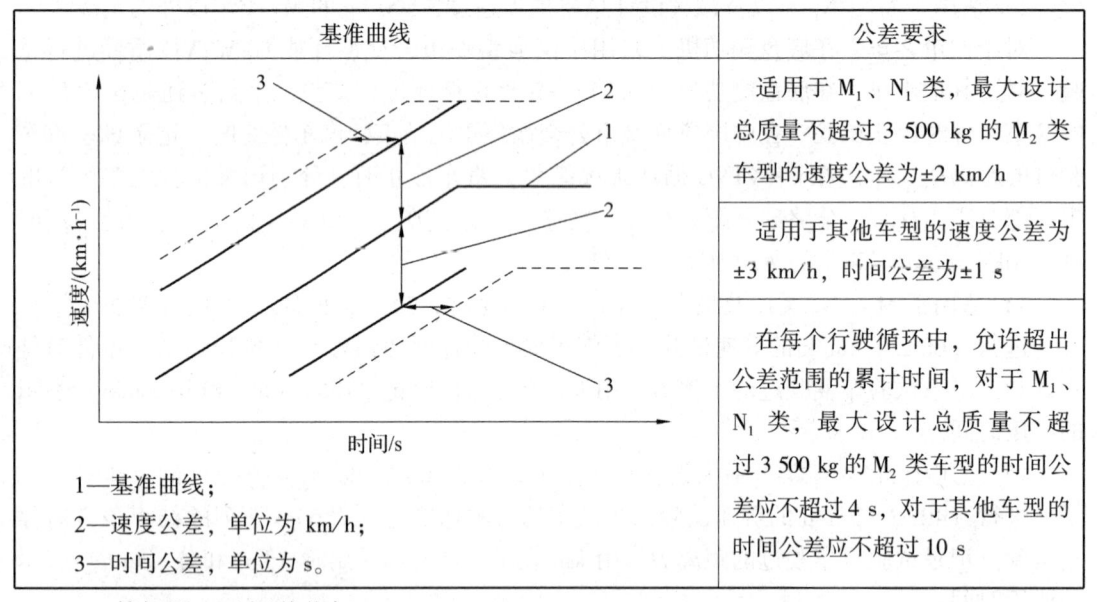

基准曲线	公差要求
（图示：速度/(km·h⁻¹) 对 时间/s 的基准曲线，标注 1—基准曲线；2—速度公差，单位为 km/h；3—时间公差，单位为 s。）	适用于 M_1、N_1 类，最大设计总质量不超过 3 500 kg 的 M_2 类车型的速度公差为 ±2 km/h
	适用于其他车型的速度公差为 ±3 km/h，时间公差为 ±1 s
	在每个行驶循环中，允许超出公差范围的累计时间，对于 M_1、N_1 类，最大设计总质量不超过 3 500 kg 的 M_2 类车型的时间公差应不超过 4 s，对于其他车型的时间公差应不超过 10 s

5）数据处理及评价指标

评价指标采用续驶里程和能量消耗率。

（1）适用于 M_1、N_1 类，最大设计总质量不超过 3 500 kg 的 M_2 类车工况法以及等速法的计算方法。

续驶里程即记录的汽车驶过距离 D，用 km 来表示。能量消耗率 C，用 W·h/km 表示，二者关系如下：

$$C = E_{电网} / D$$

式中，$E_{电网}$ 为充电期间来自电网的能量（W·h），D 为续驶里程（km）。

（2）适用于 M_1、N_1 类，最大设计总质量不超过 3 500 kg 的 M_2 类车以外工况法的计算。

①适用中国典型城市公交循环工况的计算方法。中国典型城市公交循环工况的能量测试评价消耗率 C，用 W·h/km 表示，并圆整到整数：

$$C = \frac{\int_{试验开始}^{试验结束} UI dt}{\int_{移动开始}^{移动结束} UI dt + \int_{试验开始}^{试验结束} UI dt} \frac{E_{电网}}{D_{试验阶段}}$$

式中，$D_{试验阶段}$为试验阶段试验阶段汽车驶过的距离（km），U为汽车运行时蓄电池端电压（V），I为汽车运行时蓄电池端电流（A），$E_{电网}$为电网一充电期间来自电网的能量（W·h）。

续驶里程D用km表示，并圆整到整数：

$$D = E_{电网}/C$$

②适用C-WTVC循环工况的计算方法。

对照表5-5确定试验车型市区、公路和高速部分的特征里程分配比例K，计算C-WTVC循环工况的能量消耗率C，用W·h/km表示，并圆整到整数：

$$C = C_{市区}K_{市区} + C_{公路}K_{公路} + C_{高速}K_{高速}$$

式中，$C_{市区}$、$C_{公路}$、$C_{高速}$分别为市区部分、公路部分和高速部分的能量消耗率（W·h/km）；$K_{市区}$、$K_{公路}$、$K_{高速}$分别为市区部分、公路部分和高速部分的里程分配系数。

表5-5 特征里程分配比例

汽车类型	最大设计总质量 GCW/kg	市区比例/%	公路比例/%	高速比例/%
半挂牵引车	9 000<GCW≤27 000	0	40	60
	GCW>27 000	0	10	90
自卸汽车	GCW>3 500	0	100	0
货车 （不含自卸汽车）	3 500<GCW≤5 500	40	40	20
	5 500<GCW≤12 500	10	60	30
	12 500<GCW≤25 000	10	40	50
	GCW>27 000	10	30	60
城市客车	GCW>3 500	100	0	0
客车 （不含城市客车）	3 500<GCW≤5 500	50	25	25
	5 500<GCW≤12 500	20	30	50
	GCW>12 500	10	20	70

各部分能量消耗率计算如下：

$$C_{市区} = E_{市区}/D_{市区}$$

$$C_{公路} = E_{公路}/D_{公路}$$

$$C_{高速} = E_{高速}/D_{高速}$$

式中，$E_{市区}$、$E_{公路}$、$E_{高速}$分别为市区、公路和高速部分来自电网的能量（W·h）；$D_{市区}$、$D_{公路}$、$D_{高速}$分别为市区、公路和高速部分的行驶距离（km）。$E_{市区}$、$E_{公路}$、$E_{高速}$的计算如下：

$$E_{市区} = \frac{\int_{市区开始}^{市区结束} UI\mathrm{d}t}{\int_{移动开始}^{移动结束} UI\mathrm{d}t + \int_{试验开始}^{试验结束} UI\mathrm{d}t} E_{电网}$$

$$E_{公路} = \frac{\int_{公路开始}^{公路结束} UI\mathrm{d}t}{\int_{移动开始}^{移动结束} UI\mathrm{d}t + \int_{试验开始}^{试验结束} UI\mathrm{d}t} E_{电网}$$

$$E_{\text{高速}} = \frac{\int_{\text{高速开始}}^{\text{高速结束}} UI \mathrm{d}t}{\int_{\text{移动开始}}^{\text{移动结束}} UI \mathrm{d}t + \int_{\text{试验开始}}^{\text{试验结束}} UI \mathrm{d}t} E_{\text{电网}}$$

式中，$E_{\text{电网}}$ 为充电期间来自电网的能量（W·h），U 为汽车运行时蓄电池端电压（V），I 为汽车运行时蓄电池端电流（A）。

续航里程的计算方式与①中相同。

5.2.3 混合动力电动汽车经济性试验

轻型混合动力电动汽车经济性试验车型为装用点燃式发动机或压燃式发动机、最大总质量不超过 3.5 t 的 M_1 类、M_2 类和 N_1 类混合动力电动汽车，旨在通过试验，量化具体的经济性指标，形成可横向比较的评价体系。依据的标准有：GB/T 19753—2021《轻型混合动力电动汽车能量消耗量试验方法》，GB 18352.6—2016《轻型汽车污染物排放限值及测量方法（中国第六阶段）》。

试验需要在室内使用测功机进行，要求实验室内部温度为 23 ℃，允许最大偏差为±5 ℃；要求实验室内部空气和发动机进气绝对湿度 H（水/干空气，g/kg）应满足 $5.5 \leqslant H \leqslant 12.2$；要求浸车区域温度控制目标为 23 ℃，允许的实际偏差为±3 ℃。温度的测量应保持±1.5 ℃的精度，且应以不大于 60 s 的采样间隔进行连续测量；绝对湿度 H 的测量分辨率为±1 g/kg（水/干空气），且应以不大于 1Hz 的频率连续测量。

试验所用仪器主要有冷却风机、底盘测功机、排气稀释系统及排放测量装置。其中，冷却风机应使用变速气流冷却试验汽车。风机出口处各设定点位置的空气线速度应比滚筒相应速度高 5 km/h。应保证风机出口处的空气线速度的偏差在±5 km/h 内，或滚筒速度对应车速的±10%以内，取其较大者。测功机应可使用 3 个道路载荷参数来模拟道路阻力，可以调整并拟合载荷曲线，且应具有一个或两个滚筒；双滚筒底盘测功机的滚筒之间应该永久耦合，或者通过前滚筒直接或间接驱动所有惯量和功率吸收装置；四驱控制系统按标准规定的测试循环进行试验时，还应满足前后滚筒行驶距离的差别应小于 WLTC 测试循环距离的 0.2%，在任意 200 ms 的时间内前后滚筒的行驶距离偏差应小于 0.1 m，以及所有滚筒的速度差应小于±0.16 km/h。排气稀释系统应至少包括连接管、混合装置、稀释通道、稀释空气处理装置、抽气装置和流量测量装置。排放测量装置应连续地将一定比例被稀释排气和稀释空气的样气收集起来以备分析，排放的气体污染物质量是由整个试验期间测得的按比例取样的样气的浓度和总容积确定的，且样气的浓度需修正环境空气中污染物的影响。

试验循环如 GB 18352.6—2016 附件 CA 所述的全球统一轻型车测试循环（WLTC），包括低速段（Low）、中速段（Medium）、高速段（High）和超高速段（Extra High）4 部分；或如 GB/T 38146.1—2019 附录 A 所述的中国轻型汽车行驶工况（CLTC，包括 CLTC-P 和 CLTC-C，其中 CLTC-P 适用于 M_2 类汽车，CLTC-C 适用于 N_1 类和最大设计总质量不超过 3 500 kg 的 M_2 类汽车），包括低速（1 部）、中速（2 部）和高速（3 部）3 部分。此附件中所有运行规定均适用于 CO_2、CO 和 HC 排放量的测量。如果没有任何模式可以使汽车在试验中跟随试验循环，则试验循环应根据 GB 18352.6—2016 中 CA.5 进行修正。

1. 试验选项

试验包括以下 4 个选项，如图 5-1 所示。
(1) 选项 1：单独进行电量消耗模式试验。
(2) 选项 2：单独进行电量保持模式试验。
(3) 选项 3：连续进行电量消耗模式试验和电量保持模式试验。
(4) 选项 4：连续进行电量保持模式试验和电量消耗模式试验。

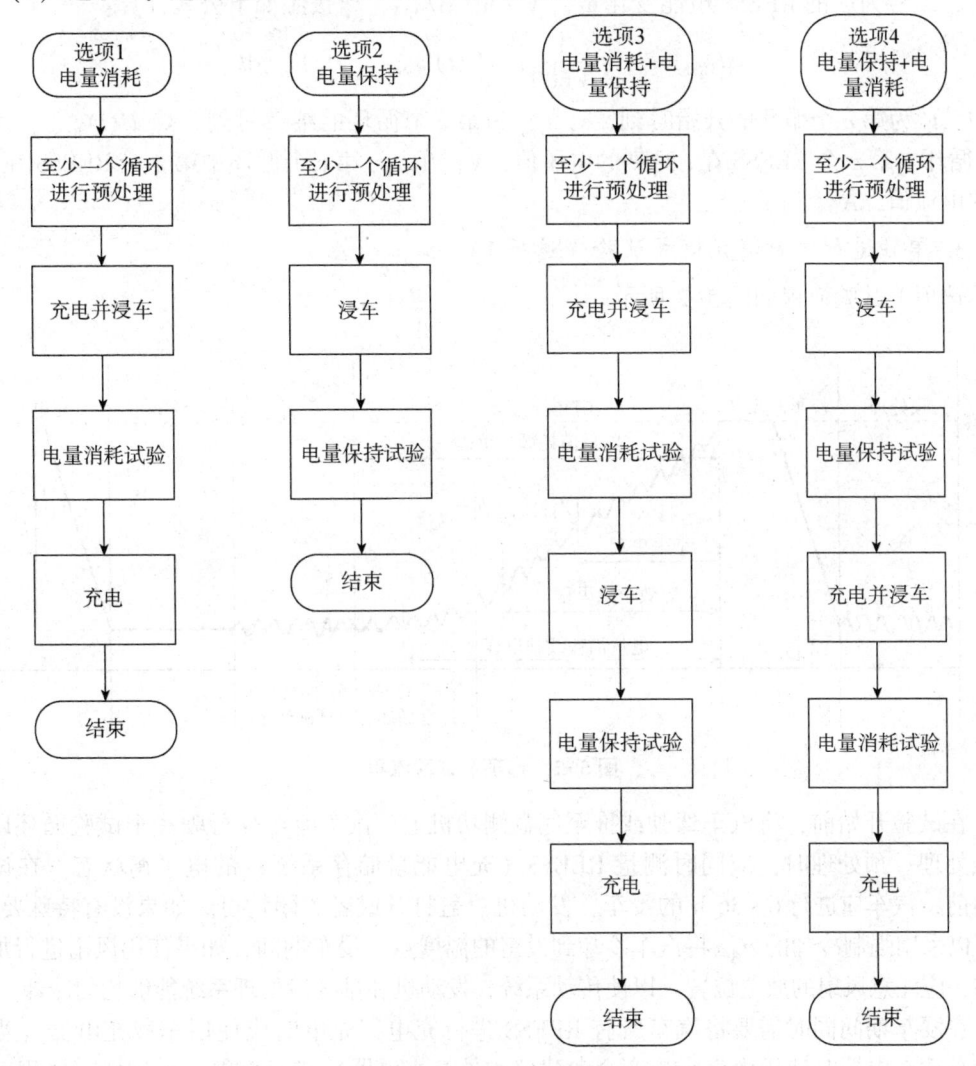

图 5-1　混合动力电动汽车能量消耗量试验选项

2. 试验终止判定条件

在测试汽车能量消耗量的试验中，汽车需要行驶多个循环，在每个循环中都需要进行终止判定，当相对电能变化量 $REEC_c<0.04$ 时，电量消耗模式试验达到终止判定条件。相对电能变化量 $REEC_c$ 按照如下公式计算：

$$REEC_c = \frac{|\Delta E_{REESS,c}|}{E_{cycle} \times \frac{1}{3\,600}}$$

式中，$REEC_c$ 为试验中第 c 个试验循环的相对电能变化量；c 为试验循环序号；E_{cycle} 为循环能量需求，根据 GB/T 18352.6—2016 中的 CE.5 计算，$W \cdot s$；$\Delta E_{REESS,c}$ 为试验第 c 个试验循环的所有 REESS 的电能变化量，$W \cdot h$。$\Delta E_{REESS,c}$ 按照如下公式计算：

$$\Delta E_{REESS,c} = \sum_{g=1}^{m} \Delta E_{REESS,g,c}$$

式中，g 为 REESS 的编号；m 为 REESS 的总数量；$\Delta E_{REESS,g,c}$ 为第 c 个试验循环的时间范围内，编号为 g 的 REESS 电能变化量，$W \cdot h$。$\Delta E_{REESS,g,c}$ 按照如下公式计算：

$$\Delta E_{REESS,g,c} = \frac{1}{3\,600} \int_{t_0}^{t_{end}} U(t)_{REESS,g,c} I(t)_{g,c} dt$$

式中，t_0 为第 c 个循环的开始时刻，s；t_{end} 为第 c 个循环的结束时刻，s；$U(t)_{REESS,g,c}$ 为第 c 个循环中第 g 个 REESS 在 t 时刻的电压值，V；$I(t)_{g,c}$ 第 c 个循环中第 g 个 REESS 在 t 时刻的电流值，A。

3. 单独进行电量消耗模式试验（选项1）

选项1试验流程如图5-2所示。

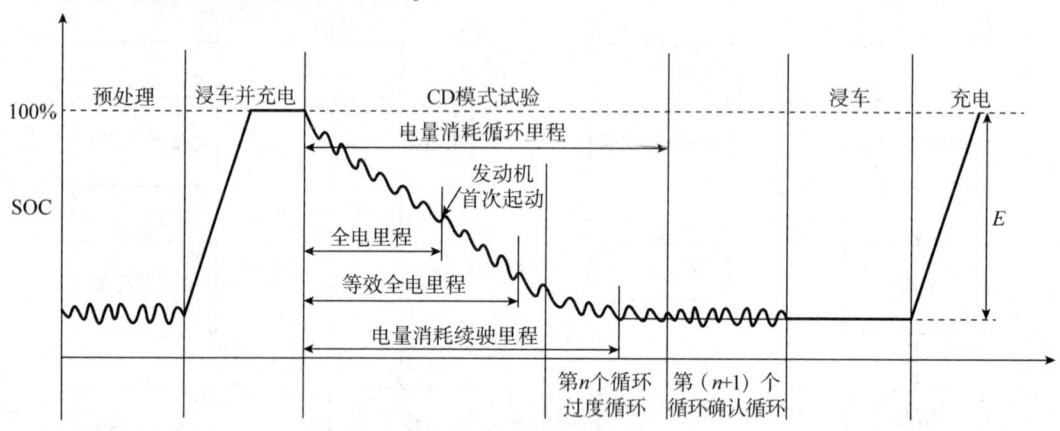

图 5-2 选项 1 试验流程

在试验开始前，将汽车驾驶或推至底盘测功机上。汽车应至少行驶一个试验循环以完成预处理。预处理时，应同时测量 REESS（充电能量储存系统）的电平衡状态。在试验开始前，汽车应进行 6~36 h 的浸车，发动机罩盖打开或者关闭均可。如果没有特殊要求，也可以采用强制冷却的方法将汽车冷却到设定的温度点。浸车期间，如果使用风扇进行加速冷却，应注意风扇的放置位置，以使传动系统、发动机和排气后处理系统能够均匀冷却。

在浸车期间同时需要将汽车所有 REESS 进行充电，充电时应使用车载充电器（当汽车无车载充电器时使用由汽车生产企业建议的外接充电器）进行充电，上述的充电程序不包括任何自动或手动启动的特殊充电程序，如均衡充电模式或维护模式。当车载或外部仪器显示 REESS 已完全充电时，判定为充电完成。如果车载或外部仪器发出明显的信号提示 REESS 没有充满，在这种情况下，最长充电时间为：3×汽车生产企业规定的 REESS 能量（kW·h）/供电功率（kW）。

试验开始时，在不启动发动机的情况下将汽车推到测功机上并将驱动轮固定在测功机上，发动机起动前，应将连接管连接到试验汽车的排气管上。起动汽车时，应按照生产企业说明书通过起动装置启动动力传动系统。在选择汽车行驶模式时，如果有主模式，且该模式可以使汽车在电量消耗模式试验跟随试验循环，则选择该模式；若没有主模式，或主模式不能使汽车在电量消耗模式试验跟随试验循环，则应选择可以使汽车在电量消耗模式试验跟随试验循环的模式或选择电量消耗最高的模式。并且要求实验过程及浸车前后，驾驶模式应保持一致。在试验中应以不低于 1 Hz 的频率记录实际车速。

电量消耗模式试验程序应包含多个连续的试验循环，循环之间的浸车时间应小于 30 min，重复试验循环，直至达到前文规定的终止判定条件为止。浸车期间应关闭动力传动系统，且不应对 REESS 进行充电，不准许在浸车期间关闭任何 REESS 的电流电压测试仪器。如果使用的是按时积分设备，则应在浸车期间保持设备的工作状态。浸车后，汽车应在规定的驾驶模式下继续运行。

试验结束后，汽车应在 120 min 内对所有 REESS 进行充电，充电步骤及充电结束条件与实验开始前充电过程一致。并且，需要使用安装于汽车插头和充电设备之间的电量测量设备对外部充入电量 E_{AC} 及充电时间进行测量和计算，充电完成后停止测量。

4. 单独进行电量保持模式试验（选项 2）

选项 2 试验流程如图 5-3 所示。

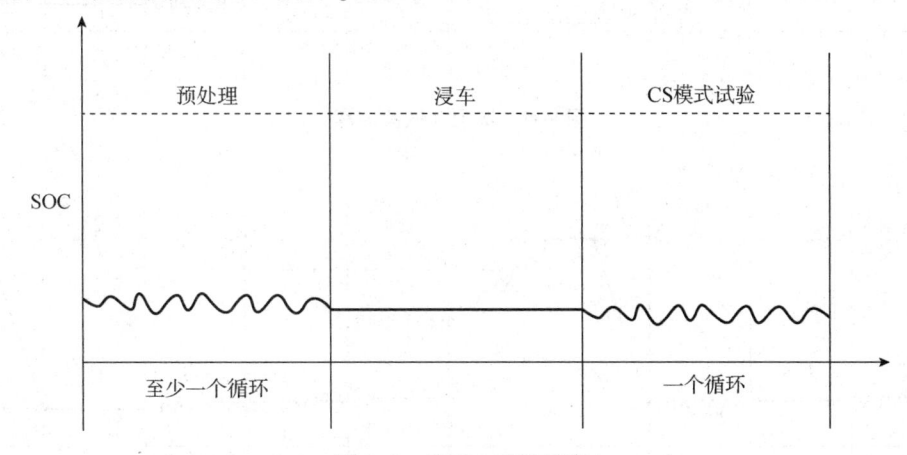

图 5-3　选项 2 试验流程

试验开始前，将汽车驾驶或推至底盘测功机上。汽车应至少行驶一个试验循环以完成预处理。预处理时，应同时测量 REESS 的电平衡状态，当满足前文的试验终止判定条件时，在当前试验循环结束时终止预处理。

完成预处理步骤后，需要对汽车进行浸车处理。在试验开始前汽车应进行 6～36 h 的浸车，发动机罩盖打开或关闭均可。如果没有特殊要求，也可以采用强制冷却的方法将汽车冷却到设定的温度点。浸车期间，如果使用风扇进行加速冷却，应注意风扇的放置位置，以使传动系统、发动机和排气后处理系统能够均匀冷却。

起动汽车时，应按照生产企业说明书通过起动装置起动动力传动系统。在选择汽车行驶模式时，如果有主模式，且该模式可以使汽车在电量保持模式试验跟随试验循环，则选择该模式；若没有主模式或主模式不能使汽车在电量保持模式试验跟随试验循环，且有其他模式可以使汽车在电量保持模式试验跟随试验循环，应选择该模式；若有多个模式可以使汽车在电量保持模式试验跟随试验循环，可以选择燃料消耗最高的模式进行试验，或者同时选择燃料消耗最高和最低的模式，并对试验结果取算数平均值；若没有任何模式可以使汽车在电量保持模式试验跟随试验循环，则试验循环应根据 GB 18352.6—2016 进行修正。要求实验过程及浸车前后，驾驶模式应保持一致。在试验中应以不低于 1 Hz 的频率记录实际车速。

试验中，汽车行驶一个试验循环，若循环过程中相对电能变化量达到试验终止判定条件，则试验无效，应重复进行连续试验，直至出现有效结果，并对燃料消耗量结果进行修正，修正方法将在后文详细介绍。

5. 连续进行电量消耗模式试验和电量保持模式试验（选项3）及连续进行电量保持模式试验和电量消耗模式试验（选项4）

选项3试验流程如图5-4所示，选项4试验流程如图5-5所示。

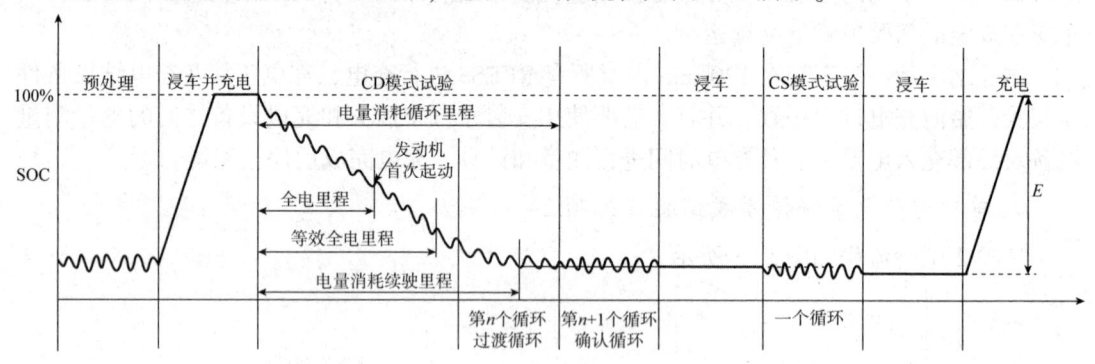

图5-4 选项3试验流程

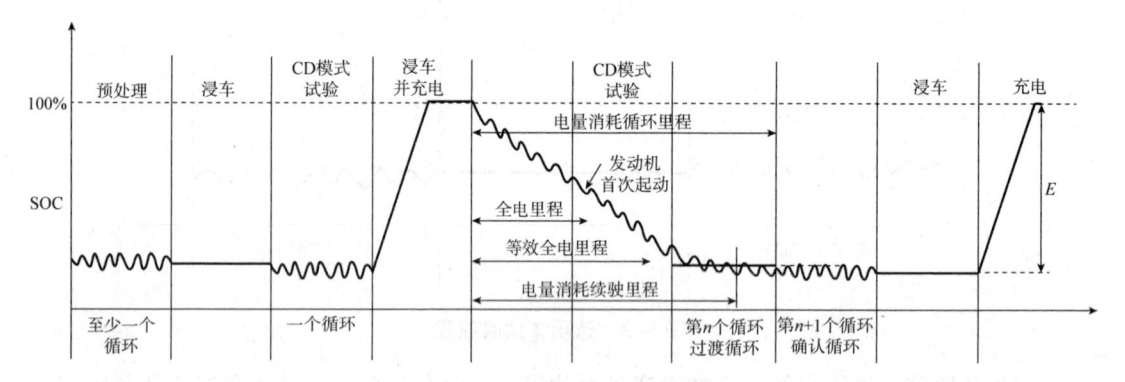

图5-5 选项4试验流程

在选项3和选项4中，电量消耗模式试验和电量保持模式试验均与单独进行试验时相同。

6. 对于OVC和NOVC车型的试验要求

对于OVC（可外接充电的混合动力电动汽车）车型，可以按照以下4个选项进行试验：

(1) 依次进行电量消耗模式试验和电量保持模式试验；

(2) 依次进行电量保持模式试验和电量消耗模式试验；

(3) 连续进行电量消耗模式试验和电量保持模式试验；

(4) 连续进行电量保持模式试验和电量消耗模式试验。

对于NOVC（不可外接充电的混合动力电动汽车）车型，需要按照电量保持模式试验的要求进行浸车，并单独进行电量保持模式试验，不进行电量消耗模式试验。

7. 电量消耗模式试验及电量保持模式试验油耗结果计算

电量保持模式试验燃料消耗量计算方式与电量消耗模式基本相同，这里主要以电量消耗模式试验油耗计算方式为例进行介绍。

公式使用的符号注解如下：c 为试验循环序号；p 为试验循环中各速度段；CD 为表征电量消耗模式下的值；i 为表征参数，与 CO 或 HC 排放关联；CO_2 表征参数与 CO_2 排放关联。

使用如下公式计算各速度段中气态污染物的排放质量：

$$M_{i,\text{phase}} = \frac{V_{\text{mix, phase}} \times \rho_i \times kH_{\text{phase}} \times C_{i,\text{phase}} \times 10^{-6}}{d_{\text{phase}}}$$

式中，phase 为各速度段；M_i 为污染物排放质量，g/km；V_{mix} 为稀释排期的容积（校正至标准状态 0.05 ℃ 和 101.33 kPa），L/试验；ρ_i 为在标准温度和压力（0.05 ℃ 和 101.33 kPa）下污染物 i 的密度，g/L；kH 为用于计算氮氧化物的排放质量的湿度修正系数；C_i 为稀释排气中污染物 i 的浓度，并用稀释空气中所含污染物 i 的浓度进行修正，1×10^{-6}；d 为试验循环的实际距离，km。C_i 的计算方式如下：

$$C_i = C_e - C_d \times \left(1 - \frac{1}{\text{DF}}\right)$$

式中，C_e 为稀释排气中测得的污染物 i 的浓度，1×10^{-6}；C_d 为稀释空气中测得的污染物 i 的浓度，1×10^{-6}；DF 为稀释系数。对于 B0 柴油，$\text{DF} = \dfrac{13.4}{C_{CO_2}+(C_{HC}+C_{CO})\times 10^{-4}}$，对于 E0 汽油，$\text{DF} = \dfrac{13.5}{C_{CO_2}+(C_{HC}+C_{CO})\times 10^{-4}}$。

整个电量消耗模式试验中各循环排放质量为：

$$M_{i,\text{CD},c} = K_i + \frac{\sum\limits_{p=n_p/n\cdot(c-1)+1}^{n_p/n\cdot c}(M_{i,\text{CD},p}\times d_p)}{\sum\limits_{p=n_p/n\cdot(c-1)+1}^{n_p/n\cdot c} d_p}$$

或

$$M_{i,\text{CD},c} = K_i \times \frac{\sum\limits_{p=n_p/n\cdot(c-1)+1}^{n_p/n\cdot c}(M_{i,\text{CD},p}\times d_p)}{\sum\limits_{p=n_p/n\cdot(c-1)+1}^{n_p/n\cdot c} d_p}$$

式中，$M_{i,\text{CD},c}$ 为第 c 个电量消耗试验循环中第 i 种排放物的质量；$M_{i,\text{CD},p}$ 为第 p 个速度段中第 i 种排放物的质量；d_p 为速度段 p 的行驶距离；K_i 为 GB 18352.6—2016 中附件 Q.3 规定的装有周期性再生系统车辆的电量消耗模式试验排放修正系数。

根据 HC、CO 及 CO_2 的排放量，可以利用碳平衡法计算得到一个试验循环种燃料消耗量，计算公式如下。

对于使用汽油的车辆：

$$FC_{\text{CD},c} = \frac{0.1155}{\rho}\times(0.866M_{HC}+0.429M_{CO}+0.273M_{CO_2})$$

对于使用柴油的车辆：

$$FC_{\text{CD},c} = \frac{0.1156}{\rho}\times(0.865M_{HC}+0.429M_{CO}+0.273M_{CO_2})$$

式中，$FC_{\text{CD},c}$ 为第 c 个循环种燃料消耗量，L/100 km；ρ 为试验燃料密度，kg/L；M_{HC} 为

计算出的 HC 排放质量，g/km；M_{CO} 为计算出的 CO 排放质量，g/km；M_{CO_2} 为计算出的 CO_2 排放质量，g/km。

电量消耗模式试验燃料消耗量为：

$$FC_{CD} = \frac{\sum_{c=1}^{n}(UF_c \cdot FC_{CD,c})}{\sum_{c=1}^{n}UF_c}$$

式中，FC_{CD} 为电量消耗模式试验燃料消耗量，L/100 km；n 为试验结束前包含最后一次循环在内的总行驶循环数量；UF_c 为第 c 个循环种的纯电利用系数。

在电量保持模式试验中，若循环过程中相对电能变化量达到试验终止判定条件，需要重新实验并对油耗量进行修正计算：

$$FC_{CS} = FC_{CS,c} - K_{fuel} \cdot EC_{CS}$$

式中，FC_{CS} 为修正后整个循环的燃料消耗量，L/100 km；$FC_{CS,c}$ 为修正前整个循环的燃料消耗量，其计算方法与前文相同，L/100 km；K_{fuel} 为整个循环的燃料消耗量修正系数，其具体计算方法在后文详细介绍；EC_{CS} 为整个循环的电量消耗量，W·h/km。

电量保持模式试验燃料消耗量为：

$$FC_{weighted} = \sum_{c=1}^{n}(UF_c \cdot FC_{CD,c}) + \left(1 - \sum_{c=1}^{n}UF_c\right)FC_{CS}$$

式中，$FC_{weighted}$ 为依据纯电利用系数计算得到的燃料消耗量，L/100 km；UF_c 为纯电利用系数；n 为在电量消耗模式下包含最后一个循环的总行驶循环次数。

纯电利用系数 UF_c 的计算如下：

$$UF_c(d_c) = 1 - \exp\left\{-\sum_{x=1}^{k}\left[C_x\left(\frac{d_c}{d_n}\right)^x\right]\right\} - \sum_{l=1}^{c-1}UF_l$$

$$UF_{CD} = 1 - \exp\left\{-\sum_{x=1}^{k}\left[C_x\left(\frac{R_{CDC}}{d_n}\right)^x\right]\right\}$$

式中，$UF_c(d_c)$ 为第 c 个试验循环的纯电利用系数；x 为指数参数序号；k 为指数参数序号；C_x 为第 x 个系数；d_c 为从试验开始至第 c 个试验循环结束时，汽车行驶的总距离，km；d_n 为两次充电间最大行驶里程，km；UF_{CD} 为电量消耗模式试验阶段的纯电利用系数；R_{CDC} 为电量消耗循环里程，km，其计算方式在后文详细介绍。

UF 确定参数如表 5-6 所示。

表 5-6　UF 确定参数

参数	基于出行总里程拟合结果	基于单日出行里程拟合结果
d_n	400	400
C_1	7.47	4.58
C_2	8.41	16.32
C_3	−160.37	−29.54
C_4	879.75	−37.03
C_5	−3 000.36	54.03

续表

参数	基于出行总里程拟合结果	基于单日出行里程拟合结果
C_6	6 905.94	92.06
C_7	−10 601.91	−14.69
C_8	10 320.15	−158.49
C_9	−5 722.58	−22.98
C_{10}	1 370.75	110

8. 电量消耗模式试验电量消耗量及续驶里程结果计算

电量消耗模式试验电量消耗量计算方式如下：

$$EC_{AC, CD} = \frac{\sum_{c=1}^{n}(UF_c \cdot EC_{AC, CD, c})}{\sum_{c=1}^{n}UF_c}$$

式中，$EC_{AC,CD}$ 为基于从外部获取的电量消耗模式试验的电量消耗量，$W \cdot h/km$；$EC_{AC,CD,c}$ 为基于从外部获取的电量消耗模式试验第 c 个试验循环的电量消耗量，$W \cdot h/km$。$EC_{AC,CD,c}$ 的计算公式如下：

$$EC_{AC, CD, c} = EC_{DC, CD, c} \cdot \frac{E_{AC}}{\sum_{c=1}^{n} \Delta E_{REESS, c}}$$

式中，E_{AC} 为试验中测量出的充电电量，$W \cdot h$；$EC_{DC,CD,c}$ 为在第 c 个试验循环中基于 REESS 电能变化量的电量消耗量，$W \cdot h/km$。$EC_{DC,CD,c}$ 的计算如下：

$$EC_{DC, CD, c} = \frac{\Delta E_{REESS, c}}{d_c}$$

式中，d_c 为汽车在第 c 个试验循环的行驶里程，km。

在电量消耗模式试验中，从试验开始直至发动机启动，汽车所行驶里程为全电里程 AER。若全电里程高于下文计算出的电量消耗续驶里程，取电量消耗续驶里程的计算结果作为汽车的全电里程。

等效全电里程按照下列公式计算：

$$EAER = \frac{FC_{CS} - FC_{CD, avg}}{FC_{CS}} \cdot R_{CDC}$$

式中，EAER 为等效全电里程，km；$FC_{CD,avg}$ 为电量消耗模式燃料消耗量的加权平均值，L/100 km，计算如下：

$$FC_{CD, avg} = \frac{\sum_{c=1}^{n}(FC_{CD, c} \cdot d_c)}{\sum_{c=1}^{n} d_c}$$

电量消耗模式里程按照下列公式计算：

$$R_{CDA} = \sum_{c=1}^{n-1} d_c + \frac{FC_{CS} - FC_{CD,n}}{FC_{CS} - FC_{CD,n-1,avg}} \cdot d_n$$

式中，$FC_{CD,n}$ 为电量消耗模式试验中第 n 个循环的燃料消耗量，L/100 km；d_n 为汽车在第 n 个电量消耗模式试验循环的燃料消耗量，L/100 km；$FC_{CD,n-1,avg}$ 为电量消耗模式前 $(n-1)$ 个试验循环燃料消耗量的加权平均值，L/100 km，计算如下：

$$FC_{CD,n-1,avg} = \frac{\sum_{c=1}^{n-1}(FC_{CD,c} \cdot d_c)}{\sum_{c=1}^{n-1} d_c}$$

9. 电量保持模式燃油消耗量修正方法

根据上文对电量保持模式试验流程的介绍，若循环过程中相对电能变化量达到试验终止判定条件，需要重新试验并对实验结果进行修正。

修正标准的计算方式如下：

$$c = \frac{|\Delta E_{REESS,CS}|}{E_{fuel,CS}}$$

式中，$\Delta E_{REESS,CS}$ 为电量保持模式试验 REESS 电能变化量；$E_{fuel,CS}$ 为电量保持模式试验消耗的燃料能量当量，W·h，计算如下：

$$E_{fuel,CS} = 10HV \cdot FC_{CS} \cdot d_{CS}$$

式中，HV 为燃料热值，汽油为 8.92，柴油为 9.85，kW·h/L；d_{CS} 为整个电量保持试验中汽车行驶里程，km。

当计算出的所有 REESS 电能变化量为负值且计算出的修正标准大于 0.005 时，需要进行修正。

修正系数的确定需要进行多次电量保持模式试验，且试验次数不得少于 5 次。在试验前，可以根据汽车生产企业的建议设置 REESS 的电量状态，但该设置只能以完成电量保持模式试验修正程序为目的，且设置前应得到检验机构的允许。

该组测量值应满足下列条件：

（1）应至少包含一次 $\Delta E_{REESS,g,c} \leq 0$ 和一次 $\Delta E_{REESS,g,c} \geq 0$ 的试验。

（2）拥有最高负电能变化量和拥有最高正电能变化量的两个试验，其燃料消耗量之差应不小于 0.2 L/100 km；

确定修正系数时，如果除（1）、（2）外还满足以下条件，则试验次数可减少到 3 次。

（3）任何两次连续试验中，由电能变化量转换为燃料消耗量的差值应不超过 0.4 L/100 km。

（4）拥有最高负电能变化量和拥有最高正电能变化量的两个试验，计算得到的修正标准 c 都大于 0.01。

（5）拥有最高负电能变化量的试验和中间值的燃料消耗量之差与中间值和拥有最高正电能变化量的试验之间的燃料消耗量之差应大致相同，对于中间值，计算得到的修正标准 c 不大于 0.01。

如果在至少 5 次的试验中没有满足（1）或（2），汽车生产企业应向检验机构进行解释说明。如果检验机构认为解释理由不充分，可要求追加试验。如果追加试验后仍不满足标准，检验机构将基于试验结果确定保守的替代修正系数。

燃料消耗量修正系数的计算方法如下：

$$K_{\text{fuel}} = \frac{\sum_{c'=1}^{n'} \left[(\text{EC}_{\text{CS},c'} - \text{EC}_{\text{CS,avg}})(\text{FC}_{\text{CS},c'} - \text{FC}_{\text{CS,avg}}) \right]}{\sum_{c'=1}^{n'} (\text{EC}_{\text{CS},c'} - \text{EC}_{\text{CS,avg}})^2}$$

式中，K_{fuel}为燃料消耗量修正系数，L/(100 W·h)；c'为试验序号；n'为试验总次数；$\text{EC}_{\text{CS},c'}$为第c'次试验的电量消耗量，W·h/km；$\text{FC}_{\text{CS},c'}$为第c'次试验的燃料消耗量，L/100 km；$\text{EC}_{\text{CS,avg}}$为$n'$次试验的平均电能消耗量，W·h/km；$\text{FC}_{\text{CS,avg}}$为$n'$次试验的平均燃料消耗量，L/100 km。

$\text{EC}_{\text{CS},c'}$的计算如下：

$$\text{EC}_{\text{CS},c'} = \frac{\Delta E_{\text{REESS,CS},c'}}{d_{\text{CS},c'}}$$

式中，$\Delta E_{\text{REESS,CS},c'}$为根据公式计算出的第$c'$次试验的电量变化量，W·h；$d_{\text{CS},c'}$为第$c'$次试验的行驶里程，km。

$\text{EC}_{\text{CS,avg}}$的计算如下：

$$\text{EC}_{\text{CS,avg}} = \frac{1}{n'} \sum_{c'=1}^{n'} \text{EC}_{\text{CS},c'}$$

$\text{FC}_{\text{CS,avg}}$的计算如下：

$$\text{FC}_{\text{CS,avg}} = \frac{1}{n'} \sum_{c'=1}^{n'} \text{FC}_{\text{CS},c'}$$

5.3 制动性

汽车行驶时能在短距离内停车且维持行驶方向稳定性和在下长坡时能维持一定车速的能力，称为汽车的制动性。汽车的制动性是汽车的主要性能之一。制动性直接关系到交通安全，重大交通事故往往与制动距离太长、紧急制动时发生侧滑等情况有关，故汽车的制动性是汽车安全行驶的重要保障。

新能源汽车在机械制动系统及制动效能的要求上与传统内燃机汽车相同，因此本节中新能源汽车的制动性评价及试验将参考传统内燃机汽车的相关内容。但是，新能源汽车相比于传统内燃机汽车增加了电制动系统，因此本节会增加相关的试验内容及标准。

5.3.1 制动性评价指标

汽车的制动性主要由下列3方面来评价。

（1）制动效能。制动效能是指在良好路面上，汽车以一定初速度制动到停车的制动距离或制动时汽车的减速度。

（2）抗热衰退性能。汽车高速行驶或下长坡连续制动时制动效能保持的程度，称为抗热衰退性能。

（3）制动时汽车的方向稳定性。制动时汽车的方向稳定性即制动时汽车不发生跑偏、侧滑及失去转向能力的性能，常用制动时汽车按给定路径行驶的能力来评价。

5.3.2 新能源汽车制动性试验

对于传统内燃机汽车，《机动车运行安全技术条件》（GB 7258—2017）规定，可使用道路试验法（简称"路试"）或台架试验法（简称"台试"）检测汽车制动性能。只要检测指标符合检测标准，即认为汽车制动性能合格。

对新能源汽车电制动部分的试验，目的是依据 QC/T 1089—2017《电动汽车再生制动系统要求及试验方法》、GB 21670—2008《乘用车制动系统技术要求及试验方法》以及 GB 18352.6—2016《轻型汽车污染物排放限值及测量方法（中国第六阶段）》对汽车的再生制动系统的制动效能恒定性和制动能量回收效能性能进行试验。试验将在室外跑道或室内底盘测功机进行，并需要使用对车速、时间、胎压、制动踏板力、距离、电流、电压的记录仪器。

1. 传统内燃机汽车的制动性能试验标准

根据 GB 7258—2017 规定，汽车行车制动性能和应急制动性能检测要求在平坦、硬实、清洁、干燥且附着系数不小于 0.7 的混凝土或沥青路面上进行。检测时，内燃机应与传动系统脱开，但对于采用自动变速器的汽车，其变速器换挡装置应位于驱动挡（D 位）。

1）行车制动性能检测标准

行车制动性能检测的直接指标有制动距离和充分发出的平均减速度；间接指标有制动稳定性和制动协调时间。制动距离是指汽车在规定的初速度下紧急制动时，从脚接触制动踏板（或手触动制动手柄）时起，至汽车停住时，汽车驶过的距离。制动稳定性是指在制动过程中汽车的任何部位（不计入车宽的部位除外）都不允许超出规定宽度的试验通道边缘线。汽车在规定初速度下的制动距离和制动稳定性应符合表 5-7 的规定。

表 5-7 路试检测的制动距离和制动稳定性要求

汽车类型	制动初速度 /(km·h^{-1})	空载检测制动距离要求/m	满载检测制动距离要求/m	试验通道宽度/m
三轮汽车	20	≤5.0		2.5
乘用车	50	≤19.0	≤20.0	2.5
总质量不超过 3 500 kg 的低速客车	30	≤8.0	≤9.0	2.5
其他质量不超过 3 500 kg 的汽车	50	≤21.0	≤22.0	2.5
铰接客车、铰接式无轨电车、汽车列车	30	≤9.5	≤10.5	3.0
其他汽车	30	≤9.0	≤10.0	3.0

汽车制动时充分发出的平均减速度 d_m 可表达为：

$$d_m = \frac{v_b^2 - v_e^2}{25.92(S_e - S_b)}$$

式中，d_m 为充分发出的平均减速度，m/s^2；$v_b = 0.8v_0$，为制动初速度，km/h，v_0 为试验汽车制动初速度，km/h；$v_e = 0.1v_0$，为制动末速度，km/h；S_b 为试验车速从 v_0 到 v_b，汽车行驶的距离，m；S_e 为试验车速从 v_0 到 v_e，汽车行驶的距离，m。

此外，GB 7258—2017 中对制动性能检测时的制动踏板力或制动气压作了如下要求。

（1）满载检测。对于气压制动系统，要求气压表的指示气压不超过额定工作气压；对于液压制动系统，要求乘用车的踏板力不大于 500 N，其他汽车的踏板力不大于 700 N。

（2）空载检测。对于气压制动系统，要求气压表的指示气压不大于 600 kPa；对于液压制动系统，要求乘用车的踏板力不大于 400 N，其他汽车的踏板力不大于 450 N。汽车在符合上述规定的制动踏板力或制动气压下的路试行车制动性能，只要符合表的制动距离或制动减速度要求之一，即合格。

2）应急制动性能检测标准

汽车（三轮汽车除外）在空载和满载状态下，按表 5-8 所示的制动初速度进行应急制动性能检测，应急制动性能应符合表 5-8 的要求。

表 5-8　路试检测的应急制动性能要求

汽车类型	制动初速度 /(km·h^{-1})	制动距离/m	充分发出的平均减速度/(m·s^{-2})	允许操纵力/N 手操纵	允许操纵力/N 脚操纵
乘用车	50	≤38.0	≥2.9	≤400	≤500
客车	30	≤18.0	≥2.5	≤600	≤700
其他汽车（三轮汽车除外）	30	≤20.0	≥2.2	≤600	≤700

2. 传统内燃机汽车的制动性能道路试验

汽车制动性能道路试验主要包括磨合试验、0 型试验（冷态制动性能试验）、Ⅰ型试验（热衰退和恢复试验）、传输装置失效后的剩余制动性能试验、应急制动性能试验、对于商用汽车的Ⅱ型试验（下坡工况试验）或ⅠA 型试验（缓速器制动性能试验）与 O 类汽车的制动性能试验，以及装有防抱死制动系统（Antilock Brake System，ABS）的制动性能试验等。

我国汽车制动性能道路试验主要按照的标准有：GB 21670—2008《乘用车制动系统技术要求及试验方法》、GB 12676—2014《商用汽车和挂车制动系统技术要求及试验方法》、GB/T 13594—2003《机动车和挂车防抱制动性能和试验方法》。

其中，GB 21670—2008《乘用车制动系统技术要求及试验方法》主要适用于 M_1 类汽车；GB 12676—2014《商用汽车和挂车制动系统技术要求及试验方法》主要适用于 M_2 类、M_3 类、N 类机动汽车与 O 类挂车。GB/T 13594—2003《机动车和挂车防抱制动性能和试验方法》主要适用于装备防抱死制动系统的 M 类、N 类汽车和 O 类挂车。

在进行制动性能道路试验时，应先进行静态检查，后进行动态试验。在进行动态试验时，推荐先进行空载试验，后进行满载试验。对于乘用车，Ⅰ型试验应在其他所有动态试验项目完成后进行。表 5-9 为 M 类和 N 类汽车制动性能试验条件和要求。

表 5-9　M 类和 N 类汽车制动性能试验条件和要求

汽车类型		M_1	M_2	M_3	N_1	N_2	N_3
试验类型		0	0、Ⅰ	0、Ⅰ、Ⅱ 或ⅡA	0、Ⅰ	0、Ⅰ	0、Ⅰ、Ⅱ 或ⅡA
内燃机脱开的0型试验	$v/(\mathrm{km \cdot h^{-1}})$	100	60	60	80	60	60
	S/m	$\leq 0.1v+0.006v^2$			$\leq 0.15v+v^2/130$		
	$d_m/(\mathrm{m \cdot s^{-2}})$	≥ 6.43			≥ 5.0		
	F/N	65~500			≤ 700		
内燃机接合的0型试验	$v=80\%v_{max}$	≤ 160	≤ 100	≤ 90	≤ 120	≤ 100	≤ 90
	S/m	$\leq 0.1v+0.0067v^2$			$\leq 0.15v+v^2/130.5$		
	$d_m/(\mathrm{m \cdot s^{-2}})$	≥ 5.76			≥ 4.0		
	F/N	65~500			≤ 700		

注：v 为规定的试验车速；S 为制动距离；d_m 为充分发出的平均减速度；F 为制动踏板力；v_{max} 为最高车速。

在进行各项制动性能试验前，应按制造商的规定对汽车进行磨合行驶。如果制造商未对磨合行驶做出具体规定，则可按下列方法进行磨合行驶。

对于乘用车：汽车满载，以最高车速的 80%（≤120 km/h）作为初速度，以 3 m/s² 的减速度开始制动，当速度降至初速度的 50% 时，松开制动踏板，并加速至初速度，重复试验。磨合总次数为 200 次。如果因条件限制不能连续完成 200 次，则可根据具体情况调整试验次数。

对于商用车：磨合试验制动初速度为 60 km/h，制动末速度约为 20 km/h。若为全盘式制动系统，则先以约 2 m/s² 的制动减速度进行 30 次制动，然后以 4 m/s² 的制动减速度进行 30 次制动；若为前盘后鼓式（或全鼓式）制动系统，则先以约 2 m/s² 的制动减速度进行 100 次制动，然后以 4 m/s² 的制动减速度进行 100 次制动。在磨合过程中，制动盘、制动鼓的温度均不应超过 200 ℃。

1）0 型试验（冷态制动性能试验）

试验前，制动器应处于冷态，即在制动盘或制动鼓摩擦表面测得的温度应低于 100 ℃。

（1）内燃机脱开的 0 型试验。

该试验按表 5-9 中各车型规定的车速进行。对因最高设计车速限制而不能达到规定车速的汽车，可用试验时所能达到的最高车速进行试验。试验时，在附着条件良好的水平路面上，将汽车加速至试验规定车速以上 5 km/h，脱开挡位，在车速下降至试验规定车速时，全力进行行车制动。

重复上述制动过程，确认汽车在未发生车轮抱死的情况下所能达到的最佳制动性能符合要求。

（2）内燃机接合的 0 型试验。

对于乘用车，该项试验仅适用于最高车速 $v_{max}>125$ km/h 的汽车。试验按表 5-9 中规定的车速进行；对 $v_{max}>200$ km/h 的汽车，试验车速取 160 km/h。

试验时，在附着条件良好的水平路面上将汽车加速至试验规定车速以上 5 km/h，采用相应的最高挡行驶，松开加速踏板但保持挡位不变，在车速下降至试验规定车速时进行行车制动。采用的制动控制力（或管路压力）与内燃机脱开的 0 型试验接近。制动控制力应在整个制动过程中保持恒定，确保达到最大的制动强度且不会发生车轮抱死。

对于商用车，该项试验应在表 5-9 所示的各种车速下进行，最低试验车速为汽车最高设计车速的 30%，最高试验车速为汽车最高设计车速的 80%。

2）Ⅰ型试验（热衰退和恢复试验）

在试验开始前首先采用最高挡，以表 5-10 规定的初速度 v_1 进行两次内燃机脱开的 0 型试验，确定汽车满载时产生 3 m/s² 的减速度所需的控制力或管路压力，同时确认车速能在规定的时间 t 内从 v_1 下降至 v_2。然后，以上述确定的力在车速为 v_1 时开始制动，使汽车产生 3 m/s² 的平均减速度；在车速下降至 v_2 时，解除制动，选择最有利的挡位使车速快速降低到 0；在最高挡维持该车速至少 10 s，再次制动并确认两次制动开始之间的时间间隔等于 Δt。时间测量装置应在第一次制动操作时起动或重新设置。

重复上述"制动-解除制动"过程，制动次数如表 5-10 所示。

表 5-10 加热试验条件

汽车类别	试验条件			
	制动初速度 v_1	车辆设计最高车速 v_1	制动循环周期 $\Delta t/s$	制动次数 $N/$次
M_2	80%v_{max}≤120	$v_1/2$	45	15
M_1	80%v_{max}≤100	$v_1/2$	55	15
N_1	80%v_{max}≤120	$v_1/2$	55	15
M_1、N_1、N_3	80%v_{max}≤60	$v_1/2$	60	20

注：v_{max} 为汽车的最高设计车速；Δt 为从一次制动开始到下一次制动开始所经历的时间。

在上述加热过程最后一次制动结束后，立即加速至 0 型试验车速，进行内燃机脱开的 0 型试验。

所使用的平均控制力不应超过满载 0 型试验中实际使用的控制力，确认汽车在未发生车轮抱死的情况下至少能达到满载 0 型试验实际性能的 60% 和 0 型试验规定性能的 75%（商用车为 80%）。如汽车在 0 型试验控制力下能达到 0 型试验实际性能的 60%，但不能达到规定性能的 75%，则可采用不超过 500 N（商用车为 700 N）的更高的控制力进一步试验。

热态性能试验结束后，立即在内燃机接合的情况下，以 3 m/s² 的平均减速度从 50 km/h 的车速进行 4 次停车制动。各次制动的起点之间允许有 1.5 km 的距离。每次制动结束后，立即在最短的时间内加速至 50 km/h，并保持该车速直至进行下次制动。

在最后一次恢复过程制动结束后，立即加速至 0 型试验车速，进行内燃机脱开的 0 型试验；确认汽车在未发生车轮抱死的情况下能达到满载 0 型试验实际性能的 70%，但不超过 150%。

当完成试验后，使制动器冷却到环境温度，确认制动器未发生黏合。对于装有自动磨损补偿装置的汽车，应在最热的制动器冷却降温至 100 ℃ 时，检查其车轮是否能自由转动。对于商用车，Ⅰ型试验只需做热衰退试验。

3) 应急制动性能试验

应急制动性能试验应以一定的初速度，按内燃机脱开的 0 型试验条件进行。

对于乘用车，应急制动初速度为 100 km/h，制动控制力为 65～500 N。对于因最高设计车速限制而不能达到规定试验车速的汽车，可以以试验时所能达到的最高车速进行试验。

对于商用车，应急制动初速度规定：M_2 和 M_3 类车为 60 km/h；N_1 类车为 70 km/h；N_2 类车为 50 km/h；N_3 类车为 40 km/h。

设初速度为 v，则应急制动的制动距离 S 和充分发出的平均减速度 d_m，应满足下列要求：

对于 M_1 类汽车，$S \leq 0.15v+0.0158v^2$，$d_m \geq 2.44 \text{ m/s}^2$；

对于 M_2、M_3 类汽车，$S \leq 0.15v+(2v^2/130)$，$d_m \geq 2.5 \text{ m/s}^2$；

对于 N 类汽车，$S \leq 0.15v+(2v^2/115)$，$d_m \geq 2.2 \text{ m/s}^2$；

对于商用车，制动采用手控装置时，控制力应不大于 600 N；制动采用脚控装置时，控制力应不大于 700 N。此外，应急制动试验应模拟行车制动系统的实际失效状态进行。

4) 防抱死制动系统性能试验

装有防抱死制动系统的汽车，还应按 GB/T 13594—2003《机动车和挂车防抱制动性能和试验方法》相关规定进行防抱死制动系统性能试验。

将附着系数利用率 ε 定义为防抱死制动系统工作时的最大制动强度 z_{AL} 和附着系数 k 的商，即：

$$\varepsilon = z_{AL}/k$$

式中，z_{AL} 为最大制动强度；k 为轮胎与路面间的附着系数。

试验要求在汽车满载和空载两种状态下，在附着系数小于或等于 0.3 和约为 0.8（干路面）的两种路面上进行。为消除制动器温度不同的影响，应在测定附着系数 k 前，先测定最大制动强度 z_{AL}。

(1) 最大制动强度 z_{AL} 的测定。

试验时，接通防抱死制动系统，踩下制动踏板，确认每个制动器都正常工作。然后以 55 km/h 的初速度制动，测定速度从 45 km/h 下降至 15 km/h 的时间 t'。在制动过程中，应保证防抱死制动系统全循环。根据 3 次试验的平均值 t'_m，计算防抱死制动系统工作时最大制动强度 z_{AL} 为：

$$z_{AL} = 0.849 t'_m$$

(2) 附着系数 k 的测定。

试验前，脱开防抱死制动系统或使其不工作，仅对试验汽车的单根车轴（桥）进行制动，试验初速度为 50 km/h。为达到最大制动性能，应使制动力在该车轴的车轮间均匀分配。控制力在制动作用期间应保持不变，车速低于 20 km/h 时，允许车轮抱死。

试验时，逐次增加管路压力，进行多次试验，测定车速从 40 km/h 降到 20 km/h 所经历的时间 t。

从 t 的最小测量值 t_{min} 开始，在 t_{min} 和 $1.05 t_{min}$ 之间选择 3 个 t 值（包括 t_{min}），取其算术平均值 t_m（如不能得到 3 个 t_m 值，则可用 t_{min} 代替 t）来计算防抱死制动系统不工作时的最大制动强度 z_m，即：

$$z_m = 0.566/t_m$$

用同样的方法对其他车轴重复进行试验。

根据测得的制动强度和未制动车轮的滚动阻力计算制动力和动态轴荷。驱动桥和非驱动桥的滚动阻力分别为其静载轴荷的15%和10%。以后轴驱动的两轴车为例：

前轴制动时，最大制动力 $F_{bf} = z_{mf}mg - 0.015F_2$。此时，前轴动态轴荷为：

$$F_{fdyn} = F_1 + \frac{h}{L}z_{mf}mg$$

后轴制动时，最大制动力 $F_{bf} = z_{mf}mg - 0.010F_1$。此时，后轴动态轴荷为：

$$F_{rdyn} = F_2 - \frac{h}{L}z_{mr}mg$$

式中，m 为试验汽车的质量，kg；$g=9.81 \text{ m/s}^2$ 为重力加速度；F_1 为路面对试验汽车前轴的法向静态反力，N；F_2 为路面对试验汽车后轴的法向静态反力，N；h 为试验汽车的质心高度，mm；L 为试验汽车的轴距，mm；z_{mf} 为只对前轴制动时的最大制动强度；z_{mr} 为只对后轴制动时的最大制动强度。

分别计算前、后轴附着系数 k_f、k_r 和整车附着系数 k_M，k 值应调整至千分位。
前轴附着系数 k_f 为：

$$k_f = \frac{z_{mf}mg - 0.015F_2}{F_1 + \frac{h}{L}z_{mf}mg}$$

后轴附着系数为：

$$k_r = \frac{z_{mf}mg - 0.010F_1}{F_2 - \frac{h}{L}z_{mr}mg}$$

对于装备1类、2类防抱死制动系统的汽车，整车附着系数 k_M 为：

$$k_M = \frac{k_f F_{fdyn} + k_r F_{rdyn}}{mg}$$

对装备3类防抱死制动系统的汽车，按上述要求对至少有一个直接控制车轮的每根车轴（桥）分别测定附着系数 k_i。

3. 不同SOC条件下汽车制动效能恒定性试验

选取汽车分别处于以下3种状态来进行试验：汽车完成充电或SOC在95%以上、汽车放电完成1/3等速续驶里程、汽车放电完成2/3等速续驶里程。

本试验规定的制动初速度为汽车最高车速的80%，且不能超过60 km/h。此外，汽车应处于空载状态。

试验时，首先确认温度最高的车轴上的行车制动器的平均温度为65~100 ℃，并在附着系数良好的水平路面上，将汽车加速到试验规定车速以上5 km/h，在车速下降到试验规定车速时全力进行行车制动。若试验汽车的电传动系统与车轮无法脱开，则需要在电传动系统结合的条件下进行。

汽车从规定初速度制动到10 km/h过程中，车轮不应发生抱死，记录制动过程汽车行驶距离 S_1 及制动过程汽车平均减速度 a。

开启制动能量回收功能，重复上述试验，并根据试验结果计算得出这3种情况下的平均减速度 a 及其标准差 S 和平均值 a_m。

$$S = \sqrt{\sum_{i=1}^{n} \frac{(x_i - \bar{x})^2}{n-1}}$$

将标准差 S 与平均值 a_m 的比值，定义为不同 SOC 下电动汽车制动试验中的平均减速度 a 变异系数 C_v，即 $C_v=S/a_m$。

4. 再生制动系统制动能量回收效能试验

试验汽车、场地、磨合等按照 GB/T 18386—2017 中规定的要求。

本试验分为等速法试验和工况法试验，先进行等速法试验，当该试验结果被认定为有效时，再进行工况法试验。

1）等速法试验

首先开启制动能量回收功能，以某一车速（60~80 km/h）进行等速法试验，记录试验汽车驶过的距离 D_0。之后关闭制动能量回收功能，以同样的车速进行等速法试验，记录试验汽车驶过的距离 D_0'。若 $(D_0-D_0')/D_0' \leqslant 3\%$ 则宣布此次试验结果有效，否则无效。

2）工况法试验

首先开启制动能量回收功能，按照 GB/T 18386—2017 的试验方法进行试验，实时测量动力蓄电池的母线电流和电压，并将回馈电流记为 I_1，总电流记为 I，动力蓄电池两端的电压记为 U，在试验循环结束时，记录试验汽车驶过的距离 D_1。之后关闭制动能量回收功能，重复以上过程。在试验循环结束时，记录试验汽车驶过的距离 D_2。

回收的制动能量的计算方法为：

$$E_{制回} = \frac{\int IU \mathrm{d}t}{3600 \times 1\ 000} E$$

式中，$E_{制回}$ 为汽车减速过程中，由再生制动系统回收，最终回馈至可充电储能系统的电能，kW·h；I 为汽车减速过程中，回馈至可充电储能系统总线的电流，A；U 为汽车减速过程中，可充电储能系统两端的电压，V；E 为馈电系数。

最大理论值制动能量的计算方法为：

$$E_{理制} = E_{动减} - \int v(A + Bv + Cv^2) \mathrm{d}t$$

式中，$E_{理制}$ 为试验循环内汽车减速过程中所需施加的制动能量，kW·h；v 为试验循环内汽车减速过程中的车速，km/h；A、B、C 为汽车滑行系数，由厂家或试验所按照 GB 18352.6—2016《轻型汽车污染物排放限值及测量方法》附件 CC 中规定的滑行方法进行滑行试验得到；$E_{动减}$ 为试验循环内汽车减速过程中的动能减少量，kW·h，其计算方式为：

$$E_{动减} = \frac{1}{2} m \frac{v_1^2 - v_2^2}{3.6^2 \times 3600 \times 1\ 000}$$

式中，m 为汽车基准质量；v_1、v_2 为试验循环内汽车减速过程中前一时刻和后一时刻的车速，km/h。

制动能量回收率是指汽车减速过程中，由再生制动系统回收，最终回馈至充电储能系统的能量（$E_{制回}$）与汽车减速过程中所需施加的制动能量（$E_{理制}$）之间的比值。

续驶里程贡献率是指相同试验条件下，开启与关闭制动能量回收功能时电动汽车运行里程的差值（D_1-D_2），与关闭制动能量回收功能时的运行里程 D_2 的比值：

$$P = \frac{D_1 - D_2}{D_2} \times 100\%$$

能量消耗率贡献率是指在相同汽车状态、试验工况、环境条件下，关闭与开启制动能量回收时能量消耗率的差值（w_2-w_1），与开启制动能量回收功能时的能量消耗率（w_1）

的比值：

$$P_{能量消耗} = \frac{w_2 - w_1}{w_1} \times 100\%$$

5.4 操控稳定性

汽车的操纵稳定性是指在驾驶员不感到过分紧张、疲劳的条件下，汽车能遵循驾驶员通过转向系及转向车轮给定的方向行驶，且当遭遇外界干扰时，汽车能抵抗干扰而保持稳定行驶的能力。汽车的操纵稳定性不仅影响汽车驾驶的操纵方便程度，而且是决定高速汽车安全行驶的一个主要性能，所以人们称之为"高速汽车的生命线"。

新能源汽车由于在悬架及转向机构方面与传统内燃机汽车基本类似，因此对于新能源汽车操控稳定性的评价指标及试验方法也可以参考传统内燃机汽车。

5.4.1 汽车操控稳定性的评价指标

汽车操纵稳定性涉及的问题较为广泛，与前面讨论过的几个性能有所不同，它需要采用较多的物理参量从多方面来进行评价。在汽车操纵稳定性的研究中，常把汽车作为一个控制系统，求出汽车曲线行驶的时域响应与频域响应，并用它们来表征汽车的操纵稳定性能。

汽车曲线行驶的时域响应系指汽车在转向盘输入或外界侧向干扰输入下的侧向运动响应。转向盘输入有两种形式：给转向盘作用一个角位移，称为角位移输入，简称角输入；给转向盘作用一个力矩，称为力矩输入，简称力输入。驾驶员在实际驾驶汽车时，对转向盘的这两种输入是同时加入的。外界侧向干扰输入主要是指侧向风与路面不平产生的侧向力。

横摆角速度频率响应特性是转向盘转角正弦输入下，频率由 $0 \to \infty$ 时，汽车横摆角速度与转向盘转角的振幅比及相位差的变化规律。它是另一个重要的表征汽车操纵稳定性的基础特性。

汽车的直线行驶性能也是评价汽车操纵稳定性的另一个重要方面。其中，侧向风敏感性与路面不平敏感性是汽车直线行驶时在外界侧向干扰输入下的时域响应。

典型行驶工况性能是指汽车通过某种模拟典型驾驶操作的通道的性能。它们能更如实地反映汽车的操纵稳定性。

极限行驶性能是指汽车在处于正常行驶与异常危险运动之间的运动状态下的特性。它表明了汽车安全行驶的极限性能。

5.4.2 新能源汽车操纵稳定性试验

汽车操纵稳定性的评价方法主要有主观评价和客观评价两种。主观评价就是感觉评价，让评价人员根据试验时的感觉进行评价，并按规定的项目和评分办法进行评分。客观评价是通过测试仪器测出表征性能的物理量，如横摆角速度、侧向加速度和侧倾角等，来进行评价。研究汽车车身特性的开路系统试验只采用客观评价法，研究人-汽车闭路系统的试验常同时采用客观评价与主观评价两种方法。

汽车操纵稳定性试验项目较多，总体可分为两类试验，即室内台架试验和道路试验。室内台架试验主要用于测定和评价有关操纵稳定性的汽车基本特性，如质量分配、质心高度等。对汽车操纵稳定性的主要道路试验，我国现行国家标准主要包括表 5-11 所示的 3 项试验。

表5-11 操纵稳定性主要道路试验项目的适用范围和试验汽车载荷状态

试验名称		适用范围	试验汽车载荷状态
蛇行试验		M类、N类和 G类汽车	额定最大装载质量
转向瞬态 响应试验	转向盘转角阶跃输入试验		额定最大装载质量和 轻载两种状态
	转向盘转角脉冲输入试验		

试验所需仪器有测速仪,转向盘力矩、转向盘转角测量仪,汽车操纵稳定性测试仪,秒表,多通道数据采集系统。

在试验前,首先需要对汽车进行检查和准备。

需要测定车轮定位参数,对转向系、悬架系进行检查、调整和紧固,并按规定进行润滑。只有认定试验汽车已符合厂方规定的技术条件,方可进行试验。若采用新轮胎试验,试验前至少应经过200 km正常行驶的磨合;若用旧轮胎,试验终了时残留轮胎胎冠花纹深度应不小于16 mm。轮胎气压应符合汽车出厂技术要求。试验前,以试验车速直线行驶10 km,或者沿半径为15 m的圆周、以侧向加速度达3 m/s^{2}的相应车速行驶500 m(左转与右转各进行一次),使轮胎升温。

蛇行试验时,汽车载荷状态为汽车最大设计总质量;转向瞬态响应试验(转向盘转角阶跃输入、转向盘转角脉冲输入)时,汽车载荷状态为最大设计总质量和轻载两种状态。

其中,轻载状态是指汽车整备质量状态除驾驶员、试验员及仪器外,没有其他加载物的状态。对于承载能力小的汽车,如果轻载质量已超过最大总质量的70%,则不必进行轻载状态的试验。N类汽车的装载物(推荐用砂袋)均匀分布于货箱内;M类汽车的装载物(或假人)分布于座椅和地板上,其比例应符合汽车出厂技术要求。轴载质量必须符合厂方规定。

试验应在干燥、平坦而清洁的,用混凝土或沥青铺装的路面进行,任意方向的坡度不应大于2%。对于转向盘中心区操纵稳定性试验,坡度应不大于1%。试验场地风速不应大于5 m/s,大气温度在0~40 ℃范围内。

1. 蛇行试验

蛇行试验目的是评价汽车的随动性、收敛性、方向操纵轻便性及事故可避免性等。在保证安全的前提下,试验应以尽可能高的车速进行,以检测汽车在接近侧滑或侧翻工况下的操纵性能。该试验也常用作汽车操纵性对比时主观评价的一种感觉试验。

本项试验需要测量的变量有转向盘转角、横摆角速度、车身侧倾角、通过有效标桩区时间和侧向加速度。试验仪器包括转向盘力矩、转向盘转角测量仪,汽车操纵稳定性测试仪,秒表,多通道数据采集系统。

首先需要进行试验前准备,在试验场地上按图5-6及表5-12的规定布置标桩10根,并接通仪器电源使之预热到正常工作温度。

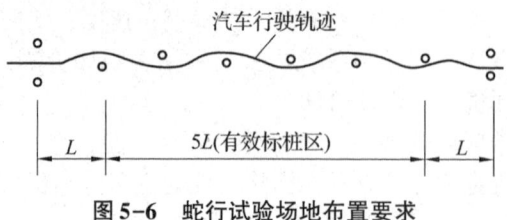

图5-6 蛇行试验场地布置要求

表 5-12 不同车型的蛇行试验要求

汽车类型	标桩间距 L/m	基准车速/(km·h^{-1})
M_1 类、N_1 类和 M_1G、N_1G 类汽车	30	50
M_2 类、N_2 类和 M_2G、N_2G 类汽车	30	50
M_3 类及最大总质量≤15 t 的 N_3 类和 M_3G、N_3G 类汽车	50	60
M_3 类（铰接客车）及最大总质量>15 t 的 N_3 类和 M_3G、N_3G 类汽车	50	50

首次试验时，试验车速为表 5-12 所规定的基准车速的 1/2 并四舍五入为 10 的整数倍，以该车速稳定直线行驶，在进入试验区段之前，记录各测量变量的零线，然后按图 5-6 所示路线蛇行通过试验路段，同时记录各测量变量的时间历程曲线及通过有效标桩区的时间。

逐步提高试验车速，重复上述试验 10 次，但最高车速不超过 80 km/h。

第 i 次试验的蛇行车速按使用下式进行计算：

$$v_i = \frac{3.6L(N-1)}{t_i}$$

式中，v_i 为第 i 次试验的蛇行车速，km/h；L 为标桩间距，m；$N=6$ 为有效标桩区起始至终了的标桩数；t_i 为第 i 次试验通过有效标桩区的时间，s。

第 i 次试验的平均转向盘转角使用下式进行计算：

$$\theta_i = \frac{1}{4}\sum_{j=1}^{4}|\theta_{ij}|$$

式中，θ_i 为第 i 次试验的平均转向盘转角，(°)；θ_{ij} 为在有效标桩区内，转向盘转角-时间历程曲线的峰值，(°)，如图 5-7（a）所示。

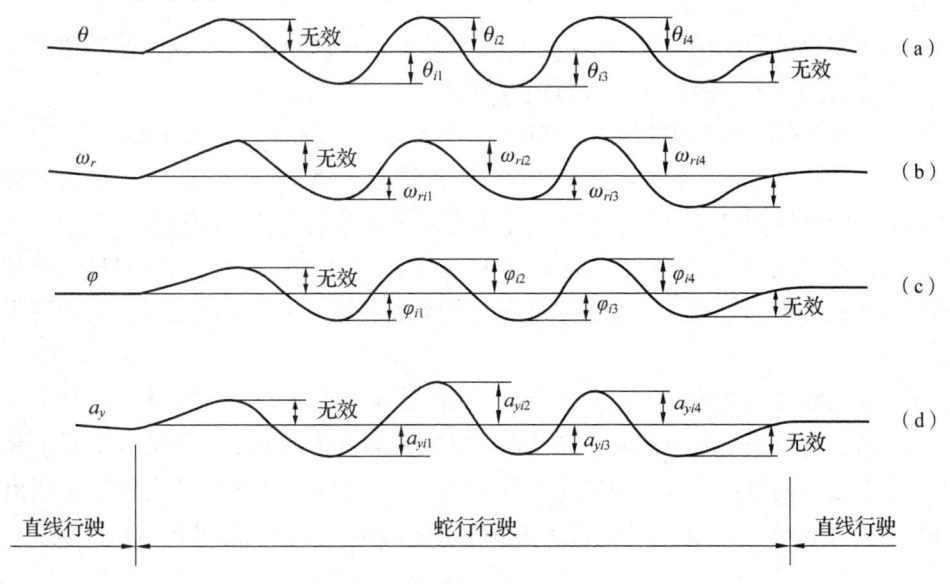

图 5-7 蛇行试验中测得的测试数据

第 i 次试验的平均横摆角速度使用下式进行计算：

$$\omega_{ri} = \frac{1}{4} \sum_{j=1}^{4} |\omega_{rij}|$$

式中，ω_{ri} 为第 i 次试验的平均横摆角速度，(°)/s；ω_{rij} 为在有效标桩区内，转向盘转角-时间历程曲线的峰值，(°)/s，如图 5-7（b）所示。

第 i 次试验的平均车身侧倾角使用下式进行计算：

$$\varphi_i = \frac{1}{4} \sum_{j=1}^{4} |\varphi_{ij}|$$

式中，φ_i 为第 i 次试验的平均车身侧倾角，(°)；φ_{ij} 为在有效标桩区内，转向盘转角-时间历程曲线的峰值，(°)，如图 5-7（c）所示。

第 i 次试验的平均侧向加速度使用下式进行计算：

$$a_{yi} = \frac{1}{4} \sum_{j=1}^{4} |a_{yij}|$$

式中，a_{yi} 为第 i 次试验的平均侧向加速度，m/s²；a_{yij} 为在有效标桩区内，转向盘转角-时间历程曲线的峰值，m/s²，如图 5-7（d）所示。

2. 转向盘转角阶跃输入试验

本试验通过测定从转向盘转角阶跃输入开始到所测变量达到新的稳态值为止的这段时间内汽车的瞬态响应过程，用时域的特征值和特征函数表示汽车瞬态响应特性，从而评价汽车的转向瞬态响应品质。本试验需要测量的变量有汽车前进速度、转向盘转角、横摆角速度、车身侧倾角、侧向加速度和汽车质心侧偏角。

试验仪器包括测速仪，转向盘力矩、转向盘转角测量仪，汽车操纵稳定性测试仪，多通道数据采集系统。

按被试汽车最高车速的 70% 并四舍五入为 10 的整数倍确定试验车速，但最高试验车速不宜超过 120 km/h。

试验前需要以试验车速行驶 10 km，使轮胎升温，并接通仪器电源，使之达到正常工作温度，且实验前需要在停车状态进行信号零位标定。

试验时，按稳态侧向加速度值为 1.0 m/s²、1.5 m/s²、2.0 m/s²、2.5 m/s² 和 3.0 m/s²，预选转向盘转角的位置（输入角）。使试验汽车以试验车速直线行驶，先按输入方向轻轻靠紧转向盘，消除转向盘自由行程并开始记录各测量变量的零线，经过 0.2~0.5 s，以尽快的速度（起跃时间不大于 0.2 s 或起跃速度不低于 200 (°)/s）转动转向盘，使其达到预先选好的位置并固定数秒（直至测量变量过渡到新稳态值），停止记录。记录过程中保持车速不变。

试验按向左转与向右转两个方向进行。可两个方向交替进行，也可连续进行一个方向试验，然后再进行另一个方向试验。试验数据处理及评价指标如下：各测量变量的稳态值采用进入稳态后的均值；若汽车前进速度的变化率大于 5% 或转向盘转角的变化超出平均值的 10%，则本次试验无效。图 5-8 为测取的横摆角速度与侧向加速度响应曲线。

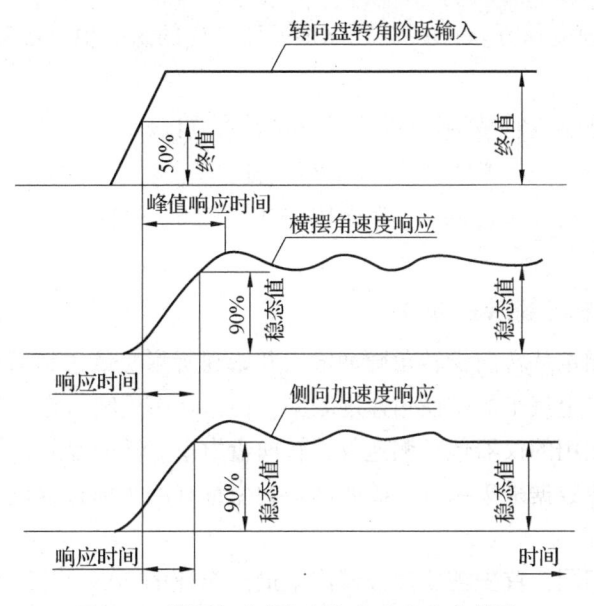

图 5-8 横摆角速度与侧向加速度响应曲线

稳态侧向加速度值的确定有两种方法：一种是用横摆角速度乘以汽车前进速度；另一种是用侧向加速度计测量，要求加速度计的输出轴与汽车纵轴垂直。如果加速度计的输出包括车厢侧倾角 φ 的作用，则应按下式进行修正：

$$a_y = \frac{\overline{a_y} - g\sin\varphi}{\cos\varphi}$$

横摆角速度响应时间与侧向加速度响应时间是指从转向盘转角达到 50% 的转角设定值开始，到所测运动变量达到稳态值的 90% 时所经历的时间。

横摆角速度峰值响应时间是指从转向盘转角达到 50% 的转角设定值开始，到所测变量响应达到其第一个峰值为止所经历的时间。该值越小，则瞬态响应性越好。

横摆角速度超调量的计算公式为：

$$\sigma = \frac{\omega_{r\max} - \omega_{r0}}{\omega_{r0}} \times 100\%$$

式中，σ 为横摆角速度超调量，%；ω_{r0} 为横摆角速度响应稳态值，(°)/s；$\omega_{r\max}$ 为横摆角速度响应最大值，(°)/s。若横摆角速度超调量值过大，则说明汽车瞬态响应不好。

横摆角速度总方差的计算公式为：

$$E_r = \sum_{i=0}^{n}\left(\frac{\theta_i}{\theta_0} - \frac{w_{ri}}{w_{r0}}\right)^2 \Delta t$$

式中，E_r 为横摆角速度总方差，s；θ_i 为转向盘转角输入的瞬态值，(°)；ω_{r0} 为横摆角速度响应稳态值，(°)/s；ω_{ri} 为横摆角速度响应瞬时值，(°)/s；θ_0 为转向盘转角输入的终值，(°)；n 为采样点数，取至汽车横摆角速度响应达到新稳态值为止。

横摆角速度总方差 E_r 理论上表达了汽车横摆角速度响应跟随转向输入的灵敏性。众多试验表明，操纵稳定性得到改善的汽车，其总方差 E_r 会减小。

侧向加速度总方差的计算公式为：

$$E_{ay} = \sum_{i=0}^{n}\left(\frac{\theta_i}{\theta_0} - \frac{a_{yi}}{a_{y0}}\right)^2 \Delta t$$

式中，E_{ay} 为侧向加速度总方差；a_{yi} 为侧向加速度响应的瞬时值，m/s²；a_{y0} 为侧向加速度响应的稳态值，m/s²。

汽车因数是瞬态响应时域特性的综合评价指标，可表示为：

$$TB = t_\omega \beta$$

式中，TB 为汽车因数，s·(°)；t_ω 为横摆角速度的响应时间，s；β 为汽车质心处侧偏角，(°)。

3. 转向盘转角脉冲输入试验

本项试验通过测定从转向盘转角脉冲输入开始到所测变量达到新稳态这段时间内汽车的瞬态响应过程，确定汽车的横摆角速度频率特性，从而反映汽车对转向输入响应的真实程度。本试验需要使用的仪器包括测速仪，转向盘力矩、转向盘转角测量仪，汽车操纵稳定性测试仪，多通道数据采集系统。需要测量的变量有汽车前进速度、转向盘转角、横摆角速度和侧向加速度。

与前面的试验相同，首先需要按被试汽车最高车速的 70% 并四舍五入为 10 的整数倍确定试验车速。并在试验前，以试验车速行驶 10 km，使轮胎升温，接通仪器电源，使之达到正常工作温度。

试验时汽车以试验车速直线行驶，使其横摆角速度为 0±0.5 (°)/s。做一标记下转向盘中间位置（直线行驶位置），然后给转向盘一个三角脉冲转角输入，如图 5-9 所示。向左（或向右）转动转向盘，并迅速转回原处（允许及时修正）保持不动，记录全部过程，直至汽车恢复到直线行驶状态。转向盘转角输入脉宽为 0.3 ~ 0.5 s，其最大转角应使本试验过渡过程中最大侧向加速度为 4 m/s²。转动转向盘时应尽量使其转角的超调量达到最小。记录时间内，保持加速踏板位置不变。

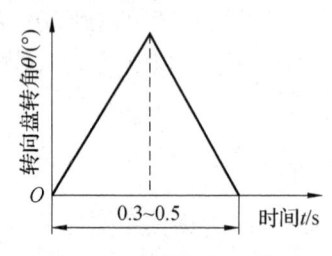

图 5-9 三角脉冲示意

试验时按图 5-9 所示三角脉冲曲线左、右方向转动转向盘（转角脉冲输入）3 次。每次时间间隔不得少于 5 s。

汽车受三角脉冲输入产生的瞬态响应用频率响应特性表示，频率响应特性可分为幅频特性和相频特性。幅频特性是指响应（输出）的幅值（横摆角速度）与激励（输入）的幅值（转向盘或前轮转角）之比随频率变化的函数。相频特性是输出与输入相位差随频率变化的函数。幅频特性反映了驾驶员以不同频率输入指令，汽车执行驾驶员指令失真的程度。相频特性则反映了汽车横摆角速度滞后转向盘转角的失真程度。

试验完毕后，在专门的信号处理设备或通用电子计算机上进行转向盘脉冲输入和横摆响应的幅频特性与相频特性的分析，并根据试验数据处理结果的平均值，按向左转与向右转分别绘制汽车的幅频特性图和相频特性图。

5.5 通过性

汽车的通过性（越野性）是指它能以足够高的平均车速通过各种坏路和无路地带（如松软地面、凹凸不平地面等），以及各种障碍（如陡坡、侧坡、壕沟、台阶、灌木丛、水障等）的能力。根据地面对汽车通过性影响的原因，它又分为支承通过性和几何通过性。

新能源汽车在通过性试验与传统内燃机汽车并没有很大的不同，因此可以参照传统内燃机汽车进行。

5.5.1 新能源汽车通过性评价指标

1. 汽车支承通过性评价指标

目前，常采用牵引系数、牵引效率及燃油利用指数 3 项指标来评价汽车的支承通过性。

（1）牵引系数：单位车重的挂钩牵引力（净牵引力）。

（2）牵引效率（驱动效率）：驱动轮输出功率与输入功率之比。

（3）燃油利用指数：单位燃油消耗所输出的功。

2. 汽车通过性几何参数

汽车因与地面间的间隙不足而被地面托住、无法通过的情况，称为间隙失效。当汽车中间底部的零件碰到地面而被顶住时，称为顶起失效；当汽车前端或尾部触及地面而不能通过时，则分别称为触头失效和托尾失效。

与间隙失效有关的汽车整车几何尺寸，称为汽车通过性的几何参数。这些参数包括最小离地间隙、纵向通过角、接近角、离去角、最小转弯直径等。

5.5.2 新能源汽车通过性试验

汽车通过性试验的内容主要包括汽车主要外部几何参数的测量、汽车最大拖钩牵引力试验、特殊路面通过性试验及主要针对越野汽车进行的地形通过性试验。

1. 车身主要外部几何参数测量

车身外部主要几何参数测量包含对最小离地间隙、纵向通过角、接近角、离去角的测量。

1）测量场地要求及常规设备

测量场地应平整、坚实、清洁，最好是水磨石地面。其平面度要求为 1 m² 面积内高度误差在 ±1 mm 以内，面积应能容纳被测汽车。

测量设备最理想的是三维坐标测量仪，它能精确地测量三维空间的点、线、面的位置关系，若与三维点人体模型配合使用，能实现国际标准中要求的主要尺寸的测量。常用的测量仪器有高度尺、离地间隙仪、角度尺、钢卷尺、水平仪、铅锤、油泥、划针等。

2）测量前的准备工作

（1）将汽车调整到符合技术条件的状态。

①检查汽车各总成、零部件、备用轮胎及随车工具等是否齐全，是否装配在规定的位

置；燃油、润滑油及冷却液等是否加注足量。

②严格检查轮胎气压。轮胎气压是汽车尺寸测定中极为重要的条件，它主要影响铅垂方向的汽车尺寸，对其应严格检查。要求轮胎气压必须符合技术条件的规定，气压误差不允许超过±10 kPa。

（2）将汽车载荷装载到规定的状态。

在测量汽车尺寸参数的过程中，各种尺寸参数都要求在一定的载荷下测量。

3）测量步骤

（1）清洗汽车，去除油污、泥土等。

（2）将各车轮分别支起并离开地面，在各车轮轴头处粘上一层油泥，然后依次在车轮轴头处的地面上放置划针，旋转车轮，使划针在轴头油泥表面上划出一尽量小的圆圈，每两侧车轮上圆圈的圆心连线即该车轴中心线。

（3）落下汽车，并将其开上测量平台，而后用钢卷尺分别测量两侧转向轮至参照点的距离（可从转向轮轮胎胎面中心线上量起，参照物可以是车架纵梁上某一记号点），转动转向盘使两个距离相等，此时汽车便以直线行驶状态停放在测量平台上。再分别于汽车的前部和后部下压汽车，摇晃数次，以消除悬架内部阻尼对车身位置的影响。

4）测量方法

（1）最小离地间隙。

在汽车处于最大总质量状态时，用离地间隙仪测量。最小离地间隙是指支承平面与车辙中间部分最低点的距离，除测量这一距离外，还应标明处于最低点的零部件名称。中间部分是指与汽车 Y 基准面等距且平行的两个平面之间的部分。两平面之间的距离应为同一轴上两端车轮内缘间最小距离的 80%。

（2）接近角、离去角及纵向通过角。

接近角是指水平面与切于前轮胎外缘的平面之间的最大夹角（前轴前面任何固定在汽车上的刚性部件不得在此切平面的下方）。

离去角是指水平面与切于汽车最后车轮轮胎外缘的平面之间的最大夹角（位于最后车轴后方的任何固定在汽车上的刚性部件不得在此平面的下方）。

纵向通过角是指当垂直于 Y 基准面且分别切于前、后车轮轮胎外缘两平面的交线触及车体下部较低部位时，两平面所夹的最小锐角。

汽车处于整备质量和最大总质量状态下，分别用辅助平板和角度尺直接测量这 3 个角度。如果需要精确测量，则应采用作图法，即先测定特征点的位置（高度尺寸和水平尺寸）、轮胎静力半径和自由半径，然后绘图，求出这 3 个角度。

2. 汽车最大拖钩牵引力试验

汽车最大拖钩牵引力试验采用试验汽车牵引负荷拖车的方式进行，没有负荷拖车时，也可以用处于最大总质量状态的其他汽车代替。试验前，在试验汽车上安装测速仪，并用牵引杆连接试验汽车与负荷拖车，在牵引杆内部安装一只拉力传感器，试验时要求牵引杆保持水平，其纵向与试验汽车及负荷拖车的纵向中心平面平行。

试验时，由试验汽车拖动负荷拖车运动，试验汽车动力传动系统均处于最大传动比状态；自锁差速器应锁住。如果用钢丝绳牵引，则两车之间的钢丝绳不得短于 15 m。

试验开始时，试验汽车缓慢起步，待钢丝绳（或牵引杆）拉直后，逐渐将加速踏板踩到底，以该工况下最高车速的 80% 的速度行驶。当驶至测定路段时，负荷拖车开始平稳地施加负荷，使试验汽车的车速平稳下降，直至内燃机熄火或驱动轮完全滑转为止，从拉力传感器上读取最大拖钩牵引力。试验往返进行一次，以两个方向测得的最大拖钩牵引力的算术平均值作为最终试验结果。

3. 特殊路面通过性试验

特殊路面通过性试验目前尚没有规范化的评价指标，主要采用比较试验法，即根据试验汽车的特点，选用一辆车作比较车，让试验汽车与其进行比较。一般情况下，比较车多选用现生产车或市场上有竞争能力的新车。

1）沙地通过性试验

沙地土质松软，汽车在上面行驶的阻力大，附着系数小，汽车易滑转，从而引起汽车上下振动和颠簸。因为沙地土质疏松程度对通过性和试验结果有较大影响，所以选择试验沙地非常重要。如果有专门的沙地试验场，可根据预估的汽车通过能力，将底层压实，上面铺 100~300 mm 的软沙，表面平坦，长度不小于 50 m，宽度不小于 10 m。如果没有专门的沙地试验场，则可以找一个能满足试验要求的天然沙地作为试验沙地。

试验前，在试验汽车驱动轮上安装车轮转数传感器，在驾驶室底板及车厢前、中、后的汽车纵向中线处安装加速度传感器。

试验时，试验汽车以直线前进方向停放在试验路段的起点，然后从最低挡位起分别挂能起步行驶的挡位（包括倒挡），并且内燃机分别以急速转速、最大转矩转速和最大功率转速起步行驶，直至内燃机熄火或驱动轮严重滑转不能前进为止。

测定从汽车起步到停车为止的行驶时间、行驶距离、车轮转数及汽车上下振动加速度随时间变化的曲线。

2）泥污地通过性试验泥污地通过性试验

一般要求试验场地表面有 100 mm 厚的泥污层，长度不小于 100 m，宽度不小于 7 m。试验场地选择好后，要抓紧时间连续进行试验，避免场地因长时间受日光暴晒，水分蒸发，表面状况改变，从而影响试验结果的准确性。

试验时，在试验路段的两端做好标记，试验汽车以规定的内燃机转速（一般为急速）和变速器挡位（一般为 1 挡或 2 挡）驶入试验路段，从进入试验路段起点开始，驾驶员可根据经验以最理想的驾驶操作进行驾驶，直至驶出测量路段。

试验时，用秒表记录从测量路段始点至终点（或中间因汽车无法行驶而停车时）的行驶时间、行驶距离、车轮转数并计算出平均车速和车轮滑转率。

进行该项试验时，可同时测定最大拖钩牵引力和行驶阻力。

3）冰雪路面通过性试验

该项试验用以考核汽车在冰雪路面上的行驶能力，为综合性试验，主要考核直线行驶稳定性、起步加速稳定性、转向操纵性、减速稳定性、制动效能及制动方向稳定性等。

试验所选的雪地应宽阔，长度不小于 200 m，宽度不小于 20 m；其中，至少要有长 30 m、宽度不少于 30 m 的一段平场地。试验前，应根据试验目的和要求，对雪地进行压实、冻结和融化处理。

试验时，试验汽车停放在试验场地一端，起步后，换挡、加速（加速度为 2 m/s^2 左右）行驶至车速为 30~50 km/h（根据场地情况确定行驶速度），再在路面较宽处转向行驶，最后减速行驶（不踩下制动踏板）至车速为 10 km/h 左右时停车。试验反复进行数次，评价起步直线行驶稳定性、加速稳定性、转向盘操纵性及减速行驶稳定性（是否按转向盘转角转向行驶或甩尾)。

测量初速度为 20 km/h 时的制动效能,记录制动距离、制动减速度及甩尾、跑偏情况。

对于装配有防滑装置的试验汽车,应在使用防滑装置和不使用防滑装置两种状态下分别进行试验。

4) 凸凹不平路通过性试验

凹凸不平路通过性试验应在汽车试验场可靠性道路上进行,当条件不具备时,也可选择公路或自然道路,但路面必须包括鱼鳞坑路、搓板路及扭转路等。

凹凸不平路通过性不仅和汽车的几何参数、动力性能及转向性能等有关,还与汽车的平顺性有关。因此,试验时以驾驶员能忍受的程度和保证安全的条件下,尽量以高速行驶,测定一定行驶距离的行驶时间,计算平均车速。

5.6 电磁兼容性

电磁兼容性是指汽车内部各电气部件之间的自兼容性能,即各电气部件之间不会产生因相互干扰导致的功能失效或缺失问题,以及整车各主要系统满足相关法规和标准的能力。

当前,对于在汽车上采用的新技术,行业内还没有统一的试验方法,评价指标不明确。而新技术在汽车行驶安全、汽车预警中有很多应用,本节对于新技术在汽车上的运用,参考常规试验标准,建立新技术的试验体系。

试验包含两方面:

(1) 整车感性负载时域试验。为准确评估感性负载对车载电气系统带来的强瞬态威胁,对车上已知或常见的感性负载进行整车级感性负载时域试验。

(2) 整车骚扰源频域试验。为了防止车上电气部件通过线缆耦合或者直接空间辐射干扰彼此工作,或产生整车对外骚扰,在整车环境中,进行电气部件频域骚扰试验。

5.6.1 整车感性负载时域试验

在感性负载(如电机、电磁阀等)工作时,接通或断开的瞬间有可能在电路中产生较强的瞬态电压。如果该负载直接连接到汽车的低压蓄电池,那么这一瞬态电压就会出现在整车的低压电源系统中,对其他用电器产生安全威胁;即便该负载不直接连接到低压蓄电池,也有可能通过线间耦合等方式对其他用电器产生安全威胁。ISO 7637 系列测试可用于评估零部件单独工作时产生的瞬态骚扰。但零部件装车后,因其在整车上的布置与线束连接情况不同,汽车实际运行时的分布参数有可能导致感性负载及其所连接辅件的等效电路发生变化,从而使得实车上感性负载工作时产生的实际瞬态电压与测试时不同。

本试验规定了在整车环境中,进行感性负载时域瞬态骚扰试验的方法,用于评估感性负载在整车上引起的瞬态电压,尽早发现潜在的问题,保障整车用电器的安全。整车感性负载时域评价试验主要参考 ISO 7637-2-2011《道路汽车 由传导和耦合引起的电骚扰 第 2 部分:延电源线的电瞬态传导》。

试验前,参考 ISO 7637-2-2011 瞬态传导发射布置性,将示波器探头布置在感性电源处,测量感性负载电源与地之间的电压。

试验时，首先关闭内燃机，整车电源处于 ON 挡状态。然后打开被测感性负载，测试感性设备打开时电源线正极的瞬态波形，当感性设备工作状态稳定时，测试该状态电源线正极的瞬态波形。完成波形的记录后，关闭感性负载，测试关闭时电源线正极的瞬态波形。最后重复上述测试步骤，测试其他感性负载的瞬态波形，并记录数据。

记录瞬态波形的电压幅度及持续时间，评估瞬态波形是否会影响其他用电器的电源电压。

可参考 ISO 7637 的瞬态发射要求，并根据车载用电器的瞬态抗扰等级，由整车厂制定评价标准。

5.6.2 整车骚扰源频域试验

整车上有各种电气部件，在正常工作时会在整个频段内产生宽带或窄带的骚扰，通过电气部件本身或者电气部件连接的线束向外发射骚扰。这将通过线缆耦合或者直接空间辐射干扰的形式，影响到同一汽车上其他正常工作的电气部件，导致其他电气部件功能失效，或者产生整车对外骚扰，导致整车不满足法规或企业标准的限值要求。

CISPR 25—2016 或 GB/T 18655—2018 等标准定义了用于评价电气部件单独工作时所产生电磁干扰的试验方法。虽然在制定标准过程中已经考虑到电气部件是用于汽车上，特别为模拟零部件及线束与金属车身钣金之间的关系而定义了金属接地平板，但事实上通过标准化的零部件测试是无法准确评估零部件装车后的电磁兼容性能的，因为不同车型上零部件的布置、线束连接及负载等情况均有所不同，仍然需要在整车上进行实际测试。

本试验规定了在整车环境中，进行电气部件频域骚扰测试的方法，用于评估干扰源在整车上引起的电磁干扰，尽早发现整车其他电气部件被干扰的风险和引起整车对外辐射发射的骚扰源。试验中使用的测试设备如表 5-13 所示。

表 5-13 测试设备

测试设备	规格型号	仪器参数
接收机	ESCI	9 kHz ~ 3 GHz
电流探头	F-51	10 kHz ~ 500 MHz

整车骚扰源频域试验主要参考 GB/T 18655—2018《车辆、船和内燃机 无线电骚扰特性用于保护车载接收机的限值和测量方法》。在 3 种运行模式下对汽车进行试验，并应在试验计划中明确汽车工作模式。

1. 运行模式

所有能够由驾驶员或乘客打开的可以持续接通的设备均应运行于其常规工作状态。所有影响驾驶员对汽车控制的其他系统，均应处于其常规工作状态。由混合动力系统驱动的汽车，应在电机和内燃机共同作用下运行。

如果不能共同驱动，则汽车需分别在单独由内燃机驱动和单独由电机驱动条件下验证。存在电气部件由于功能策略导致不可同时工作的需分开验证，如纯电动汽车空调压缩机与空调加热器。

存在电气功能由于功能策略导致的不可同时工作的需单独验证，如多媒体倒车影像功能与娱乐功能。存在测试执行过程中引起判定误差或不可执行时需单独验证，如制动功能验证对汽车速度的影响会对汽车定速巡航功能判定造成干扰，需单独验证。

2. 休眠模式

存在感应式开关及射频通信类汽车建议开展休眠模式试验。试验过程中应关闭所有能够由司机或乘客打开的可以持续接通的设备，汽车进入休眠模式。

3. 充电模式（仅适用于插电类型汽车）

除非一辆车仅支持一种充电模式，否则 AC 充电与 DC 充电模式均应开展试验。试验过程中应关闭所有能够由司机或乘客打开的可以持续接通的设备。

参考 GB/T 18655—2018 中的传导电流法进行测试，将电流探头夹在电气部件的线束上，测量电气部件线束上的骚扰。

试验前，根据全车电气部件列表，整理出潜在风险大的电气部件清单。

试验时，首先关闭内燃机，整车处于 ON 挡状态，并将电流探头夹在被测电气部件的线束上。随后打开被测电气部件，待电气部件工作状态稳定后，测量电气部件在其线束上产生的干扰的频谱特性。

最后重复上述步骤，测试清单上其他电气部件的频谱特性，记录干扰源的频谱特性，与底噪比较，评估干扰源产生的干扰是否会影响其他用电气部件的正常工作，或导致整车对外发射超标。可参考 CISPR 25—2016 的电流法限值要求，并根据其他车载电气部件的抗扰度等级，由整车厂制定评价标准。

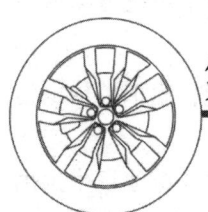

第6章 安全性能

> **学习目标**
> 1. 了解电池相关的安全性测试、整车碰撞安全性测试的测试标准与试验方法。
> 2. 熟悉新能源汽车安全性测试,了解如何测试各部件的耐久性、安全性与可靠性。

> **思　考**
> 1. 电池安全性测试需要考虑哪几方面?
> 2. 国家标准和国际标准对汽车碰撞安全性有哪些要求?

新能源汽车是我国战略新兴产业之一,在促进可再生能源应用和提高电气化交通运输的发展中占重要地位。面对汽车电动化时代的到来,如何保证安全成为主要关注的话题。动力电池作为新能源汽车核心部件,其安全状态的精准估计和安全结构防护需求日益凸显,对于提升新能源汽车的耐久性、安全性、可靠性非常重要。

6.1　电池安全性试验

6.1.1　单体电池安全性试验

单体电池是指能够直接将化学能转化为电能的基本单元装置,包括电极、隔膜、电解质、外壳和端子,并被设计成可充电。通常,单体电池的运行伴随着端电压、表面温度分布不均匀、局部温度过高等问题,严重影响其性能、寿命和安全。单体电池的安全性试验包括过放电试验、过充电试验、外部短路试验、加热试验、温度循环试验和挤压试验。

单体电池安全性要求为在试验后不出现泄露、外壳破裂、起火或爆炸现象。

单体电池试验标准主要有 GB/T 31484—2015《电动汽车用动力蓄电池循环寿命要求

及试验方法》、GB/T 38031—2020《电动汽车用动力蓄电池电安全要求》等。

（1）过放电试验：过放电试验的目的是验证单体电池电滥用性能，模拟单体电池发生过放电时可能出现的安全风险，从而评估样品是否满足设计需求。

（2）过充电试验：过充电试验的目的是验证单体电池电滥用性能，模拟单体电池发生过充电时可能出现的安全风险，从而评估样品是否满足设计需求。

（3）外部短路试验：外部短路试验的目的是验证单体电池电滥用性能，模拟单体电池发生外部短路时可能出现的安全风险，从而评估样品是否满足设计需求。

（4）加热试验：加热试验的目的是验证单体电池电滥用性能，模拟单体电池发生温度急剧上升时可能出现的安全风险，从而评估样品是否满足设计需求。

（5）温度循环试验：温度循环试验的目的是验证单体电池电滥用性能，模拟单体电池发生过放电时可能出现的安全风险，从而评估样品是否满足设计需求。

（6）挤压试验：挤压试验的目的是验证单体电池电滥用性能，模拟单体电池发生挤压时可能出现的安全风险，从而评估样品是否满足设计需求。

6.1.2 动力电池组/系统安全性试验

随着电动汽车的大力发展，动力电池组/系统成为车用动力电池的首选，然而在实际使用过程中，动力电池组/系统在实际使用过程中暴露的配套设施不完善、续驶里程不足、安全性能较弱等问题造成了消费者的困扰，其中最危险的就是动力电池组，其易燃易爆的特点使得电动汽车的安全性大打折扣。相比于传统内燃机汽车，动力电池组/系统质量偏大，其布置影响整车重心位置、操作稳定性等。因此，动力电池组/系统的机械安全性对于整车安全性具有重要意义。

单体电池难以满足电压要求，所以需要多只单体电池串联组成动力电池组，此时电池组一致性差就会体现出来。在新能源汽车特有的工况下（电池的位置不同，温度场不同），动力电池组/系统中某一单体电池由于过充电或其他原因失效后，就会对整个动力电池组/系统的安全性和循环寿命产生影响。因此，动力电池组/系统的热管理试验也尤为重要。

1. 动力电池组/系统试验标准

动力电池组/系统相关的试验标准主要有 GB/T 31467.1—2015《电动汽车用锂离子动力蓄电池包和系统 第1部分：高功率应用测试规程》、GB/T 31467.2—2015《电动汽车用锂离子动力蓄电池包和系统 第2部分：高能量应用测试规程》、GB/T 38031—2020《电动汽车用动力蓄电池安全要求》，以及 QC/T 897—2011《电动汽车用电池管理系统技术条件》等。

2. 基本信息检查和基本参数测量

基本信息检查包括试验样品的外观、极性、接插件端口、铭牌、标识等相关信息的检查确认；基本参数测量包括试验样品的外形尺寸、安装尺寸、质量等相关参数的测量。

1）试验目的与试验设备

基本信息检查确认可以有效保证后续试验的正常进行，基本参数测量可以为后续的动力电池组/系统能量密度、功率密度的计算等提供依据。试验仪器包括万用表、电子地上衡、直尺、卷尺、绝缘电阻仪等。

2）试验方法与步骤

目测动力电池组/系统的外观，用电压表检测动力电池组/系统的极性，检查动力电池组/系统的铭牌、标识、接插件端口型号及主键位等是否与企业提供的产品技术条件相符；采用量具测量动力电池组/系统的外形尺寸和安装尺寸，并根据外形尺寸计算出试验样品的体积（L）；用衡器测量动力电池组/系统的质量（kg）。

3）数据处理及评价指标

动力电池组/系统的外观不得有变形及裂纹，表面应干燥、无毛刺、无外伤、无污物，且有清晰、正确的标志。动力电池组/系统的极性应正确、清晰。动力电池组/系统的铭牌、标识、插接件端口型号及主键位等应符合企业提供的产品技术条件。动力电池组/系统的外形尺寸、安装尺寸、质量等应符合企业提供的产品技术条件，或满足企业提供的数模及图样的要求。

3. 动力电池组/系统安全性试验

动力电池组通常包括动力电池模块、电池管理模块、电池箱及相应附件，是一种具有从外部获得电能并可对外输出电能的单元。

动力电池组/系统的安全性试验主要包含以下两个方面。

（1）机械安全试验：确保在各种机械载荷和外部破坏条件因素下，动力电池组箱体和内部结构不会发生重大变化。包括振动试验、碰撞模拟试验、挤压试验、翻转试验、跌落实验、底部球击试验、浸水试验。

（2）热管理安全试验：控制电芯温度和控制不同电芯的温差，保证在实际工作过程中，动力电池组/系统内各部件处于一个稳态的温度范围内。包括外部火烧试验、热失控扩展试验。

1）振动试验

振动试验是为了模拟汽车在实际运行中动力电池组/系统所经历的机械载荷，评估样品对材料疲劳失效、螺栓断裂及电子元器件失效等故障的承受能力。试验仪器包括动力电池系统充放电设备、恒温试验箱、振动试验台、绝缘电阻仪等。

动力电池组/系统的振动试验步骤如表6-1所示。试验开始前，将测试对象的SOC状态调至不低于企业规定的正常SOC工作范围的50%。

表6-1 振动试验步骤

序号	步骤	描述
1	初始状态确认	① 动力电池组/系统外观检查并拍照； ② 动力电池组/系统绝缘电阻、气密性检查； ③ 确认动力电池组/系统应用车型及安装方向
2	设备准备	① 将测试样品安装于振动夹具； ② 将测试样品与夹具仪器安装在振动台面上； ③ 确认动力电池组/系统应用车型及安装方向
3	Z方向随机振动	随机振动
4	Z方向定频振动	正弦振动
5	检查确认	检查样品的外观、转矩，并判断是否适合进行下一步的振动试验
6	Y方向随机振动	随机振动

续表

序号	步骤	描述
7	Y方向定频振动	正弦振动
8	检查确认	检查样品的外观、转矩,并判断是否适合进行下一步的振动试验
9	X方向随机振动	随机振动
10	X方向定频振动	正弦振动
11	检查确认	检查样品的外观、转矩,并判断是否适合进行下一步的振动试验
12	测试终止	测试过程中如发现以下情况,则测试中止: 动力电池组/系统出现明显的断裂和异响; 动力电池组/系统的关键部位出现脱落; 动力电池组/系统的电压及温度出现异常
13	测试完成	动力电池组/系统外观检查并拍照; 动力电池组/系统绝缘电阻、气密性测试; 记录试验后动力电池箱螺栓拧紧力矩
14	拆箱检查	拆箱检查动力电池组/系统内部结构是否有松动和损坏、并拍照

注:根据动力电池组/系统的使用汽车类型不同,商用车/乘用车的动力电池组/系统振动测试参数应不同。

评价指标如下:
(1) 记录试验过程中动力电池组/系统是否有泄漏、外壳破裂、着火或爆炸现象;
(2) 记录试验前后绝缘电阻值;
(3) 记录试验过程中动力电池组/系统的电压及温度。

2) 模拟碰撞试验

模拟碰撞试验是为了模拟动力电池组/系统在汽车发生碰撞时受到的影响,从而评估样品的结构强度能否满足设计需求。试验仪器包括动力电池系统充放电设备、恒温试验箱、模拟碰撞试验台、绝缘电阻仪等。

试验方法与步骤如下:

参考试验对象在汽车上的安装位置和 GB/T 2423.43—2008 的要求,将试验对象水平安装在带有支架的台车上。根据试验对象的使用环境给台车施加规定的脉冲,该脉冲应满足表 6-2 和图 6-1 所限定的边界条件(汽车行驶方向为 X 轴,另一垂直于行驶方向的水平方向为 Y 轴,整车整备质量为 m)。对于测试对象存在多个安装方向($X/Y/Z$)时,取加速度较大的安装方向进行试验。试验结束后在试验环境温度下观察 2 h。

表 6-2 模拟碰撞试验脉冲参数表

试验	脉宽	$m \leq 3.5$ t		$3.5 < m < 7.5$ t		$m \geq 7.5$ t	
		X方向加速度	Y方向加速度	X方向加速度	Y方向加速度	X方向加速度	Y方向加速度
A	20	0	0	0	0	0	0
B	50	20g	8g	10g	5g	6.6g	5g
C	65	20g	8g	10g	5g	6.6g	5g

续表

试验	脉宽	$m \leqslant 3.5$ t		$3.5 < m < 7.5$ t		$m \geqslant 7.5$ t	
		X方向加速度	Y方向加速度	X方向加速度	Y方向加速度	X方向加速度	Y方向加速度
D	100	0	0	0	0	0	0
E	0	10g	4.5g	5g	2.5g	4g	2.5g
F	50	28g	15g	17g	10g	12g	10g
G	80	28g	15g	17g	10g	12g	10g
H	120	0	0	0	0	0	0

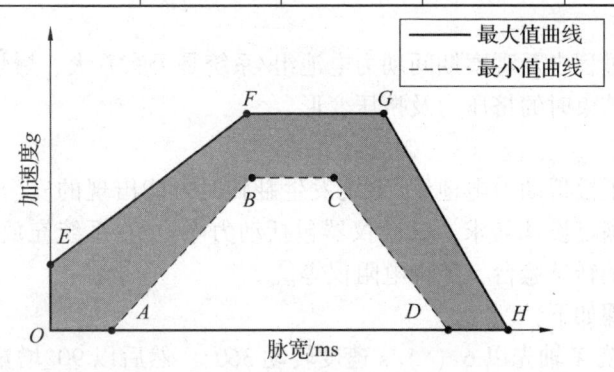

图 6-1 模拟碰撞脉冲容差范围示意图

评价指标如下：

（1）记录试验过程中及观察期间动力电池组/系统是否有泄漏、外壳破裂、着火或爆炸现象；

（2）记录试验前后的绝缘电阻值。

3）挤压试验

挤压试验是为了模拟动力电池组/系统发生挤压时可能出现的安全风险，从而评估样品的结构强度能否满足设计需求。试验仪器包括动力电池系统充放电设备、恒温试验箱、动力电池系统挤压试验台、绝缘电阻仪等。

试验方法与步骤如下：

挤压方向为 X 和 Y 向（汽车行驶方向为 X 轴，另一垂直于行驶方向的水平方向为 Y 轴），挤压速度不大于 2 mm/s，挤压力达到 100 kN 或挤压变形量达到挤压方向整体尺寸的 30% 时停止挤压，保持 10 min。试验结束后在试验环境温度下观察 1 h。挤压板形式如图 6-2 所示，可选择以下两种中的一种：

（1）半径为 75 mm 的半圆柱体，半圆柱体的长度（L）大于测试对象的高度，但不超过 1 m，如图 6-2（a）所示；

（2）外廓尺寸为 600 mm×600 mm 或更小，3 个半圆柱体半径为 75 mm，半圆柱体间距为 30 mm，如图 6-2（b）所示。

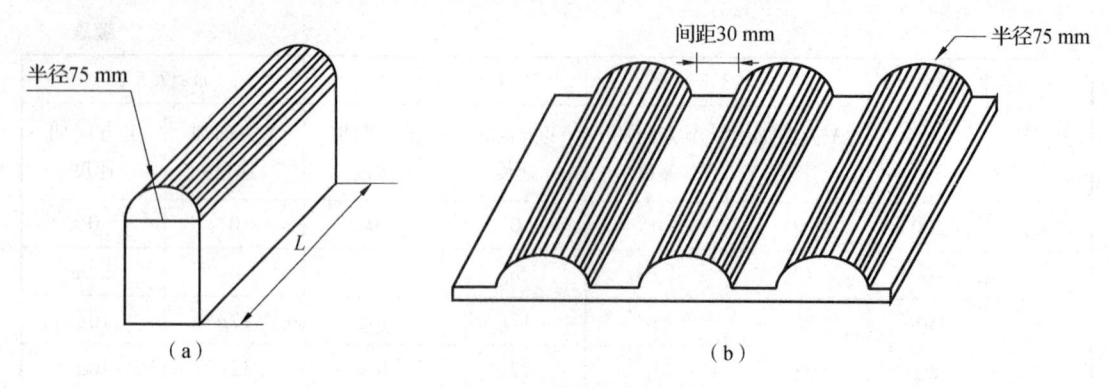

图 6-2 挤压板形式

评价指标如下：
(1) 记录试验过程中及观察期间动力电池组/系统是否有着火、爆炸等现象；
(2) 记录试验结束时的挤压力及挤压变形。

4）翻转试验

翻转试验是为了模拟动力电池组/系统发生翻转时可能出现的安全风险，从而评估样品的结构强度能否满足设计需求。试验仪器包括动力电池组/系统充放电设备、恒温试验箱、动力电池系统翻转试验台、绝缘电阻仪等。

试验方法与步骤如下：
(1) 试验对象绕 X 轴先以 6（°）/s 速度转动 360°，然后以 90°增量旋转，每隔 90°增量保持 1 h，旋转 360°停止。观察 2 h；
(2) 试验对象绕 Y 轴先以 6 s 速度转动 360°，然后以 90°增量旋转，每隔 90°增量保持 1 h，旋转 360°停止。观察 2 h。

评价指标如下：
(1) 记录试验过程中及观察期间动力电池组/系统是否有着火、爆炸等现象；
(2) 记录试验前后的绝缘电阻值。

5）跌落试验

跌落实验的目的是评估动力电池组/系统发生跌落时可能出现的安全风险，从而评估样品的结构强度能满足设计需求。试验仪器包括动力电池系统充放电设备、恒温试验箱、动力电池系统跌落试验台、绝缘电阻仪等。

试验方法与步骤如下：

试验对象以实际维修或者安装过程中最可能跌落的方向（若无法确定最可能跌落方向，则沿 Z 轴方向），从 1 m 的高度处自由跌落到水泥地面，观察 2 h。

评价指标如下：
(1) 记录试验过程中及观察期间动力电池组/系统是否有漏液、外壳破裂、起火或爆炸现象；
(2) 记录试验前后的绝缘电阻值。

6）底部球击试验

底部球击试验是为了模拟动力电池组/系统遭受底部方向障碍物冲击的情况，以验证动力电池组/系统底融结构强度能否满足设计需求。试验仪器包括动力电池系统充放电设备、恒温试验箱、底部球击试验台、绝缘电阻仪等。

动力电池组/系统的底部球击试验步骤如表6-3所示。

表6-3 底部球击试验步骤

序号	步骤	描述
1	初始状态确认	（1）检查动力电池组/系统外观并拍照； （2）充电至50%SOC
2	试验过程	（1）将动力电池组/系统安装于试验夹具中，底部方向朝上； （2）压力机装配150 mm的球体试验工装； （3）调整压力机球体位置至需要挤压的部位，并使球体表面与箱体表面处于刚好接触的区域； （4）开始挤压试验，设置压力机以恒定速度1 mm/s，挤压动力电池组/系统，直至挤压力达到25 kN； （5）重复步骤（3）、步骤（4），依次对其他需要试验的区域进行底部球击试验，记录实验结果
3	试验后状态确认	（1）检查动力电池组/系统外观并拍照； （2）拆箱检查动力电池组/系统内部并拍照

评价指标如下：

（1）记录试验过程中及观察期间动力电池组/系统是否有漏液、外壳破裂、起火或爆炸现象；

（2）记录试验前后的绝缘电阻值。

试验结束，检查动力电池组/系统内的单体电池或模块是否发生漏液、破损、短路、漏电、连接片变形或产生位移等现象。

7）浸水安全试验

浸水安全试验目的是评估动力电池组/系统在浸水情况下可能存在的安全风险，并评估是否满足设计要求。试验仪器包括动力电池系统充放电设备、恒温试验箱、海水浸泡试验箱、绝缘电阻仪等。

试验方法与步骤如下：

试验对象按照整车连接方式连接好线束、接插件等零部件，选择以下两种方法中的一种进行试验。

（1）试验对象以实车装配方向置于3.5%氯化钠溶液（质量分数）中2 h，水深要淹没试验对象。

（2）试验对象参照GB/T 4208—2017中14.2.7所述方法和流程进行试验。试验对象按照企业规定的安装状态全部浸入水中。对于高度小于850 mm的试验对象，其最低点应低于水面1 000 mm；对于高度等于或大于850 mm的试验对象，其最高点应低于水面150 mm。试验持续时间30 min。水温与试验对象温差不大于5 ℃。

将动力电池组/系统取出水面，在试验环境温度下静置观察2 h。

评价指标如下：

按照方法（1）进行试验，应记录动力电池组/系统在试验过程中及试验后观察期间是否有起火、爆炸等现象；按照方法（2）进行试验，应记录动力电池组/系统试验后的绝缘电阻值，是否满足IPX7要求，是否存在泄漏、外壳破裂、起火或爆炸等现象。

8）外部火烧试验

外部火烧试验是为了测试动力电池组/系统在外部火烧是可能存在的安全风险，并评估是否满足设计要求。试验仪器包括动力电池系统充放电设备、恒温试验箱、外部火烧试验台、绝缘电阻仪、风速仪等。

试验方法与步骤如下：

试验环境温度 0 ℃以上，风速不大于 2.5 km/h。

试验中，盛放汽油的平盘尺寸应该超过试验对象水平投影尺寸 20 cm，不超过 50 cm。平盘高度不高于汽油表面 8 cm。试验对象应居中放置。汽油液面与试验对象底部的距离设定为 50 cm，或者为汽车空载状态下试验对象底面的离地高度。平盘底层注入水。外部火烧示意图如图 6-3 所示。

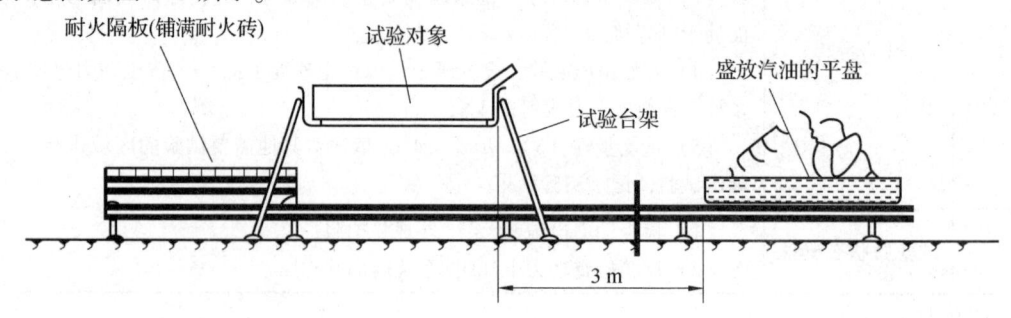

图 6-3 外部火烧示意图

外部火烧试验分为以下 4 个阶段：

(1) 预热。在离试验对象至少 3 m 远的地方点燃汽油，经过 60 s 的预热后，将油盘置于试验对象下方。如果油盘尺寸太大无法移动，可以采用移动试验对象和支架的方式。

(2) 直接燃烧。试验对象直接暴露在火焰下 70 s。

(3) 间接燃烧。将耐火隔板盖在油盘上，试验对象在该状态下测试 60 s；或经双方协商同意，继续直接暴露在火焰中 60 s。耐火隔板由标准耐火砖拼成，其尺寸和技术数据如图 6-4 所示。

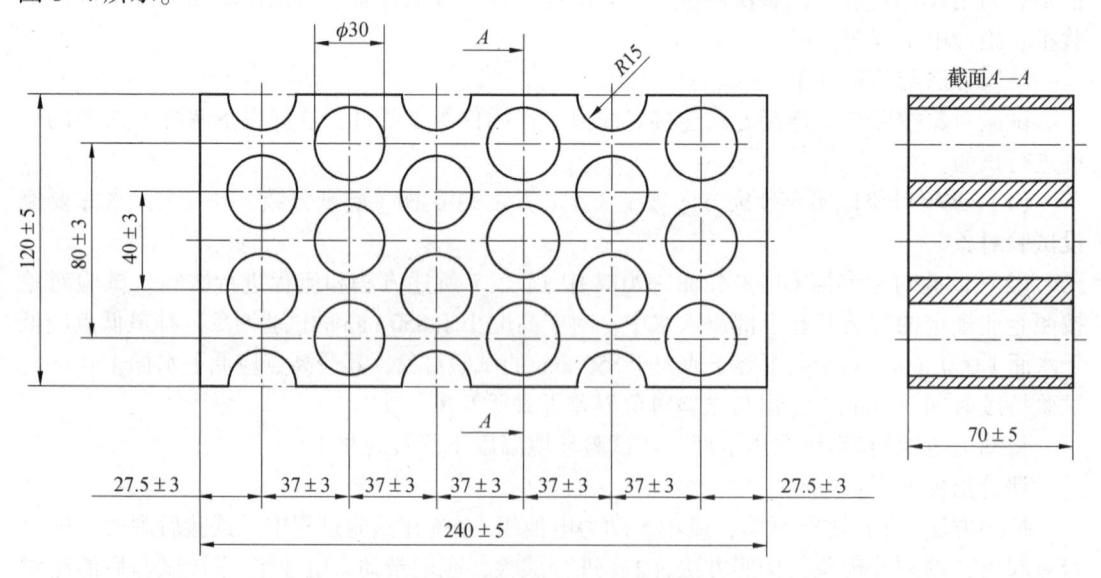

图 6-4 耐火隔板尺寸及技术数据

(4) 离开火源。将油盘或者测试对象移开，在试验环境温度下观察 2 h 或测试对象外表温度降至 45 ℃以下。

评价指标如下:
(1) 记录试验过程中及观察期间动力电池组/系统是否有起火、爆炸等现象;
(2) 如果有火苗,记录是否在火源移开后 2 min 内熄灭。

9) 热失控扩展试验

热失控扩展试验的目的是评估动力电池组/系统在单体电池发生热失控时的安全风险,并评估是否满足设计要求。试验仪器包括动力电池系统充放电设备、恒温试验箱、动力电池系统针刺试验台、加热装置、温度采集系统、绝缘电阻仪、风速仪等。试验条件:环境温度为 0 ℃以上,相对湿度为 10%~90%,大气压力为 86~106 kPa。试验开始前,对试验对象的 SOC 进行调整。对于设计为外部充电的动力电池组/系统,SOC 调至不低于企业规定的正常 SOC 工作范围的 95%。对于设计为仅可通过汽车能源进行充电的动力电池组/系统,SOC 调至不低于企业规定的正常 SOC 工作范围的 90%。试验开始前,所有的试验装置应正常运行。试验应尽可能少地对测试样品进行改动,企业需提交所改动的清单。试验应在室内环境或者风速不大于 2.5 km/h 的环境下进行。

试验方法与步骤如下:

热失控触发对象为试验对象中的单体电池。选择动力电池组/系统内靠近中心位置,或者被其他单体电池包围的单体电池。

(1) 针刺触发热失控方法:针刺材料为钢;刺针直径为 3~8 mm;针尖形状为圆锥形,角度为 20°~60°;针刺速度为 0.1~10 mm/s;针刺位置及方向选择为能触发单体电池发生热失控的位置和方向(如垂直于极片的方向)。

(2) 加热触发热失控方法:使用平面状或者棒状加热装置,并且其表面应覆盖陶瓷、金属或绝缘层。对于尺寸与单体电池相同的块状加热装置,可应该加热装置代替其中一个单体电池,与触发对象的表面直接接触;对于薄膜加热装置,则应将其始终附着在触发对象的表面;加热装置的加热面积都不应大于单体电池的表面积;将加热装置的加热面与单体电池表面直接接触,加热装置的位置应与规定的温度传感器的位置相对应;安装完成后,应在 24 h 内起动加热装置,以加热装置的最大功率对触发对象进行加热;加热装置的功率选择如表 6-4 所示;当发生热失控或者对应的温度传感器温度达到 300 ℃时,停止触发。

表 6-4 加热装置功率选择

试验对象电能 E/(W·h)	加热装置最大功率/W
$E<100$	30~300
$100 \leqslant E<400$	300~1 000
$400 \leqslant E<800$	300~2 000
$E \geqslant 800$	>600

(3) 推荐的监控点布置方案:监测电压或温度,应使用原始的电路或追加新增的试验用电路。温度数据的采样间隔应小于 1 s,准确度要求为±2 ℃。针刺触发时,温度传感器的位置应尽可能接近短路点,也可使用针的温度。针刺触发时温度传感器的布置位置如图 6-5 所示。加热触发时,温度传感器布置在远离热传导的一侧,即安装在加热装置的对侧,如图 6-6 所示。

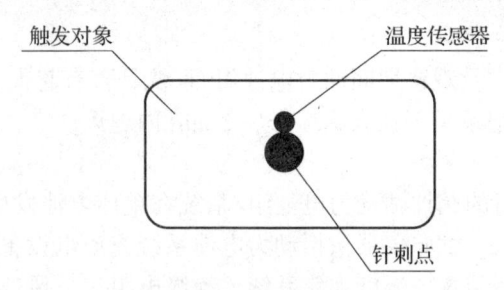

图 6-5　针刺触发时温度传感器的布置位置

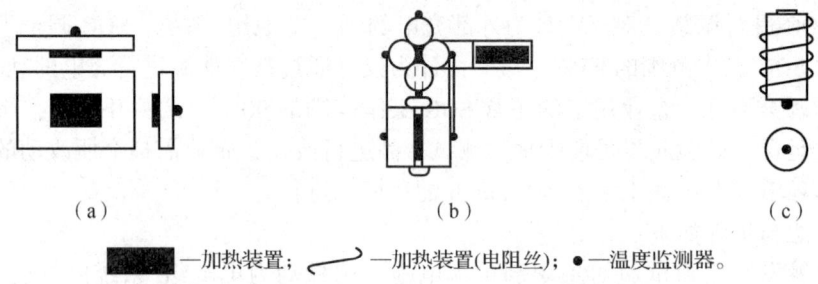

■—加热装置；　～—加热装置(电阻丝)；●—温度监测器。

图 6-6　温度触发时温度传感器的布置位置示意图
(a) 硬壳及软包电池；(b) 圆柱形电池 - Ⅰ；(c) 圆柱形电池 - Ⅱ

（4）推荐的发生热失控的判定条件：
①试验对象产生电压降，且下降值超过初始电压的 25%；
②监测点温度达到蓄电池生产企业规定的最高工作温度；
③监测点的温升速率 $dT/dt \geq 1$ ℃/s，且持续 3 s 以上。
当①和③或者②和③发生时，判定发生热失控。

评价指标如下：
（1）如果采用推荐的方法作为热失控触发方法，且未发生热失控，为了确保热扩散不会导致汽车乘员危险，需证明采用如上两种推荐方法均不会发生热失控；
（2）如果发生热失控，记录热事故报警信号发出后试验对象外部发生起火或爆炸时间（以先发生者为准），该时间应不低于 5 min。

6.2　整车碰撞安全性试验

汽车整车碰撞安全性，是指碰撞事故发生时，汽车对车内乘员及外部人员的保护程度。整车碰撞安全性试验以再现交通事故的方式，分析碰撞过程中车内乘员与汽车的相对运动状态、乘员伤害及汽车损坏状态，通过分析结果为改进汽车结构的安全性设计、增设乘员保护装置提供依据，从而在事故中最大可能地避免或减缓对乘员造成的伤害。对于电动汽车碰撞除了要考虑乘员伤害，也要防止高压部件带来的潜在危险。

根据试验方法不同，汽车整车碰撞安全性试验可以分成实车碰撞试验、滑车模拟碰撞试验和台架试验。实车碰撞试验与真实的汽车碰撞事故情形最接近，其试验结果最具说服力，是综合评价汽车整车碰撞安全性能的最基本的试验方法。其他两类试验都是以实车碰撞的结果为基础，模拟碰撞环境的零部件试验。与实车碰撞试验相比，其零部件试验费用低、试验条件稳定、试验过程易于控制，适用于汽车安全部件性能的考核及汽车开发过程中的阶段性验证试验。

汽车碰撞事故的形态千差万别，因而汽车整车碰撞安全性试验也必须针对不同的碰撞形态进行。按事故统计结果，汽车碰撞事故主要可分为正面碰撞、侧面碰撞、追尾碰撞和翻车等几种主要类型。

6.2.1 伤害基准

伤害基准研究乘员死亡、重伤、轻伤等的伤害程度，反映人体对不同伤害的解剖学反应和生理反应，以及由此产生加减速度、负荷、变形量等物理量的基准。通常用头部、颈部、胸部、腹部、腰部、大腿和小腿等位置在碰撞试验中的物理量变化作为评判。

（1）头部。在试验过程中，如果头部与任何汽车部件不发生接触，则认为符合要求；若发生接触，则由下式计算头部性能指标（HPC）：

$$\text{HPC} = \left\{ (t_2 - t_1) \left[\frac{1}{t_2 - t_1} \int_{t_1}^{t_2} a(t) \, \mathrm{d}t \right]^{2.5} \right\}_{\max} \tag{6-1}$$

式中，$a(t)$ 为对应头部重心的 3 个方向合成加速度；t_1、t_2 为 HPC 取得最大值的时间间隔的起始和终止时刻点，$t_2 - t_1 \leqslant 36\ \text{ms}$。

（2）颈部。颈部的伤害值规定为上、下方向的拉伸、压缩，前后方向的剪切力，向后的弯曲力矩。在新 FMVSS 208 中，这些负荷和力矩的数值用 N_{ij} 来评价：

$$N_{ij} = \frac{F_Z}{F_{ZC}} + \frac{M_{OC_Y}}{M_{YC}} \tag{6-2}$$

式中，F_Z 为颈部上下方向压缩、拉伸负荷；M_{OC_Y} 为颈部中心力矩；F_{ZC}、M_{YC} 为由假人类型决定的常数。

（3）胸部。胸部的伤害值用肋骨的变形量（胸挠度）、脊椎上部测得的加速度，以及变形量与变形速度的乘积 VC（Viscous Criteria）来评价：

$$\text{VC} = s \cdot \frac{D(t)}{c} + \frac{\mathrm{d}D(t)}{\mathrm{d}t} \tag{6-3}$$

式中，$D(t)$ 为胸部变形量；s、t 为由假人类型决定的常数。

（4）大腿。正面碰撞时大腿的伤害值是采用大腿骨轴向输入的负荷，在 FMVSS 208 中通过人体骨折极限实验，定义负荷基准为 10 kN。

（5）小腿。正面碰撞时小腿的伤害值是胫骨的轴向负荷引起的膝关节大腿骨的变形量，用 TI 来评价。TI 是用负荷测量得的胫骨上下负荷与力矩，由下式计算：

$$\text{TI} = \left| \frac{M_R}{M_C} \right| + \left| \frac{F_Z}{F_C} \right| \tag{6-4}$$

式中，$M_R = \sqrt{M_X^2 + M_Y^2}$，$M_X$ 为绕胫骨前后轴的力矩，M_Y 为绕胫骨左右轴的力矩；F_Z 为胫骨上下方向的负荷；$M_C = 225\ \text{N} \cdot \text{m}$；$F_C = 35.9\ \text{kN}$。

6.2.2 碰撞试验假人

为了精确评价碰撞过程中人体受到的伤害、开发保护系统以减少作用在人体上的碰撞能量，研究者必须了解碰撞伤害的机理、定量地描述人体组织响应、确定人体造成无法恢复的严重损伤的响应水平、开发与人体生物力学特性相似的碰撞试验假人。

按人体类型不同,假人可分为成年人假人和儿童假人。根据碰撞试验不同,假人又可分为正面碰撞假人、侧面碰撞假人、后面碰撞假人及行人保护用假人,前三种为坐姿假人,后一种为站姿假人。

(1) 正面碰撞假人。正面碰撞假人是最早被开发的假人,其开发目的是为了评价乘员约束系统的牢固性。这种假人结构上很结实,外形和体重与人体相似,但主要缺点是它的碰撞响应与人体不同,也不能装备足够的测量传感器。图6-7为Hybrid Ⅲ假人及其测量传感器位置。

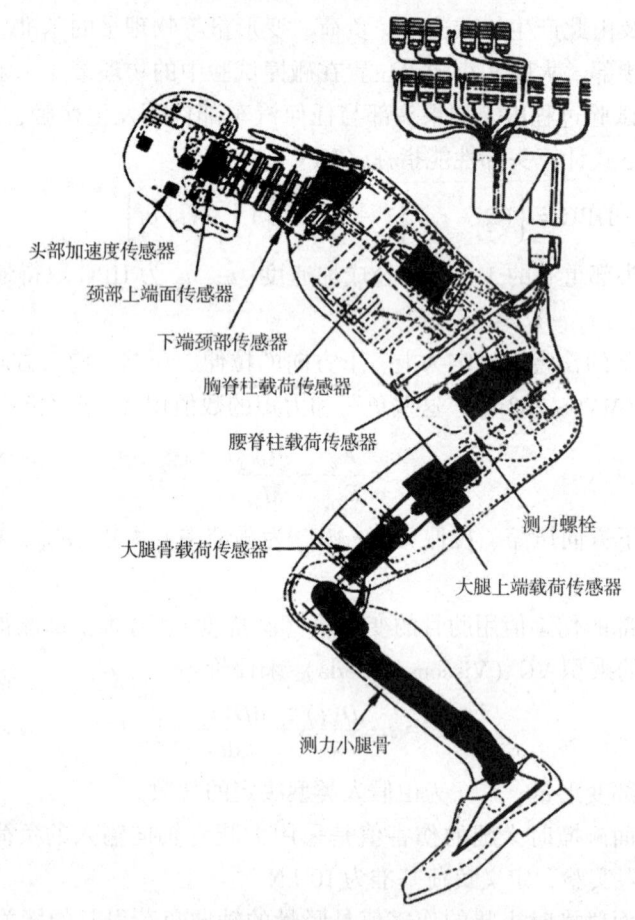

图 6-7 Hybrid Ⅲ假人及其测量传感器位置

(2) 侧面碰撞假人。侧面碰撞试验使用的是检测胸部横向冲击和变形的假人。

(3) 后面碰撞假人。后面碰撞事故和其他碰撞事故相比,死亡人数少,但头颈碰伤现象很多,因此开发了能够评价头颈碰伤的假人。为了能再现颈部的动作,不仅颈部,脊椎向后弯曲伸展的动作也有必要再现,因此开发了能模拟脊椎每一节的具有脊柱的假人BioRID Ⅱ等。

(4) 行人保护用假人。再现行人事故时,不能使用上述所说的坐姿假人,而要用站姿假人。

为保证假人的精度,试验前应对其头部、颈部、胸部和膝部等重要部位进行标定试验。具体标定试验参考对应假人的技术要求及相应调整要求。

6.2.3 实车碰撞试验

1. 实车碰撞试验准备

由于实车碰撞属于瞬时发生的猛烈冲击，试验中汽车是破坏性的，不能重复进行，因此要求试验设备必须能准确无误地实现预先设定的碰撞，各测量仪器应能精确记录汽车和乘员在碰撞时的运动状态、破坏形态及与伤害相关的动力学响应。一个较完善的实车碰撞试验室应包括试验场地、牵引设备、壁障、汽车动态翻滚试验装置、汽车静态翻滚试验装置、照明设备、地坑、轨道等。

试验准备如下：

（1）试验汽车到达试验室后，先测量并记录汽车质量和前后轴的轴荷，检查和确认汽车外观、配置和汽车的基本参数。

（2）测量汽车质量。汽车进行碰撞试验前，对于混合动力电动汽车，要排空燃油箱中的燃油，向油箱中注入水，水的质量为燃油箱额定容量时燃油质量的90%；测量和记录汽车质量和前后轴的轴荷，此时汽车质量即为整车整备质量；排空内燃机机油、变速箱油、制动液、洗涤液、防冻液、转向助力液等液体，排出液体的质量应予以补偿；排除空调系统中的液体，拆除行李舱地毯和随车工具，以及备胎（确定备胎不影响汽车碰撞特性）；安装车载记录仪，安装加速度传感器；汽车调整到规定的技术状态后，测量和记录4个车轮过车轮中心的横切面与车轮护轮板上缘交点的高度，测量和记录汽车质量和前后轴的轴荷，此时汽车质量即为试验车质量（包括假人和所有测试仪器）。

（3）调整乘员舱。将可以调节的转向盘置于中间位置，将点火开关关闭，切断蓄电池电源。对于纵向可调节的前排座椅，应使其位于行程的中间位置或者最接近于中间位置的向后位置锁止，座椅滑轨系统应处于完全锁止位置；对于高度可以单独调节的前排座椅，应调整至制造厂设计位置或最低位置。若坐垫倾斜角可调，应调整至制造厂设计位置或中间位置；座椅靠背应调节到使3DH装置躯干倾角达到制造厂规定的设计角度或调节到从铅垂面向后倾斜25°的位置。座椅腰部支撑可调节的，应调整至制造厂设计位置或完全缩回的位置。头部高度可调节的，应调整至最高位置。头枕倾斜角度可调节的，应调整至制造厂设计位置或中间位置。座椅扶手应处于放下的位置，若与假人放置位置干涉，则允许扶手处于抬起位置。调整安全带固定点、变速杆、汽车上的活动玻璃、踏板、遮阳板、后视镜，车门应关闭但不锁止，如果安装有活动车顶或可拆式车顶，应处于应有位置并关闭，驻车制动器应处于正常的释放位置。

（4）布置假人。在碰撞过程中，车上安装的测量仪器不应影响假人的运动。试验前，假人和测仪器系统的温度应稳定，并尽可能保持在22~25℃范围内。把假人放置在座椅上，躯干和手臂紧靠座椅靠背，手放在大腿外侧，系好安全带；对躯干下部施加一向后的轻微力，同时对躯干上部施加一向前的轻微力，使上躯干从座椅靠背向前倾；保持对躯干下部施加的向后轻微力，同时对躯干上部施加向后的轻微力，使上躯干逐渐回到座椅靠背。将假人定位，测量假人的相对位置，重要部分涂上油彩。

对于纯电动汽车和可外接充电的混合动力电动汽车，试验前还应按GB/T 18385—2005中的5.1进行完全充电，不可外接充电的混合动力电动汽车按正常运行状态准备试验。试验应在充电后24 h内完成。

2. 正面碰撞试验

正面碰撞试验主要用来评价汽车前端碰撞吸能装置对于车内乘员保护的有效性。模拟的是两车相撞的基本形式。根据碰撞范围,可将正面碰撞试验分为正面全碰撞、正面40%偏置碰撞和正面30%斜碰撞。

1)试验方法

正面碰撞试验是将汽车加速到指定碰撞速度,然后与固定壁障进行碰撞的试验。通常情况下,汽车的碰撞方向与固定壁障垂直。在碰撞瞬间,汽车应不再承受任何附加转向或驱动装置的作用。为防止加速或减速过程对试验车及人体姿态的影响,试验车在撞击固定壁障之前应处于匀速行驶状态。试验车的纵向中心平面应垂直于固定壁障,其到达壁障的路线在横向任一方向偏离理论轨迹均不得超过 15 cm。

2)试验要求

(1)试验场地应足够大,以容纳跑道、壁障和试验必需的技术设施。在壁障前至少应有 5 m 的水平光滑的跑道。碰撞前区域应有地沟,以便拍摄汽车底部。

(2)壁障由钢筋混凝土制成,壁障厚度应保证其质量不低于 $7×10^4$ kg。壁障前表面应铅垂,其法线应与汽车直线行驶方向呈 0°夹角,且壁障表面应覆以 2 cm 厚状态良好的胶合板。如果有必要,应使用辅助定位装置将壁障固定在地面上,以限制其位移。

(3)汽车质量。试验车质量为整备质量,燃油箱应注入水,水的质量为制造厂规定的燃油箱满容量时的燃油质量的 90%,所有其他系统(制动系统、冷却系统等)应排空,排出液体的质量应予补偿。

(4)前排座椅的调整。对于纵向可调的座椅,应调整至行程的中间位置或最接近于中间位置的锁止位置,并处于制造厂规定的高度。

(5)假人的安放。在每个前排外侧座椅上,安放一个符合技术要求且满足相应调整要求的假人。为记录必要的数以便确定性能指标,假人应配备满足相应技术要求的测量系统。

(6)加速度传感器应安装在车身地板、车架或者车身部件上,但不能安装在有变形或振动的位置;车速测量应在固定壁障之前进行;摄影测量应在汽车侧面、上面、底面进行。另外,在车厢内部还应安装一个耐冲击的摄像机以记录乘员的运动。

对于纯电动汽车和可外接充电的混合动力电动汽车还应对其电气系统进行试验。

(7)电压测量:测量高压母线电压(U_b、U_1、U_2),如图 6-8 所示。电压测量应在碰撞后 5~6 s 之间进行,取电压最小值。在汽车的 REESS 与电力系统负载人为断开的情况下,电力系统负载不适合本条款。

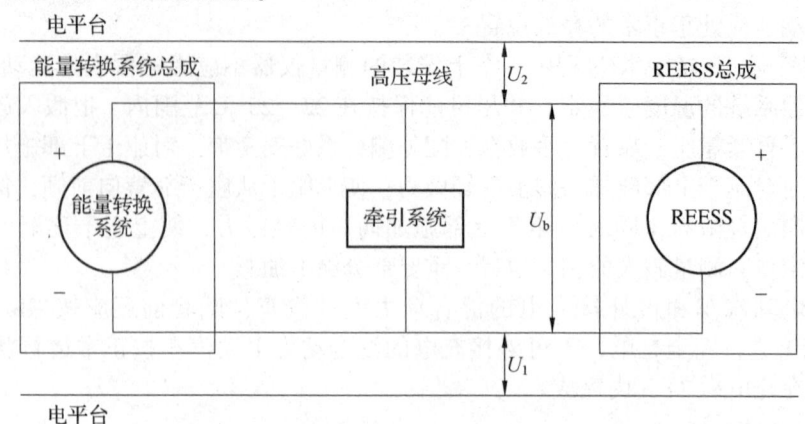

图 6-8 电压测量示意图

(8) 电能测量：测量电能在碰撞之前，开关 S_1 和一个已知的放电电阻 R_e 与相关电容并联连接，如图 6-9 所示。在碰撞之后 5~60 s 之间，开关 S_1 应闭合，同时测量并记录电压 U_b 和电流 I_e。电压 U_b 和电流 I_e 的乘积应与这段时间（从开关 S_1 闭合的时间 t_c 至电压 U_b 降低到高压阈值 60 V 直流的时间 t_h）进行积分，所得到的积分等于总能量 TE，即：

$$TE = \int_{t_c}^{t_h} U_b I_e dt \tag{6-5}$$

式中，TE 为电容总能量，J；U_b 为电源高压母线之间的电压，V；I_e 为通过 R_e 的电流，A；t_c 为开关 S_1 闭合的时间，s；t_h 为电压 U_b 降低到高压阈值 60 V 直流的时间，s。

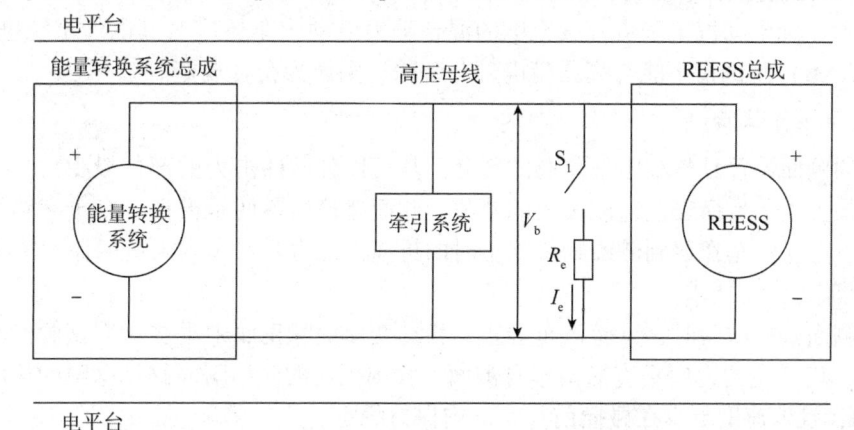

图 6-9 电压测量示意图

当 U_b 是在碰撞后 5~60 s 之间的一个时间点测量，并且 X 电容器参数（C_X）由制造商提供时，应按下式计算总能量 TE：

$$TE = 0.5 U_b^2 C_X \tag{6-6}$$

当 U_1、U_2 是在碰撞后 5~60 s 之间的一个时间点测量，并且 X 电容器参数（C_X）由制造商提供时，应按下式分别计算总能量 TE_{Y1}、TE_{Y2}：

$$TE_{Y1} = 0.5 U_b^2 C_{Y1} \tag{6-7}$$

$$TE_{Y2} = 0.5 U_b^2 C_{Y2} \tag{6-8}$$

式中，TE_{Y1} 为 Y_1 电容总能量，J；TE_{Y2} 为 Y_2 电容总能量，J；C_{Y1} 为 Y_1 电容器参数，F；C_{Y2} 为 Y_2 电容器参数，F；U_1 为电源正极高压母线与电平台之间的电压，V；U_2 为电源负极高压母线与电平台之间的电压，V。

(9) 物理防护试验：在进行汽车碰撞测试之后，不应使用工具打开，拆卸或拆除高压部件周围的任何部件，周围所有余下的部件应被视为人体保护的一部分。用 GB/T 4208—2017 定义的关节测试指（1PXXB）插入物理防护的任何缺口或开口，所用的测试力为 10×(1±10%) N。如果关节测试指部分或全部可以进入物理防护内部，则关节测试指应从直线位置开始。关节测试指的两个关节应逐步旋转，直至相对于关节测试指相邻截面的轴线最大角度为 90°，并应安放在每个可能位置。可用一面镜子来检查关节测试指是否接触高压母线，也可通过低压信号电路检察关节测试指是否接触高压带电部分，其中内部屏障被视为是外壳的一部分。

3）评价指标
(1) 碰撞试验过程中，车门不应开启，前门的锁止系统不应发生锁止。

（2）碰撞试验后，不使用工具，每排座位处的门至少有一个能打开，必要时可以改变座椅靠背位置使乘员能够撤离（不适用于非硬顶结构的汽车）；将假人从约束系统中解脱时，如果发生了锁止，应能通过在松脱位置上施加不超过 60 N 的压力打开该约束系统；不调整座椅，可以从汽车中完好地取出假人。

（3）碰撞试验过程中，燃油供给系统不应泄漏。碰撞试验后，如果燃油供给系统存在液体连续泄漏，则在碰撞后前 5 min 的平均泄漏速率不得超过 30 g/min；如果来自燃油供给系统的液体与来自其他系统的液体混合，而且不容易分离和辨认，则在评定连续泄漏时，收集到的所有液体都应计入。

（4）对于纯电动汽车和可外接充电的混合动力电动汽车还应对其电气系统进行试验，如果（1PXXB）测试指不能与高压带电部分解除，则认为符合规定。

3. 侧面碰撞试验

汽车的侧面位置是整车中最薄弱的部分，其可以分散冲击力的部件极少，一旦发生碰撞，将给乘坐人员生命安全造成极大的威胁。侧面碰撞试验便是模拟日常十字路口侧面碰撞事故，以考量汽车在遇到侧面物体撞击时的抗撞击能力和对车内人员的保护情况。

1）试验方法与要求

进行侧面碰撞试验时，试验汽车静止，移动变形壁障正面中垂线对准试验汽车驾驶员座椅 R 点，以一定的速度垂直撞击车身侧面。我国规定的碰撞瞬时移动壁障的速度为（50±1）km/h，且该速度至少在碰撞前 0.5 m 内保持稳定。

侧面碰撞试验对场地的要求及试验汽车的准备与 100% 正面碰撞基本相同。对移动壁障的重心位置，碰撞块的形状、尺寸及重心位置等参数都有明确严格的要求。移动车的形状和大小也有规定，尽量与真实汽车相当。另外，移动车必须有自己的制动装置，一旦发生碰撞，通过传感器起动该制动装置，让移动壁障尽快停止，以避免与试验汽车发生二次碰撞。

移动变形壁障的纵向中垂面与试验汽车上通过碰撞侧的前排座椅 R 点的横断垂面间的距离应在 ±25 mm 以内。在碰撞瞬间，应确保由变形壁障前表面上边缘和下边缘限定的水平中间平面与试验前确定的位置上、下偏差在 ±25 mm 以内。

2）评价标准

汽车侧面碰撞试验一般在驾驶员侧进行，如果由于汽车结构的不对称性影响到侧面碰撞性能，需在对面的一侧进行试验。

（1）乘员损伤评价指标包括头部、胸部、腹部和腰部各损伤值，如表 6-5 所示。

表 6-5 乘员损伤值指标要求

性能指标	损伤基准	指标描述	法规要求
HPC	—	头部性能指标	≤1 000
RDC	胸部位移	肋骨变形指标	≤42 mm
VC	胸部软组织速度	黏性指数	≤1 m/s
PSPF	肋骨冲击力	耻骨合成力峰值	≤6 000 N
APF	—	腹部力峰值	≤2 500 N 的内力

（2）在试验过程中车门不得开启。

（3）碰撞试验后，不使用工具应能打开足够数量的车门，使乘员能正常进出。必要时可倾斜座椅靠背或座椅，以保证所有乘员能够撤离；能将假人从约束系统中解脱；能将假人从汽车中移出。

（4）所有内部构件在脱落时均不得产生锋利的突出物或锯齿边，以防增加伤害乘员的可能性。

（5）在不增加乘员受伤危险的情况下，允许出现因永久变形产生的脱落。

（6）碰撞试验后，如果燃油供给系统出现液体连续泄漏，其泄漏速度不得超过 30 g/min；如果燃油供给系统泄漏的液体与其他系统泄漏的液体混合，且不同的液体不容易分离和辨认，则在评定连续泄漏的泄漏速度时记入所有收集到的液体。

（7）电气检测部分与正面碰撞试验中的（7）~（9）相同。

4. 后碰撞试验

在汽车后碰撞事故中，燃油箱及管路渗漏爆炸起火仅占 1%，但此类事故一旦发生，后果十分严重。后碰撞试验主要是模拟汽车在发生追尾时，座椅及头枕对乘客颈椎的保护效果。

1）试验方法

在进行汽车后碰撞安全性评价时，采用碰撞装置与试验汽车后部碰撞的方式，模拟与另一行驶汽车发生后碰撞的情况。碰撞装置可以为移动壁障或摆锤。试验时，碰撞装置以一定速度与试验汽车后部碰撞，根据燃油系统的泄漏情况评价汽车后碰撞的安全性。

2）试验要求

（1）试验场地。试验场地应足够大，以容纳碰撞装置驱动系统、被撞汽车碰撞后的移动及试验设备的安装。汽车发生碰撞和移动的场地应水平、平整，路面摩擦因数不小于 0.5。

（2）碰撞装置。碰撞装置应为刚性的钢制结构，表面应为平面，宽度不小于 2 500 mm，高度不小于 800 mm，其棱边圆角半径为 40~50 mm，表面装有厚为 20 mm 的胶合板。碰撞时，碰撞表面应为铅垂面并垂直于被撞汽车的纵向中心平面；碰撞装置移动方向应水平并平行于被撞汽车的纵向中心平面；碰撞装置表面中垂线和被撞汽车的纵向中心平面之间的横向偏差不大于 300 mm，并且碰撞表面宽度应超过被撞汽车的宽度；碰撞表面下边缘离地高度应为（175±25） mm。

（3）碰撞装置的驱动形式。碰撞装置既可以固定在移动车上（移动壁障），也可以为摆锤的一部分。若碰撞装置用约束元件固定于移动车上，则约束元件一定是刚性的，且不应因碰撞而产生变形；在碰撞瞬间移动车应与牵引装置脱离而能自由移动；碰撞速度为 (50±2) km/h；移动车和碰撞装置总质量为 (1 100±20) kg。若使用摆锤，碰撞装置的碰撞表面中心与摆锤旋转轴线间距离不应小于 5 m；碰撞装置应牢固地固定在刚性臂上并通过刚性臂自由地悬挂，摆锤结构不能因碰撞而变形；摆锤应装有制动器，以防止摆锤二次碰撞试验车；摆锤撞击中心的转换质量 m_r 与总质量 m、撞击中心与旋转轴之间的距离 a 和系统重心与旋转轴之间的距离 l 之间关系如下：

$$m_r = ml/a \tag{6-9}$$

式中，转换质量 m_r 应为 (1 100±20) kg。

3）评价标准

（1）在碰撞过程中燃油装置不应发生液体泄漏。

（2）碰撞试验后，燃油装置若有液体连续泄漏，则在碰撞后前 5 min 平均泄漏速率不应大于 30 g/min；如果从燃油装置中泄漏的液体与从其他系统泄漏的液体混淆，且这几种液体不容易分开和辨认，则应根据收集到的所有液体评价连续泄漏量。

（3）不应引起燃料的燃烧。

（4）在碰撞过程中和碰撞试验后，蓄电池应由保护装置保持自己的位置。

（5）电气检测部分与正面碰撞试验中的（7）～（9）相同。

5. C-NCAP 碰撞试验

C-NCAP 碰撞试验包括正面 100% 重叠刚性壁障碰撞试验、正面 40% 重叠可变形壁障碰撞试验、可变形移动壁障侧面碰撞试验。通过这几项碰撞试验的得分，再加在一起总的分数，来给定出碰撞星级。

1）试验项目及说明

C-NCAP 试验项目及说明如表 6-6 所示。

表 6-6　C-NCAP 试验项目及说明

实验项目	说明
车速 50 km/h 与刚性固定壁障 100% 重叠率的正面碰撞试验	前排驾驶员和乘员位置分别放置 Hybrid Ⅲ 型第 50 百分位男性假人，第二排最右侧座位放置 Hybrid Ⅲ 型第 5 百分位女性假人，试验时候假人佩戴安全带，考核安全带性能。每项最高得分为 18 分，共 36 分
车速 64 km/h 对可变形固定壁障 40% 重叠率的正面偏置碰撞试验	
可变形移动壁障速度 50 km/h 与汽车的侧面碰撞试验	驾驶员位置放置 EuroSID Ⅱ 型假人，测量驾驶员位置受伤害情况。最高得分为 18 分
低速后碰撞颈部保护试验（鞭打试验）	座椅上放置 BioRID Ⅱ 型假人，测量后碰撞过程中，颈部受到的伤害情况。最高得分为 8 分

2）评测指标

根据试验数据计算各项试验得分和总分，由总分多少确定星级，如表 6-7 所示，最高得分为 60 分。

表 6-7　星级评分标准

总分	≥60 分	≥52 分且 <60 分	≥44 分且 <52 分	≥36 分且 <44 分	≥28 分且 <36 分	<28 分
星级	5+ (★★★★★☆)	5 (★★★★★)	4 (★★★★)	3 (★★★)	2 (★★)	1 (★)

6. 模拟碰撞试验

模拟碰撞实际上就是将实车碰撞中产生的加速度-时间历程使用一些专用设备模拟出来，尽可能接近这一时间历程，从而"制造"出一个冲击试验环境。在这一冲击试验环境中试验各类被试验部件，如安全带、座椅、行李架、门锁或门铰链等的相关耐冲击、耐惯性性能；另外，通过复现实车碰撞试验中的加速度-时间历程，可以复现包括安全带、安全气囊、吸能式转向管柱等零部件的整个乘员约束系统在这一时间历程中同假人的相互作用，在相同的冲击环境下，可以对不同的约束系统参数组合进行集成匹配，从而配合仿真分析找出最优组合。通过模拟碰撞试验我们只需对乘员约束系统或车内的其他零部件进行冲击试验，无须使用整车进行试验。模拟碰撞试验中，汽车或工装本身不直接被撞击，车身或工装相关结构不会被破坏，破坏的仅为零部件本身；试验后，仅需要更换试验零部件即可反复进行试验，试验所需时间与费用不高。

1) 台车冲击试验

台车冲击试验利用平台车产生与实际撞车接近的减速度，以检验乘员保护装置的性能和零部件的耐惯性冲击力，常用于评价乘员保护装置的性能和安全部件的耐冲击能力。与实车碰撞试验相比，台车试验具有简便、再现性好和试验费用低的优点。

台车冲击试验通常以实车碰撞试验中在车身上测得的减速度波形为依据，采用与其近似的梯形波或半正弦波为标准波形。从试件响应和零部件损伤来看，对这种模拟试验有重要影响的 3 个参数是：冲击时的速度、加速度峰值和达到峰值加速度的上升时间或总的脉冲持续时间。试验结果表明，这 3 个参数不是一定相关的，因此，理想的模拟试验装置应能对这 3 个参数进行单独的控制或调整，也就是必须能改变脉冲波形，以满足不同标准的要求。

2) 安全气囊试验

安全气囊试验用来评价安全气囊对乘员的保护性能。目前采用的方法是 FMVSS 208、ECE 及 NCAP 等国际标准，主要检验安全气囊的保护性能、气囊控制器的点爆条件和气囊系统与具体车型的匹配。

由于气囊系统总是针对特定车型设计的，因此对气囊模块进行试验时，首先要按照此车型的实车环境布置台车。实验一般包括以下几个内容：对同一碰撞车速，在碰撞开始后的不同时刻点爆气囊，根据假人伤害指标、假人与气囊的配合情况，检验气囊的保护效果，确定最佳点火时刻的范围；检验不同碰撞车速下气囊的保护作用；检验气囊控制器点爆气囊的条件。

气囊系统的整车碰撞试验通常要进行多次，对于使用安全带的气囊系统，至少要进行两轮试验。第一轮试验，进行 20 km/h 车速的正面碰撞（气囊应不爆）；30 km/h 车速的正面碰撞；30°碰撞和偏置碰撞（气囊应点爆）；48 km/h 车速的正面碰撞（气囊应点爆），获得汽车结构安全特性及碰撞波形。用获得的试验结果来改进结构设计和设置台车碰撞试验环境，进行台车试验，改进、优化气囊系统。第二轮试验，重复第一轮试验的各种情况，检验气囊的保护效果及气囊控制系统的工作情况。

3) 座椅安全带试验

(1) 安全带静强度试验。

把编织带、带锁、长度调节器、卷轴器和安装固定件等安装在试验装置上，安装时需要使用专用的夹具。安全带强度试验装置由 3 个部分组成：加载油缸及支架组成的加载部分；真车驾驶室及座椅和安全带系统；代替人体的模块。

试验时应保证安全带与模块等位置、束紧情况等与实车一致；加载时应保证加载油缸拉动安全带的角度不变。试验时，两油缸同时对腰、肩安全带加载至额定载荷，观察安全带的变形情况，没问题时连续对安全带系统加载至损坏为止，看起损坏部位及情况。

(2) 安全带动态试验。

动态试验能够更全面地考察安全带总成的强度和伸长量。这种试验是在台车上进行的，供试验的安全带将假人紧缚在台车座椅上。

试验时应记录台车的冲撞速度；台车的加速度波形、最大加速度、加速度作用的时间以及假人头、胸和腰部的前后、上下和左右方向的加速度波形；作用在安全带上的载荷；相对台车向前的移动量（三点式安全带要在假人的胸部进行测量）；座椅安全带安装部位的刚性。

（3）编织带的拉伸和强度试验。

取一个适当长度的编织带，将其装在拉力机上。拉力机以一定的速度加载，至编织带拉断为止，并记录断裂时的加载力，然后从加载力-编织带变形图可求得编织带的吸能率。

（4）卷收器的卷收性能试验。

安全带卷收器的功能是在感受到汽车碰撞或倾翻信号时锁死编织带的进一步拉出，工作性能主要有紧急锁止性能、倾斜锁止角和卷收力等。卷收器紧急锁止性能的测试常常采用卷收器紧急锁止试验台。试验中，要求测量产生锁止的加速度值和加速度上升斜率，以及锁止距离。倾斜锁止角试验是评价卷收器在感受倾斜信号时对编织带的锁止功能，试验时将卷收器按照实际装车位置安装在一个可以倾斜的平台上，然后将平台向不同的方向倾斜，随着卷收器的倾斜，编织带被拉出，直到被锁止，从而可以测量出倾斜锁止角。卷收力试验是为了评价卷收器的卷收力是否能满足标准要求，卷收力过小，会造成编织带回卷困难、佩戴时过于松弛而增加碰撞时乘员的前移量；卷收力过大，则会造成乘员佩戴不舒服。

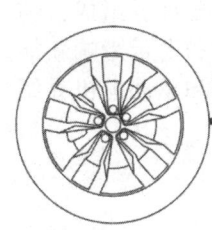

第7章 可靠性试验

学习目标

1. 了解可靠性在新能源汽车评价指标中的重要性。
2. 掌握新能源汽车中需要进行可靠性试验和评价的关键部件和组成。
3. 熟悉新能源汽车各类可靠性的测试标准和试验方法。

思　考

1. 新能源汽车可靠性试验的目的和意义是什么？
2. 为何在动力系统和传动系统可靠性试验之后还要做整车可靠性试验？
3. 国家标准和国际标准对新能源汽车的可靠性有哪些要求？

　　可靠性试验工作贯穿于产品的全寿命周期，是评价产品寿命与可靠性的一个重要手段，是可靠性工程的重要组成部分。可靠性试验是为了了解、评价、分析和提高产品可靠性水平而进行的各种试验的总称。其主要目的是验证产品的可靠性，揭露产品的薄弱环节，制定提高产品可靠性的措施，建立合理的维修制度考核产品的使用效果和经济合理性。根据不同的试验目的相应地有不同的可靠性试验内容和方法。

　　新能源汽车包括纯电动汽车和混合动力电动汽车，其中纯电动汽车是指以电机为动力源的汽车，而混合动力电动汽车是汽车驱动系统由两个或多个能同时运转的单个驱动系统联合组成的汽车，汽车的行驶功率依据实际的汽车行驶状态由单个驱动系统单独或共同提供。目前，通常所说的混合动力电动汽车一般指油电混合动力电动汽车，即采用传统的内燃机（柴油机或汽油机）和电机作为动力源。新能源汽车的关键技术就是动力系统和传动系统，因此本章所涉及的可靠性试验，包括动力系统可靠性试验、传动系统可靠性试验和整车可靠性试验。

7.1 动力系统可靠性试验

混合动力电动汽车的动力系统由内燃机、动力电池和驱动电机 3 个主要部分组成,纯电动汽车动力系统只有动力电池和驱动电机两个主要部分。为了充分了解和揭示影响新能源汽车动力系统的可靠性和寿命的因素,以及存在的问题,本节针对电池和驱动电机介绍相关可靠性试验内容及方法。

7.1.1 动力电池可靠性试验

动力电池可靠性试验是为了考核动力电池系统性能的稳定性,是了解目前研发的动力电池系统寿命及存在问题的技术手段。本节以动力电池循环寿命的角度进行可靠性试验,通过循环寿命试验了解动力电池系统存在的问题,揭露其薄弱环节。

为了便于记录和分析,对动力电池相关的术语和符号做一些定义。单体电池:直接将化学能转化为电能的基本单元装置,包括电极、隔膜、电解质、外壳和端子,并被设计成可充电。动力电池组:将一个以上单体电池按照串联、并联或串并联方式组合,且只有一对正负极输出端子,并作为电源使用的组合体。动力电池系统:一个或一个以上动力电池组及相应附件(管理系统、高压电路、低压电路、热管理设备以及机械总成等)构成的能量存储装置。额定容量:室温下完全充电的动力电池以 $1I_1$(A)电流放电,达到终止电压时所放出的容量(A·h)。额定能量:室温下完全充电的蓄电池以 $1I_1$(A)电流放电,达到终止电压时所放出的能量(W·h)。初始容量:新出厂的动力电池,在室温下,完全充电后,以 $1I_1$(A)电流放电至企业规定的放电终止条件时所放出的容量(A·h)。初始能量:新出厂的动力电池,在室温下,完全充电后,以 $1I_1$(A)电流放电至企业规定的放电终止条件时所放出的能量(W·h)。室温荷电状态 SOC:当前可用容量占初始容量的百分比。C_1 表示 1 小时率额定容量(A·h);I_1 表示 1 小时率放电电流,其数值等于 C_1(A);C_{n1} 表示 1 小时率实际放电容量(A·h);I_{n1} 表示 1 小时率实际放电电流,其数值等于 C_{n1}(A)。

1. 试验条件

除另有规定外,试验应在温度为(25±5)℃、相对湿度为 15%~90%,大气压力为 86~106 kPa 的环境中进行。

试验之前要先注意室温放电容量(初始容量),室温下,按照 GB/T 31484—2015 中的方法测试容量和能量 5 次,当连续 3 次试验结果的极差小于额定容量的 3% 时,可提前结束试验,取最后 3 次试验结果平均值。单体电池、动力电池组/系统,其放电容量应不低于额定容量,并且不超过额定容量的 110%。同时,对于单体电池,所有测试样品初始容量极差不大于初始容量平均值的 5%;对于动力电池组/系统,所有测试样品初始容量极差不大于初始容量平均值的 7%。

2. 试验方法

动力电池的循环寿命分为标准循环寿命和工况循环寿命。标准循环寿命为测试样品按照 GB/T 31484—2015 进行试验得出的寿命,该标准既适用于纯电动汽车也适用于混合动力电动汽车,循环次数达到 500 次时放电容量应不低于初始容量的 90%,或者循环次数达到 1 000 次时放电容量应不低于初始容量的 80%;混合动力电动汽车采用的功率型动力电池,分为乘用功率型动力电池和商用功率型动力电池,分别按照 GB/T 31484—2015 进行工况循环测试,总放电能量与电池初始能量的比值达 500 时,计量放电容量和 5 s 放电功率;对于纯电动汽车,其采用的能量型动力电池,不论是乘用型还是商用型动力电池,也都

第 7 章 可靠性试验

按照 GB/T 31484—2015 进行工况循环测试,总放电能量与电池初始能量的比值达 500 时,只计算放电容量。纯电动汽车乘用型和商用型动力电池的工况循环测试过程与混合动力电动汽车类似,因此本书仅以混合动力电动汽车动力电池工况循环寿命测试过程为例予以说明。

混合动力乘用车用功率型动力电池的整个测试步骤:按照 GB/T 31484—2015 方法调整 SOC 至 80% 或者企业规定的最高 SOC;搁置 30 min;运行"主放电工况"直到 30% SOC 或企业规定的最低 SOC 或企业规定的放电终止条件;运行"主充电工况"直到 80% SOC 或企业规定的最高 SOC 或企业规定的充电终止条件;重复以上步骤共 x(h)(x 约为 22);搁置 2 h;重复以上步骤共 6 次;测试容量和能量;测试功率;再次重复以上步骤,直至总放电能量与动力电池初始能量的比值达 500;继续测试容量和功率。

此外,不论是在乘用车还是商用车的功率型动力电池循环测试过程中,需要注意的是,如果测试步骤的第 8 个步骤中测试的放电容量低于初始容量的 90%,或第 9 个步骤中测试的放电功率低于初始功率的 85%,允许维护一次(不更换电池),然后再重复这两个步骤,如仍不满足条件,则提前终止试验。

该循环测试由两部分组成,一个是主放电工况,其放电量略多于充电量,该过程试验步骤如表 7-1 所示,同时在此过程中,各个时间增量下的电流大小如图 7-1 所示。

表 7-1 混合动力乘用车用功率型动力电池主放电工况试验步骤

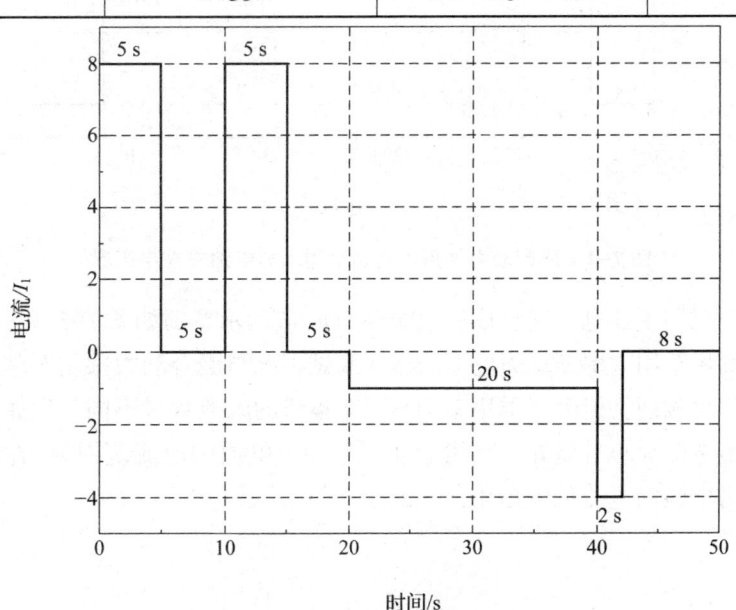

时间增量/s	累计时间/s	电流/A	ΔSOC
5	5	$8I_1$	-1.111
5	10	0	-1.111
5	15	$8I_1$	-2.222
5	20	0	-2.222
20	40	$-1.5I_1$	-1.389
2	42	$-4I_1$	-1.167
8	50	0	-1.167

图 7-1 混合动力乘用车用功率型动力电池主放电工况

另一个是主充电工况，与主放电工况相反的是，其充电量略多于放电量；与主放电工况相同的是其试验累计时间都为 50 s。主充电工况试验步骤如表 7-2 所示，其各个时间增量下的电流大小如图 7-2 所示。

表 7-2 混合动力乘用车用功率型动力电池主充电工况试验步骤

时间增量/s	累计时间/s	电流/A	ΔSOC
5	5	$-4I_1$	0.556
15	20	$-1.5I_1$	1.181
4	24	0	1.181
5	29	$8I_1$	0.069
13	42	$-1.5I_1$	0.611
5	47	$-4I_1$	1.167
3	50	0	1.167

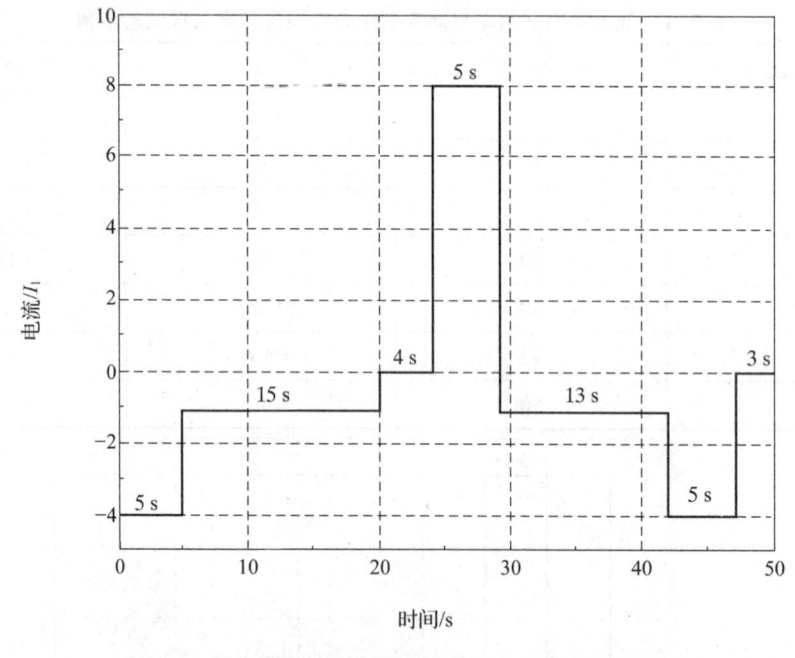

图 7-2 混合动力乘用车用功率型动力电池主充电工况

由主充电工况和主放电工况组成的大循环 SOC 波动示意图如图 7-3 所示。

混合动力商用车用功率型动力电池的循环测试工况与混合动力乘用车基本一致，二者的整个测试步骤也相同，但由于乘用车和商用车集成的电池数量不同，主放电工况和主充电工况的充放电电流大小有差异：乘用车功率型动力电池的电流范围为 $8I_1 \sim -4I_1$，而商用车功率型动力电池的电流范围为 $4I_1 \sim -2I_1$。

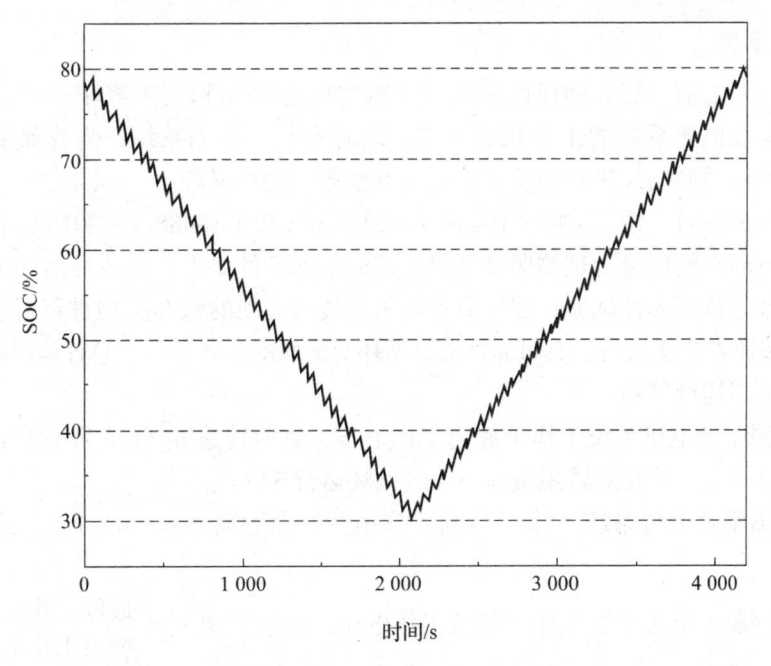

图 7-3　混合动力电动乘用车用功率型动力电池大循环 SOC 波动示意图

7.1.2　驱动电机的可靠性试验

电机台架可靠性试验是根据试验对象的机型和考核目的，按照试验规范的要求进行的。需要注意的是，生产企业出于市场竞争的要求，为充分揭示和了解影响自身产品可靠性和寿命的因素，找出问题所在，对产品的可靠性考核无论是在试验条件苛刻程度上还是试验要求上均要严于国家标准，并严格保密。因此，本小节主要以国家标准为参考。

GB/T 29307—2012《电动汽车用驱动电机系统可靠性试验方法》介绍了我国目前广泛采用的可靠性考核试验规范，规定了电动汽车用驱动电机系统在台架上的一般可靠性试验方法，其中包括可靠性试验负荷规范及可靠性评定方法。此外，该标准适用于纯电动汽车和混合动力电动汽车的驱动电机系统。

对于不同的企业而言，可靠性试验的要求和条件都是不尽相同的，如果没有特殊说明时，试验条件应满足 GB/T 18488.2—2015《电动汽车用驱动电机系统　第 2 部分：试验方法》的要求。此外，如果被测装置是完整的车用驱动电机系统，则应符合制造厂技术条件的规定；驱动电机系统外观检查应符合产品标准的有关规定。

1. 试验条件

对于驱动电机的可靠性试验，需要明确试验电源电压和电机冷却的条件。首先，试验过程中，试验电源由动力直流电源提供，或者由动力直流电源和其他储能（耗能）设备联合提供；试验电源的工作直流电压不大于 250 V 时，其稳压误差应不大于±2.5 V；试验电源的工作直流电压大于 250 V 时，其稳压误差应不超过被试驱动电机系统直流工作电压的 ±1%。此外，试验电源要能够满足被测驱动电机系统的功率要求，并能够工作于额定工作电压、最高工作电压、最低工作电压或其他工作电压。其次，对于电机在试验过程中的冷却，冷却设备或冷却条件参考 GB/T 29307—2012 中的冷却条件。

2. 试验步骤

在试验开始之前，需要确保控制器和电机之间连接线和实际汽车一致，以及供电电源、试验台架及监测系统的工作状态正常，同时安装好监测系统。为确保系统能正常工作，应对必要的关联信号进行模拟或者通过其他方法进行屏蔽。

开始进行试验时，按照 GB/T 18488.1—2015 和 GB/T 18488.2—2015 的要求进行性能初试，所测得的性能应符合被测驱动电机系统的技术条件要求。完成性能初试之后按照可靠性试验规范进行可靠性试验。按照驱动电机系统所应用的汽车类型进行可靠性试验，转矩负荷循环按照表 7-3 进行，其可靠性测试循环情况如图 7-4 所示。总计运行时间为 402 h，按照如下的顺序连续试验：

(1) 被测驱动电机系统工作于额定工作电压，试验转速 n_s 保持为 1.1 倍的额定转速 n_N，即 $n_s = 1.1 n_N$，并在此转矩负荷下连续循环运行 320 h；

(2) 被测驱动电机系统工作于最高工作电压，试验转速 $n_s = 1.1 n_N$，此负荷下循环 40 h；

(3) 被测驱动电机系统工作于最低工作电压，试验转速 $n_s = \dfrac{最低工作电压}{额定工作电压} \times n_N$，此负荷下循环 40 h；

(4) 被测驱动电机系统工作于额定工作电压、最高工作转速和额定功率状态，持续运行 2 h。

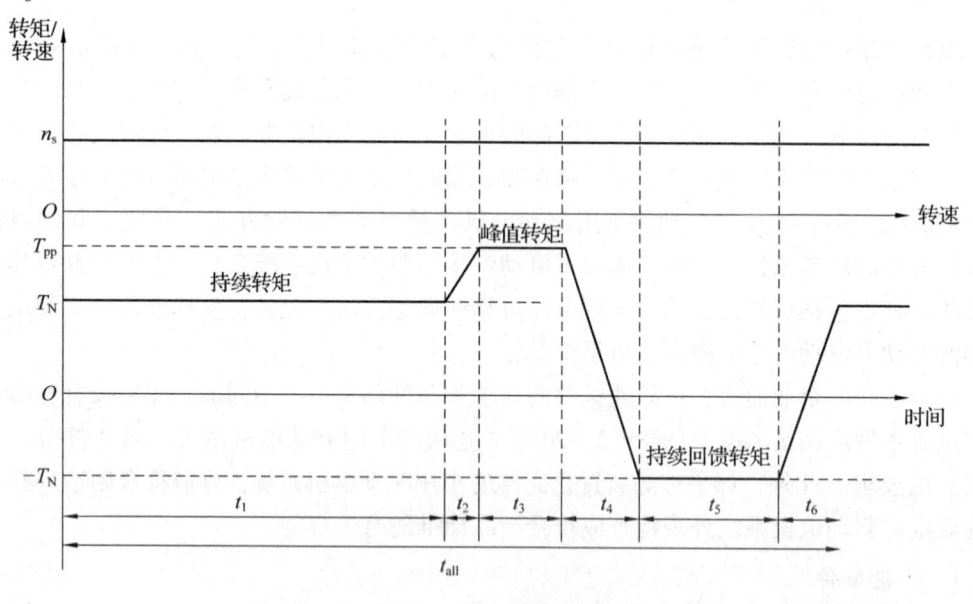

图 7-4 驱动电机系统可靠性测试循环示意图

说明：T_N 为持续转矩，N·m；T_{PP} 为峰值转矩，其中，被测驱动电机系统工作于额定工作电压或者最高工作电压状态时 $T_{PP} = \dfrac{峰值功率}{n_s}$；被测驱动电机系统工作于最低工作电压状态时 $T_{PP} = \dfrac{峰值功率}{n_N}$。

表 7-3 驱动电机系统可靠性测试循环参数表

序号	负载转矩	运行时间/min		
		纯电动商用车	纯电动乘用车	混合动力电动汽车
1	持续转矩 T_N (t_1)	23.5	22	6.5
2	T_N 过渡到 T_{pp} (t_2)	0.5	0.5	0.5
3	峰值转矩 T_{pp} (t_3)	1	0.5	0.5
4	T_{pp} 过渡到 $-T_N$ (t_4)	1	1	0.5
5	持续回馈转矩 $-T_N$ (t_5)	3	5	6.5
6	$-T_N$ 过渡到 T_N (t_6)	1	1	0.5
	单个循环累计时间	30	30	15

对于试验结果的整理，除了需要按照 QC/T 893—2011 进行记录，必要时提供照片，进行精密分析外，还需要依据被测驱动电机系统实际持续运行时间和运行过程中的记录。

3. 检查、维护与故障处理

一个完整的试验，检查和维护环节也是必要的。按照试验周期，可以有随时检查、每 1 h 检查和每 24 h 检查等检查维护方法，对于一般的试验可以按照这些方法的要求依次进行检查、记录和维护，也可以根据试验需求对检查内容和周期进行适当的增减。

试验过程中如遇故障需要急停，应按照以下方案处理：记录每次停机的原因及操作内容；当出现故障时，应进行故障分析，排除故障，并记录；被中断的负荷循环不计入驱动电机系统可靠性工作时间；如果停机时间超过 1 h，则重新开始循环后的 1 h 不计入驱动电机系统的可靠性工作时间。

7.2 传动系统可靠性试验

传动系统作为汽车中的重要总成，零部件较多，结构也较为复杂。变速器作为汽车传动系统中的重要组成部分之一，在汽车行驶过程中不仅受到各种路面工况的随机激励、动力系统输入的周期性激励、变速器内部齿轮啮合的各种激励，还受到汽车起步、加速、减速、制动和换挡等各种行驶工况的冲击，因此变速器内部零件容易产生疲劳损坏。

新能源汽车与传统内燃机汽车传动系统可靠性试验过程类似，本节将介绍自动变速器相关的可靠性试验。

7.2.1 新能源汽车变速器试验台架

变速器可靠性关系到汽车、燃料经济性、动力性等性能。在变速器试验中，最接近实际情况的方法是把试验变速器装于汽车上进行使用试验；其次是试验车在特定行驶条件下进行的道路试验。以上试验都必不可少，但是试验周期长。

室内台架试验具有试验周期短和不受天气、季节、时间及交通道路等条件限制，试验条件可重复以及很大程度上排除人为错误的优点，因此广泛用于变速器可靠性试验。

对于新能源汽车变速器试验台架，一般需要一台或两台高速电机，两台负载电机。其中，高速电机用于模拟驱动电机和内燃机，负载电机用于模拟汽车负载。由于新能源汽车变速器分为横置变速器与纵置变速器，因此试验台架类型也分为横置变速器试验台架与纵置变速器试验台架。

试验时，被试件由驱动电机带动，两台加载电机模拟变速器运行工况，并提供带载起动及制动扭矩。通过相关传感器完成试验数据的采集。由于振动会对于新能源汽车试验项目产生重要影响，因此试验台架设计首先需要保证自身不会产生大的振动。

图 7-5 所示为某横置变速器试验台架模型，试验台架高速电机选用结构紧凑、转动惯量极低的永磁同步伺服电机，试验台架一些关键技术参数为：驱动转速范围为 0~15 000 r/min；转速测量精度范围为 -0.01%~0.01%；加载扭矩范围为 0~3 700 N·m。试验台架试验涵盖变速器可靠性试验（疲劳寿命试验）、换挡操作系统可靠性试验等多项试验。

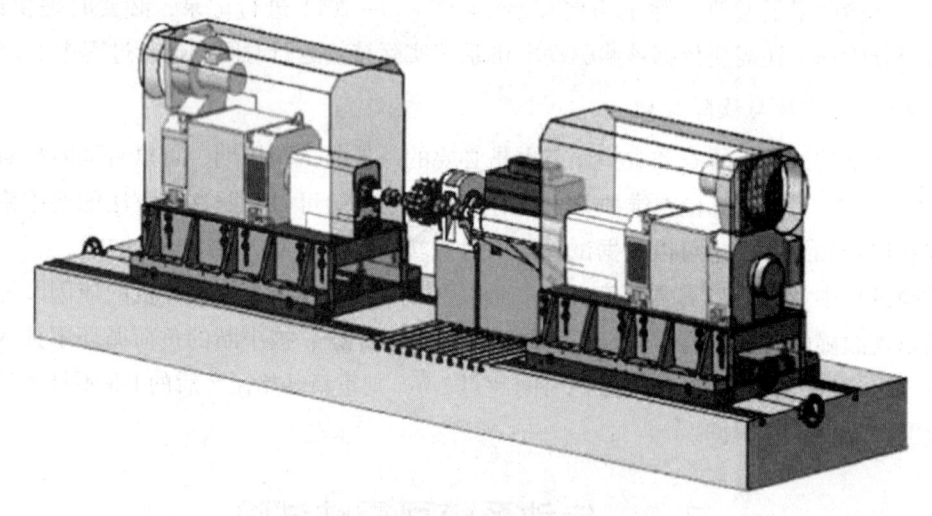

图 7-5 某横置变速器试验台架模型

2017 年 11 月 8 日，国内第一台最高转速的新能源汽车变速器高速试验台架研发成功，该汽车变速器高速试验台架采用低惯量永磁电机直驱机构，驱动转速高达 16 000 r/min，可以模拟整车内燃机工况及电动汽车驱动电机工况，目前在新能源汽车领域应用广泛。

7.2.2 变速器可靠性试验

为保证变速器内各个零部件的可靠性和耐久性，需要进行变速器可靠性试验。当供需双方有约定的可靠性试验要求时，可靠性试验应按照需求方技术要求进行。当供需双方无约定的可靠性试验要求时，大多数自动变速器的可靠性试验可以参照 GB/T 39899—2021 相关规定进行检测，检测步骤如下。

（1）台架测试中以 600~900 r/min 的输入转速驱动自动变速器，按照驻车挡（P）、倒挡（R）、空挡（N）、前进挡（D）及其他前进挡位的挂挡顺序挂挡至各个挡位，每个挡位运行时间为 10 s，需要重复以上操作不少于 2 800 次，要求手动挂挡的各挡位均稳定运行。

(2) 前进挡自动换挡测试，台架测试中分别以 1 600 r/min、1 800 r/min、2 000 r/min、2 200 r/min、2 400 r/min 这 5 个输入转速驱动变速器。在以上 5 个输入转速下，自动换挡系统根据被测变速器的换挡控制规律，进行不少于 5 000 次前进挡自动换挡测试，实时监测挡位功能、扭矩峰值时间、主油压、油温、冷却流量，测试需满足：前进挡（D）内所有挡位完整存在；扭矩峰值时间 200~1 500 ms；换挡时间不超过 1 s；主油压范围应符合相关国家标准的要求；变速器油温不超过产品技术要求。

测试结束后，自动变速器需进行拆解检查，要求拆解后的自动变速器满足：各连接件及紧固件无松动、无脱落，紧固力矩值应在要求范围内；各密封元件处无渗漏；各塑料及橡胶件应无损坏；各工作面应无磨损、卡滞现象；其他零件如变速器箱体、油泵、同步器、齿轮、行星架等应符合 GB/T 39899—2021 相关规定；自动变速器内部夹杂物总质量不超过 260 mg，单个夹杂物最大横截面面积不超过 0.4 mm^2。

7.2.3 换挡操作系统可靠性试验

为保证变速箱换挡执行机构可靠耐用、失效率低，需对变速器换挡操作系统进行单独的可靠性试验。对于机械式自动变速器可参考 QC/T 1114—2009 进行可靠性试验。有特殊工况要求的还需要供需双方另行协商进行。每个试验项目至少需要两台试验样品进行试验，全部合格才能判定该项目合格。

换挡操作系统可靠性试验台架需要具备对换挡拨头施加载荷、换挡次数计数及温度控制误差不超过±5 ℃的试验环境温度调节功能。

一个选挡循环指从换挡初始位置换挡至第一个换挡目标位置，再返回换挡初始位置或者从换挡初始位置换挡至第二个换挡目标位置，再返回换挡初始位置。试验要求换挡总循环数目应不小于 1×10^6。

试验流程如下：

(1) 将被测系统安装在试验台架上；

(2) 对换挡操作系统进行换挡循环，循环频率自定但需满足≥10 个/min，完成指定数目的换挡循环；

(3) 试验环境温度如表 7-4 所示。

表 7-4 换挡操作系统可靠性试验环境温度要求

试验环境温度/℃	循环个数所占总循环个数百分比/%
80	86
100	10
120	2
−30	2

可靠性试验过程中以及结束后，被测系统都不应出现渗油、漏油现象、异响及其他导致不能正常使用的状况。

此外，试验结束后，各零部件都不应出现疲劳损坏现象。

7.3 整车可靠性试验

整车可靠性是汽车最基本、最重要的性能之一。整车可靠性与汽车零部件的失效、寿命、安全性、维修性等密切相关。以往汽车行业常将汽车及零部件能够行驶一定里程而不发生失效作为整车可靠性评价指标,但汽车及零部件的失效寿命是个随机变量,因此对于整车可靠性的评价一般用概率来描述。

汽车在行驶时处于一个十分复杂的振动环境中,各个零部件一般会受到随时间不断变化的应力、应变作用。经过一定的工作时间后,一些零部件便会产生疲劳损坏。据统计,汽车90%以上的零部件损坏都属于疲劳损坏。

整车可靠性试验按照试验方法的不同可分为常规可靠性试验、快速可靠性试验等。

7.3.1 常规可靠性试验

常规可靠性试验是使汽车以类似或接近汽车使用条件在一般道路或公路上进行的试验,该试验是最基本的可靠性试验。因此,试验结果最接近现实,但是试验周期较长,并且由于季节更迭、路面状况等条件使得道路表面经常发生变化,试验条件无法精确控制,试验结果可比性较差。目前,这类试验主要用来测量汽车关键零部件中的载荷、应力、应变,为产品后续设计、试验场或试验室试验提供原始数据。

1. 试验条件

常规可靠性试验应选择多种气象条件进行试验,特殊地区使用的汽车或特殊用途的汽车应在相应的条件下(如高寒地区、高原地区、高温干热及高温湿热地区等)进行;试验汽车应符合制造商规定的技术条件。汽车安装的速度表、里程表应按照GB/T 12548—2016规定的方法进行校验校正;根据用户关联或制造商的设计要求,确定试验配载,按照GB/T 12534—1990规定的方法进行装载。

2. 试验内容

为全面考查汽车性能,在路面上的行驶里程数因车型不同,要求也有所不同,根据用户调查或车载记录数据,确定试验汽车可靠性试验里程分配比例和配载,如表7-5所示。常规可靠性试验道路路面等级按照GB 7031—2005相关规定进行划分。

表7-5 基于用户调研的行驶里程分配比例和配载

汽车类型		路面类型比例/%					配载比例/%		
		城市道路	高速道路	一般道路	山区公路	非铺装路	空载	半载	满载
乘用车		55	20	10	10	5	20	50	30
越野车		15	30	20	25	10	—	—	100
客车	城市客车	50	10	30	5	5	10	50	40
	长途客车	10	50	30	5	5	10	10	80

续表

汽车类型		路面类型比例/%					配载比例/%		
		城市道路	高速道路	一般道路	山区公路	非铺装路	空载	半载	满载
货车	载货车 ≤7.5 t	40	15	40	5	—	30	30	40
	载货车 7.5~18 t	10	30	50	10	—	20	40	40
	载货车 >18 t	5	65	20	10	—	10	10	80
	牵引车	5	70	15	10	—	10	10	80
	自卸车 ≤18 t	30	—	50	10	10	50	—	50
	自卸车 >18 t	20	—	50	10	20	50	—	50

注：以上比例仅供参考，检测机构或制造商可自行调整。

汽车可靠性试验应遵循 GB/T 12678—2021《汽车可靠性行驶试验方法》的相关规定进行。

按照相关国家标准要求，对整车质量参数及接近角、离去角、纵向通过角、最小离地间隙等通过性参数进行测量；按照制造商设计规范对整车车轮定位参数进行测量及调整；根据产品使用说明书或设计规范要求，测量并调整关键部位紧固件力矩，确认紧固件力矩后，应对紧固件位置进行标记。

试验过程中按照设计工况选择挡位，应在保证安全的前提下，按照设计工况车速行驶；汽车每行驶 100 km，至少有两次由静止状态全油门加速行驶；累积倒挡行驶不小于 200 m；至少制动两次，制动前后的车速变化率应不小于 30%；山路行驶时，每行驶 100 km 至少做一次上坡停车和起步，在不小于 6% 的坡道上用行车制动停车，变速器置于空挡，再用驻车制动停稳，然后按正常操作进行坡道起步；夜间行驶里程比例应不少于试验总行驶里程的 10%。

汽车发生故障应立即停车，经过检查判断明确原因后，原则上要及时排除；如果发生的故障不影响行驶安全及基本功能，且不会引起诱发故障，也可以继续试验观察，直至需要修理时为止，故障等级按最严重时计，里程按照发生最严重故障时的里程进行记录。

3. 试验前后的检测

除特殊要求外，在可靠性行驶试验前后宜进行整车动力性、经济性、制动性能、排放、操纵稳定性等项目的评价，以确定试验汽车经过规定里程的可靠性试验后性能指标是否达到设计要求或国家规定的限值，以及其性能的衰减程度。上述性能的测试方法按照国家标准及专业标准执行。

7.3.2 快速可靠性试验

快速可靠性试验通常在以常规可靠性试验为基础设计的试验场道路上进行，试验场道路一般应包括具有固定路形的特殊可靠性道路（如石块路、卵石路、鱼鳞坑路、搓板路、扭曲路、凸块路、沙槽、水池、盐水池、高速跑道、坡道、砂土路等），图 7-6 为海南汽车试验场的平面图，图中数据如表 7-6 所示。

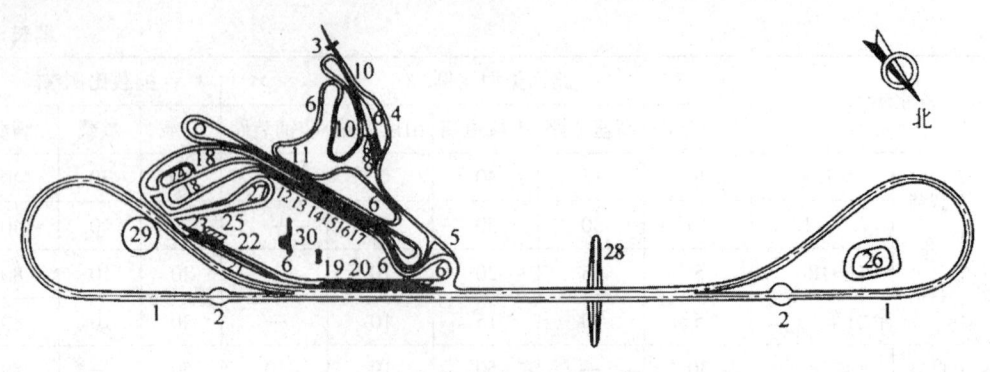

图 7-6 海南汽车试验场的平面图

表 7-6 图 7-6 数据

图例	长度/m	图例	长度/m	图例	长度/m
1—高速路道	6 042	11—沙坑路	50	21—丙种石块路	200
2—小巡车场	—	12—乙种石块路	303	22—涉水路	50
3—门楼	—	13—丙种卵石路	310	23—盐水路	30
4—沥青路	317	14—鱼鳞坑路	310	24—灰尘路	60
5—条石路	417	15—甲种搓板路	303	25—供水池	—
6—水泥路	2 191	16—甲种卵石路	300	26—标准坡道	—
7—甲种扭曲路	50	17—乙种卵石路	310	27—长坡路	300
8—乙种扭曲路	50	18—c级土路	1 670	28—立交桥	—
9—丙种扭曲路	50	19—甲种石块路	310	29—稳定性圆场	半径为50
10—石板路	704	20—乙种搓板路	200	30—指挥中心	—

与常规可靠性试验相比，快速可靠性试验条件可以得到比较严格的控制，试验结果的可比性得到改进，同时，快速可靠性试验是对汽车寿命产生影响的主要条件集中实施，使其在尽可能短的时间内获得相当于常规试验长时期内得到的试验结果，提高了设计开发效率，缩短了设计开发周期，降低了设计开发成本。

1. 试验设计流程

快速可靠性试验设计应满足：

（1）故障模式一致。快速可靠性试验下发生的故障模式与试验车实际行驶情况进行互相比较，看它们是否符合故障模式一致，即发生损坏位置、损坏形式、损坏发生的顺序和当量行驶里程等是否一致。如果它们都相符，则表明这个试验循环具有高度的可信性。如果存在比较严重的不相符，则应该进行仔细的分析、做出必要的改进。

（2）子系统故障分布相近。整车或整机在快速可靠性试验条件下各子系统故障率的分布应与实际使用时相近。

（3）确定快速系数。快速可靠性试验必须具备一定的快速系数。快速系数是指累计损伤一致的情况下，实际用户道路行驶中的平均寿命与试验场快速试验中的平均寿命之比。假设试验目标是在试验场行驶与 80 万 km 实际使用里程相当的里程，如果试验场的快速系数为 40，这个当量里程就是 2 万 km。

快速可靠性试验设计流程如图 7-7 所示。

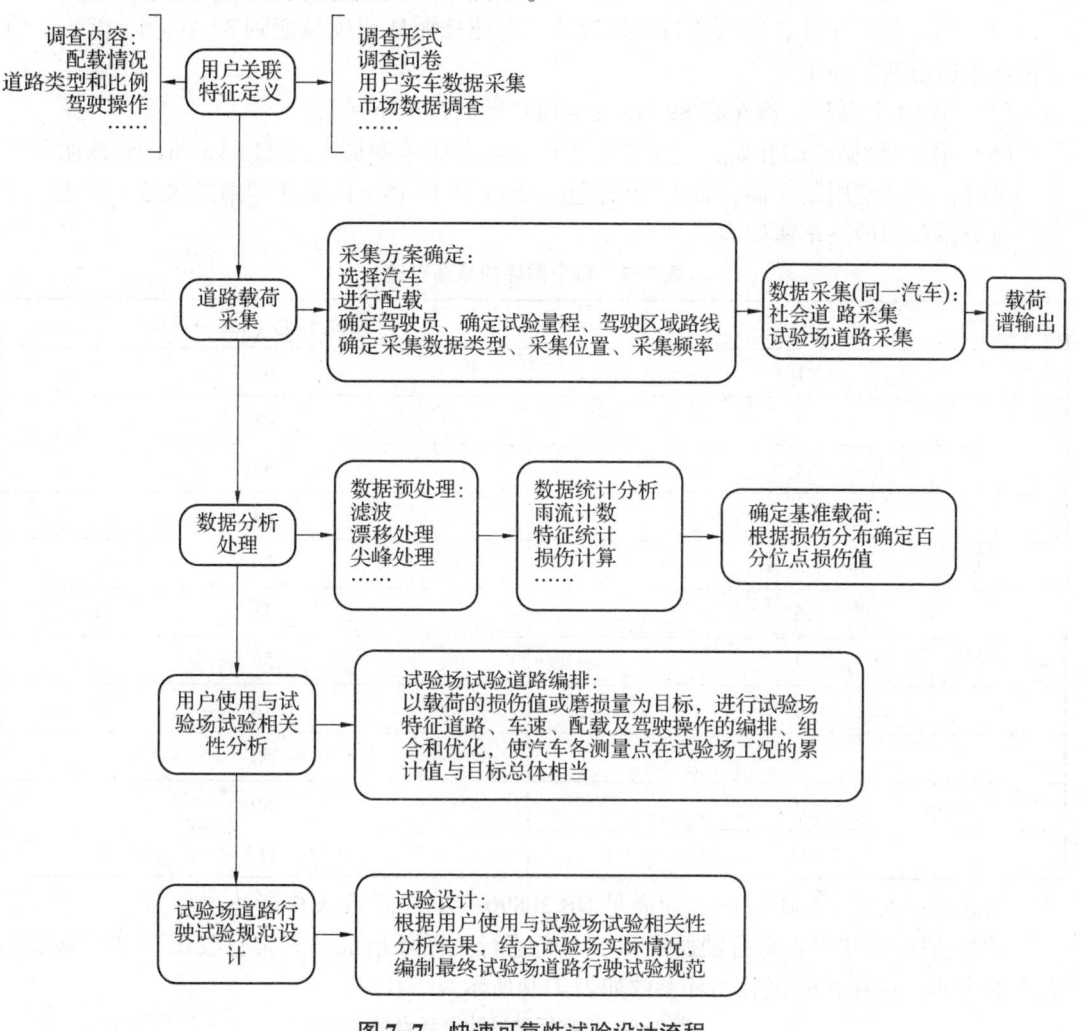

图 7-7　快速可靠性试验设计流程

2. 行驶路程及工况分配

不同的汽车需要根据用户关联或试验场规范，确定在试验场不同类型道路的行驶里程及工况分配，并以此来复现不同道路的驾驶工况。

对于全新设计的混合动力电动汽车，根据 GB/T 19750—2005《混合动力电动汽车 定型试验规程》要求，按相应传统内燃机汽车进行可靠性行驶试验，即根据用户关联或试验场规范进行试验；对于燃料电池电动汽车，根据 GB/T 39132—2020《燃料电池电动汽车定型试验规程》要求，在国家授权的试验场地内进行。燃料电池电动汽车的可靠性行驶试验要求在混合动力驱动模式下进行，总里程为 15 000 km，汽车里程分配为强化坏路 3 000 km，平路 2 000 km，高速跑道 5 000 km，耐久工况 5 000 km。主要总成在试验过程中不能发生 1、2 类故障，在试验结束后整车绝缘性能、氢气泄漏和怠速尾气排放应符合相关国家标准规定。

对于燃料电池电动汽车耐久工况试验，总质量不同的汽车需满足不同标准。当总质量不大于 3 500 kg 时，应满足 GB/T 19750—2005 中所述内容：

（1）在前 9 个循环中，汽车在每一循环中途停车 4 次，每一次内燃机怠速 15 s；

167

（2）循环过程中，按照汽车日常行驶中的驾驶习惯正常的加速和减速；

（3）每个循环中途，需要进行 5 次减速，车速从循环速度减速到 32 km/h，然后，汽车再逐渐加速到循环车速；

（4）第 10 个循环，汽车在 89 km/h 等速行驶的情况下运行；

（5）第 11 个循环的开始，汽车从停止点以最大加速度加速到 113 km/h；到该循环里程一半时，正常使用制动器，直至汽车停止；随后进行 15 s 的怠速和第二次最大加速。

每个循环的最高车速如表 7-7 所示。

表 7-7　每个循环的最高车速

循环	最高车速/(km·h^{-1})
1	64
2	48
3	64
4	64
5	56
6	48
7	56
8	78
9	56
10	89
11	113

当总质量大于 3 500 kg 时，应满足 GB 20890—2007 附录 A 中所述内容。

试验循环由 10 个正常行驶循环和 1 个高速行驶循环组成。正常行驶试验循环参数如表 7-8 所示。高速行驶试验循环参数如表 7-9 所示。

表 7-8　正常行驶试验循环参数

工况序号	行驶状态	车速/(km·h^{-1})	运转时间/s	累计时间/s
1	怠速	0	10	10
2	加速	0~60	30	40
3	等速	60	15	55
4	减速	60~30	15	70
5	加速	30~60	15	85
6	等速	60	15	100
7	减速	60~0	30	130

表 7-9　高速行驶试验循环参数

工况序号	行驶状态	车速/(km·h^{-1})	运转时间/s	累计时间/s
1	怠速	0	10	10
2	加速	0~100[①]	40	50

续表

工况序号	行驶状态	车速/(km·h⁻¹)	运转时间/s	累计时间/s
3	等速	100	200	250
4	减速	100~0	50	300
5	怠速②	0	200	500

注：①如果汽车在高速循环中最高车速达不到 100 km/h，则汽车从停止点开始以最大加速度加速到该车 95% 最高车速。
②该工况可以省略，由制造企业自定。

3. 试验方法

快速可靠性试验方法大致可以分成两大类，即浓缩应力试验法和增大应力试验法。

1）浓缩应力试验法

汽车上的很多部件，它们实际使用都不是连续的，对于这类部件，可以对其实际应力时间历程进行处理，将应力低于疲劳极限的里程删除，如图 7-8 所示，在更改后的应力水平下对它们进行连续的试验，就可以缩短需要的试验时间，即试验时间短于它们的日历设计寿命。这是一种接近实际的随机模拟，可以在试验场、道路模拟机和随机控制的零部件试验台架上实现。

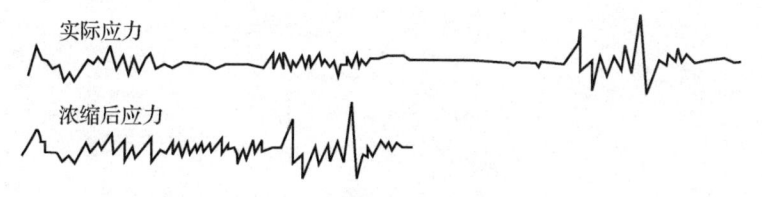

图 7-8 浓缩应力示意图

根据载荷统计所编制的试验场快速可靠性试验或台架快速可靠性试验是否合适，仍然需要经过与实际情况对比验证，如果符合快速可靠性试验原则，即说明规范正确；否则，还要进行调整。

在确定了试验规范之后，利用同一批汽车或零部件的快速试验数据与用户调整数据进行统计对比，求出实际的加速系数。

整车的快速系数为：

$$k = \frac{\text{MTBF（用户）}}{\text{MTBF（试验场）}}$$

式中，MTBF 为平均故障间隔里程。

零部件的快速系数为：

$$k = \frac{B_{10} \text{寿命（用户）}}{B_{10} \text{寿命（试验场或台架）}}$$

式中，B_{10} 寿命为是产品的工作时间点，产品工作到这个时间点后，预期有 10% 的产品将会发生故障。

2）增大应力试验法

在增大应力试验中，在试件上施加的环境应力水平比在正常使用中所预计碰到的更大，通过这种发放来缩短试验时间。需要注意的是，在进行增大应力试验时不应该引起在正常使用中不出现的失效模式。

在增大应力试验中，失效应该比在正常使用中更短的时间发生，所以相同的累计失效概率应该出现得更早。设 $F_j(t)$ 是在增大应力试验中得到的累计失效概率，$F(t)$ 是在正常水平的累计失效概率，则一般有如下关系：

$$F_j(t) > F(t)$$

特别是当加速寿命和正常寿命都服从同类分布规律，并且只有时间尺度参数不同时，称为理想加速。公式描述为：

$$F_j(t) = F(a_f t)$$

式中，$a_f > 1$ 称为快速系数。

4. 试验结束后汽车拆检

汽车可靠性行驶试验项目全部结束后，为检查各总成内部结构的磨损及其他异常现象，应按相应试验规程的规定对主要总成，如车身、车载能源（电动汽车、气体燃料汽车的变换器和储能装置的组合）、内燃机/驱动电机、离合器、变速器、驱动桥、转向器等，进行部分或全部拆检并进行记录。拆检中发现的故障，应计入指标统计，拆检时间计入修理时间。

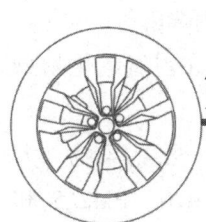

第8章 汽车环境保护试验

> **学习目标**
>
> 1. 了解汽车排放污染物和噪声测量使用的仪器和方法。
> 2. 掌握排放污染物和噪声测量常用的仪器原理，熟悉排放污染物和噪声测量的测试标准和测量方法。

> **思　考**
>
> 1. 新能源汽车的排放污染物和传统汽车的排放污染物有何区别？
> 2. 国家标准和国际标准对不同类型汽车的排放污染物限值和测量分别有哪些要求？
> 3. 新能源汽车都有哪些噪声？

8.1　排气污染物测量

汽车尾气直接排放的污染物主要为一氧化碳（CO）、碳氢化合物（HC）、碳氢氧化合物（HCO）、氮氧化物（NO_x）、颗粒物、铅的化合物、硫的氧化物（SO_x）。这些污染物的总量，在汽车尾气排放中所占比例并不大，然而它们对环境的影响、对人体健康的危害却是十分严重的。

（1）一氧化碳。一氧化碳是一种极毒的气体。一氧化碳与氯相互作用，生成碳酰氯（$COCl_2$），也就是毒性很大的光气。

（2）碳氢化合物。只含有碳和氢元素的有机化合物，叫作碳氢化合物。碳氢化合物主要包括直链烷烃、环烷烃、烯烃和炔烃等。大气中的碳氢化合物，95%以上来自于天然源排放，人为排放的碳氢化合物约为5%。在人为排放源中，汽油机占38.5%，燃料燃烧占28.3%，溶剂蒸发占11.3%，石油蒸发和运输损耗占8.8%，废弃物提炼占7.1%。汽车排放的碳氢化合物主要是烷烃、烯烃和芳香烃等。

（3）碳氢氧化合物。含 H—C—O 的化合物，是烃的含氧衍生物，称为碳氢氧化合物。这类化合物主要包括醇、醛、酮、酚、醚、羧酸，以及羧酸的衍生物（酰卤、酸酐、酯和酰胺等）。汽车尾气直接排放的碳氢氧化合物主要是甲醛、乙醛、丁醛、丙烯醛等。

（4）氮氧化合物。在汽车内燃机里形成的氮氧化物的主要成分是 NO（占氮氧化物总量的 90%～95%）和 NO_2（少量），其他氮氧化物的含量甚微。

（5）颗粒物。颗粒物（Particulate Matter，PM）是大气中十分重要的一类污染物。大气中的颗粒物，按照颗粒的大小（以微米单位计）分为 PM100、PM10、PM2.5 和 PM1.0。汽车尾气直接排放的颗粒物成分主要是碳的各种化合物。在环境科学里，出现了黑碳（Black Carbon）一词。黑碳被定义为：在缺氧条件下，高温热解后产生的固态有机碳化合物的混合物，其主要成分为烷烃、烯烃、羧酸、苯酚、呋喃、吡喃，以及脱水糖、纤维素等。内燃机燃烧产生的黑碳主要由粒径为 $0.1～10~\mu m$ 的多孔性固体颗粒物组成，与活性炭类似，是大气 PM2.5 一个主要来源。

（6）硫氧化物。汽车尾气中的二氧化硫含量与燃料中的含硫量有关。一般来说，柴油机比汽油机的二氧化硫排放量多一些。与其他污染源相比，汽车尾气排放的二氧化硫所占的比例很小。汽车尾气中的二氧化硫排放对大气环境的影响很小，不是大气污染的主要因素。

（7）铅的化合物。如果汽油中加入四乙基铅，就成为含铅汽油。汽油中加入少量（0.2%～0.5%）的四乙基铅，可以降低汽油爆震程度。如果燃烧含铅汽油，汽车尾气中将会有含铅的化合物。

（8）光化学烟雾。汽车尾气直接排放到大气的污染物，叫作一次污染物。进入大气的汽车尾气污染物，在阳光照射下，发生光解反应和自由基反应，生成二次污染物。光化学烟雾（Photochemical Smog）主要是由一次污染物和二次污染物组成的。

8.1.1 汽油车排气污染物测量

排气污染物指排气管排放的气体污染物。通常指一氧化碳、碳氢化合物及氮氧化物。氮氧化物质量用二氧化氮当量表示。碳氢化合物浓度以碳当量表示，假定碳氢比为汽油 C1H1.85，液化石油气 C1H2.525，天然气 CH4。

单一燃料汽车，仅按燃用单一燃料进行排放检测；两用燃料汽车，要求使用两种燃料分别进行排放检测。有手动选择行驶模式功能的混合动力电动汽车应切换到最大燃料消耗模式进行测试，如无最大燃料消耗模式，则应切换到混合动力模式进行测试。

GB 18285—2018《汽油车污染物排放限值及测量方法（双怠速法及简易工况法）》中列出来 4 种测量排放污染物的方法，分别是双怠速法、稳态工况法、瞬态工况法、简易瞬态工况法。本书以双怠速法和稳态工况法为例进行介绍。

1. 双怠速法

采用双怠速法进行污染物测量其检测结果应小于表 8-1 中规定的排放限值。排放检验的同时，应进行过量空气系数（λ）的测定。内燃机在高怠速转速工况时，$\lambda = (1.00\pm0.05)$，或者在制造厂规定的范围内。

表 8-1　双怠速法检验排气污染物排放限值

类别	怠速		高怠速	
	CO/%	HC[①] (10^{-1})	CO/%	HC[①] (10^{-6})
限值 a	0.6	80	0.3	50
限值 b	0.4	40	0.3	30

注：①对以天然气为燃料的内燃机汽车，该项目为推荐性要求。

双怠速法的测量程序如下：

（1）应保证被检测汽车处于制造厂规定的正常状态，内燃机进气系统应装有空气滤清器，排气系统应装有排气消声器和排气后处理装置，排气系统不允许有泄漏。

（2）进行排放测量时，内燃机冷却液或润滑油温度应不低于 80 ℃，或者达到汽车使用说明书规定的热状态。

（3）内燃机从怠速状态加速至 70% 额定转速或企业规定的暖机转速，运转 30 s 后降至高怠速状态。将双怠速法排放测试仪取样探头插入排气管中，深度不少于 400 mm，并固定在排气管上。维持 15 s 后，由具有平均值计算功能的双怠速法排放测试仪读取 30 s 内的平均值，该值即为高怠速污染物测量结果，同时计算过量空气系数（l）的数值。

（4）内燃机从高怠速降至怠速状态 15 s 后，由具有平均值计算功能的双怠速法排放测试仪读取 30 s 内的平均值，该值即为怠速污染物测量结果。

（5）在测试过程中，如果任何时刻 CO 与 CO_2 的浓度之和小于 6.0%，或者内燃机熄火，应终止测试，排放测量结果无效，需重新进行测试，混合动力电动汽车除外。

（6）对双排气管汽车，应取各排气管测量结果的算术平均值作为测量结果。也可以采用 Y 形取样管的对称双探头同时取样。

（7）若汽车排气系统设计导致的汽车排气管长度小于测量深度时，应使用排气延长管。

（8）燃料应使用符合规定的市售燃料，如车用汽油、车用天然气、车用液化石油气等。试验时直接使用汽车中的燃料进行排放测试，不需要更换燃料。

双怠速法测量流程如图 8-1 所示。

2. 稳态工况法

稳态工况法污染物测量在底盘测功机上的测试运转循环由 ASM5025 和 ASM2540 两个工况组成，如图 8-2 和表 8-2 所示。

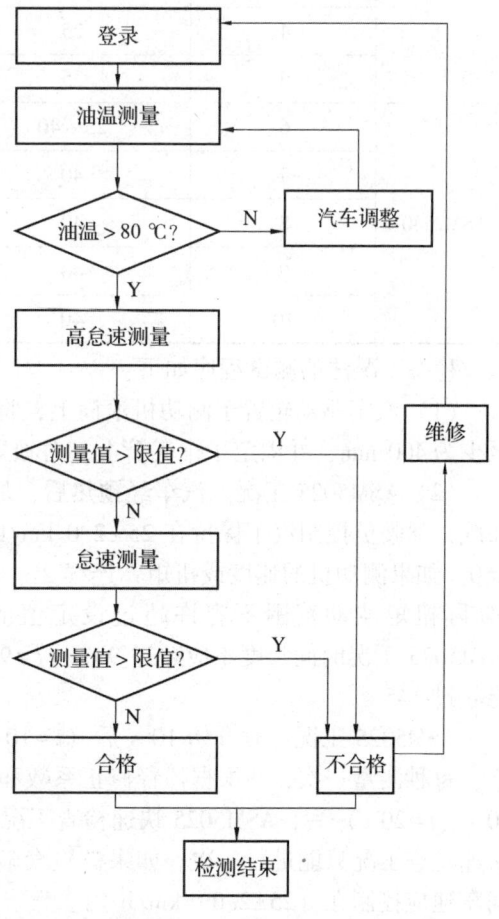

图 8-1　双怠速法测量流程

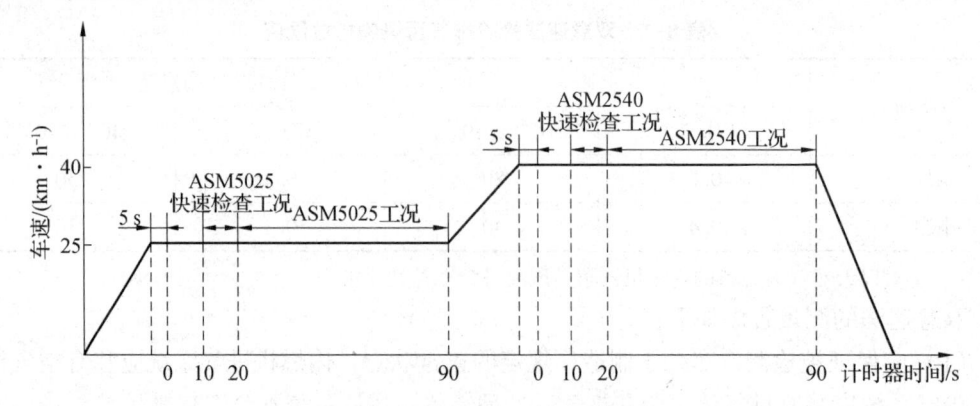

图 8-2 稳态工况法测试运转循环

表 8-2 稳态工况法测试运转循环表

工况	运转次序	速度/(km·h⁻¹)	操作持续时间 (t_m)/s	测试时间 (t)/s
ASM5025	1	0~25	—	—
	2	25	5	90
	3	25	10	
	4	25	10	
	5	25	70	
ASM2540	6	25~40	—	—
	7	40	5	90
	8	40	10	
	9	40	10	
	10	40	70	

稳态工况法的测试程序如下：

(1) 汽车驱动轮置于测功机滚筒上，将排气分析仪取样探头插入排气管中，插入深度至少为 400 mm，并固定于排气管上，对独立工作的多排气管应同时取样。

(2) ASM5025 工况。汽车经预热后，加速至 25 km/h，测功机根据汽车基准质量自动加载，驾驶员控制汽车保持在 25±2.0 km/h 等速运转，维持 5 s 后，系统自动开始计时 $t=0$。如果测功机的速度或扭矩，连续 2 s，或者累计 5 s，超出速度或扭矩允许波动范围（实际扭矩波动范围不容许超过设定值的 ±5%），工况计时器置 0，重新开始计时。ASM5025 工况时间长度不应超过 90 s（$t=90$ s），ASM5025 整个测试工况累计最大时长不能超过 145 s。

ASM5025 工况计时开始 10 s 后（$t=10$ s），进入快速检查工况，排气分析仪器开始采样，每秒测量一次，并根据稀释修正系数和湿度修正系数计算 10 s 内的排放平均值，运行 10 s（$t=20$ s）后，ASM5025 快速检查工况结束，进行快速检查判定，ASM5025 测试期间快速检查工况只能进行一次。如果被检汽车没有通过快速检查，则汽车继续进行测试，期间车速应控制在 (25±2.0) km/h 内。

在 0~90 s 的测量过程中，如果任意连续 10 s 内第 1 秒至第 10 秒的车速变化相对于第 1 秒小于 ±1.0 km/h，则测试结果有效。快速检查工况 10 s 内的排放平均值经修正后如果等于或低于排放限值的 50%，则测试合格，排放检测结束，输出检测结果报告；否则，应继续进行测试。如果所有检测污染物连续 10 s 的平均值经修正后均不大于标准规定的限值，则该车应被判定为 ASM5025 工况合格，排放检验合格，打印检验合格报告；否则，应继续进行 ASM2540 工况检测。在检测过程中如果任意连续 10 s 内的任何一种污染物 10 s 排放平均值经修正后均高于限值的 500%，则测试不合格，输出检测结果报告，检测结束。

在上述任何情况下，检验报告单上输出的测试结果数据均为测试结果的最后 10 s 内，经修正后的平均值。

(3) ASM2540 工况。ASM5025 工况排放检验不合格的汽车，需要继续进行 ASM2540 工况排放检验。被检汽车在 ASM5025 工况结束后应立即加速运行至 40 km/h，测功机根据汽车基准质量自动加载，汽车保持在（40±2.0）km/h 范围内等速运转，维持 5 s 后开始计时（$t=0$ s）。如果测功机的速度或扭矩，连续 2 s，或者累计 5 s，超出速度或扭矩允许波动范围（实际扭矩波动范围不容许超过设定值的±5%），工况计时器置 0，重新开始计时，ASM2540 工况时间长度不应超过 90 s（$t=90$ s），ASM2540 整个测试工况累计最大时长不能超过 145 s。

ASM2540 工况计时 10 s 后（$t=10$ s），开始进入快速检查工况，计时器为 $t=10$ s，排气分析仪器开始测量，每秒钟测量一次，并根据稀释修正系数及湿度修正系数计算 10 s 内的排放平均值，运行 10 s（$t=20$ s）后，ASM2540 快速检查工况结束，进行快速检查判定。ASM2540 测试期间快速检查工况只能进行一次。如果没有通过快速检查，则汽车继续测试，期间车速应控制在（40±2.0）km/h 内。

在 0~90 s 的测量过程中，若任意连续 10 s 内第 1 秒~第 10 秒的车速变化相对于第 1 秒小于±1.0 km/h，测试结果有效。快速检查工况 10 s 内的排放平均值经修正后如果不大于限值的 50%，则测试合格，排放检测结束，输出检测结果报告；否则，应继续进行。如果所有检测污染物连续 10 s 的平均值经修正后均低于或等于标准规定的限值，则该车应判定为排放检验合格，排放检测结束，输出排放检验合格报告。当任何一种污染物连续 10 s 的平均值经修正后超过限值，则汽车排放测试结果不合格，检验结束，输出不合格检验报告。

在上述任何情况下，检验报告单上输出的测试结果数据均为测试结果的最后 10 s 内，经过修正的平均值。

(4) 检测结果数据。无论在哪个测试工况下，测试结果均取最后一次的 10 s 平均值，并按规定的公式进行计算和修正，作为测试结果输出。

8.1.2　柴油车排气污染物测量

GB 3847—2018《柴油车污染物排放限值及测量方法（自由加速法及加载减速法）》中列出来两种测量排放污染物的方法，即自由加速法和加载减速法。

按照规定进行下线汽车排放抽测。排放结果应小于该标准 8.1.2 规定的排放限值。生产企业也可采用其他方法进行排放检测，但应证明其等效性。

有手动选择行驶模式功能的混合动力电动汽车应切换到最大燃料消耗模式进行测试，如无最大燃料消耗模式，则切换到混合动力模式进行测试。在用汽车和注册登记排放检验排放限值如表8-3所示。

表8-3 在用汽车和注册登记排放检验排放限值

类别	自由加速法 光吸收系数/m^{-1} 或不透光度/%	加载减速法 光吸收系数/m^{-1} 或不透光度[①]/%	加载减速法 氮氧化物[②]×10^{-6}	林格曼黑度法 林格曼黑度/级
限位a	1.2（40）	1.2（40）	1 500	1
限位b	0.7（26）	0.7（26）	900	

注：①海拔高度高于1 500 m的地区加载减速法限值可以按照每1 000 m增加0.25 m^{-1}幅度调整，总调整不得超过0.75 m^{-1}；

②2020年7月1日时限值b过渡限值为1 200×10^{-6}。

1. 自由加速法

（1）通过目测进行汽车排气系统相关部件泄漏检查。排气取样探头插入汽车排气管中至少400 mm，如不能保证此插入深度，应使用延长管。

（2）在每个自由加速循环的开始点，内燃机（包括废气涡轮增压内燃机）均应处于怠速状态，对重型车用内燃机，将油门踏板放开后至少等待10 s。

（3）在进行自由加速测量时，必须在1 s的时间内，将油门踏板连续完全踩到底，使供油系统在最短时间内达到最大供油量。

（4）对每个自由加速测量，在松开油门踏板前，内燃机应达到额定转速。在测量过程中应监测内燃机转速是否符合试验要求（特殊无法测得内燃机转速的汽车除外），并将内燃机转速数据实时记录并上报。

（5）检测过程应重复进行3次自由加速过程，烟度计应记录每次自由加速过程最大值，应将上述3次自由加速烟度最大值的算术平均值作为测量结果。

2. 加载减速法

如果受检汽车顺利通过了GB 3847—2018附录B2.2.1和B2.2.2规定的汽车预先检查和检测系统检测，应继续进行下述加载减速检测。

1）试验前的最后检查和准备

（1）在开始检测以前，检测员应检查实验通信系统工作是否正常。

（2）在汽车散热器前方1 m左右处放置强制冷却风机，以保证汽车在检测过程中内燃机冷却系统能有效地工作。

（3）除检测员外，在检测过程中，其他人员不得在测试现场逗留。汽车安置到位将测功机举升机放下后应对汽车进行低速运行检测，确保汽车运行处于稳定状态。

（4）内燃机应充分预热，如在内燃机机油标尺孔位置测得的机油温度应至少为80 ℃。因汽车结构无法进行温度测量时，可以通过其他方法使内燃机处于正常运转温度。若传动系统处于冷车状态，在测功机无加载状态下低中速运行汽车，使汽车的传动部件达到正常工作温度。

（5）内燃机熄火，变速器置空挡，将不透光烟度计的采样探头置于大气中，检查不透光烟度计的零刻度和满刻度。检查完毕后，将采样探头插入受检汽车的排气管中，注意连接好不透光烟度计，采样探头的插入深度不得低于400 mm。不应使用尺寸太大的采样探头,以免对受检汽车的排气背压影响过大,影响输出功率。在检测过程中,应将采样气体的温度和压力控制在规定的范围内,必要时可对采样管进行适当冷却,但要注意不能使测量室内出现冷凝现象。

2) 试验步骤

(1) 正式检测开始前,检测员应按以下步骤操作,以使控制系统能够获得自动检测所需的初始数据。

①起动内燃机,变速器置空挡,逐渐加大油门踏板开度直到达到最大,并保持在最大开度状态,记录这时内燃机的最大转速,然后松开油门踏板,使内燃机回到怠速状态。

②使用前进挡驱动被检汽车,选择合适的挡位,使油门踏板处于全开位置时,测功机指示的车速最接近 70 km/h,但不能超过 100 km/h。对装有自动变速器的汽车,应注意不要在超速挡下进行测量,加载减速的自动试验规程详见 GB 3847—2018 中 B.4。

(2) 计算机对按上述步骤获得的数据自动进行分析,判断是否可以继续进行后续的检测,被判定为不适合检测的汽车不允许进行加载减速检测。

(3) 在确认机动车可以进行排放检测后,将底盘测功机切换到自动检测状态。

①加载减速测试的过程必须完全自动化,具体要求见 GB 3847—2018 中 B.4 的检测软件说明。在整个检测循环中,均由计算机控制系统自动完成对测功机加载减速过程的控制。

②自动控制系统采集两组检测状态下的检测数据,以判定受检汽车的排气光吸收系数 k 和 NO_x 是否达标,两组数据分别在 VelMaxHP 点和 80% VelMaxHP 点获得。

③上述两组检测数据包括轮边功率、内燃机转速、排气光吸收系数 k 和 NO_x,必须将不同工况点的测量结果都与排放限值进行比较。若测得的排气光吸收系数 k 或 NO_x 超过了标准规定的限值,均判断该车的排放不合格。

(4) 检测开始后,检测员应始终将油门保持在最大开度状态,直到检测系统通知松开油门为止。

在试验过程中检测员应实时监控内燃机冷却液温度和机油压力。一旦冷却液温度超出了规定的温度范围,或者机油压力偏低,都必须立即暂时停止检测。冷却液温度过高时,检测员应松开油门踏板,将变速器置空挡,使汽车停止运转。然后使内燃机在怠速工况下运转,直到冷却液温度重新恢复到正常范围为止。

(5) 检测过程中,检测员应时刻注意受检汽车或检测系统的工作情况。

(6) 检测结束后,打印检测报告并存档。

最后,将受检汽车驶离底盘测功机以前,检测员应检查相关检测工作是否已经全部完成,是否完成相关检测数据的记录和保护。

3) 测试过程中需要的测试仪器

(1) 内燃机转速传感器。

内燃机转速传感器应能实时为测功机的控制/显示单元提供内燃机转速信号,其测量准确度要求为实测转速的±1%,传感器的动态响应特性应不得劣于测功机的扭矩控制动态特性。此外,还必须具有一个合适的数据通信端口,该通信端口与测功机控制系统兼容以实现数据传送。

转速传感器必须具有安装方便、不受汽车振动干扰等影响的特点。

(2) 不透光烟度计。

不透光烟度计应采用分流式原理，并满足以下技术要求：

①不透光烟度计的采样频率至少为 10 Hz；

②不透光烟度计须配备与测功机控制系统兼容的数据传输装置；

③采样系统对内燃机排气系统产生的附加阻力应尽可能小；

④采样系统能够承受试验过程中可能遇到的最高排气温度和排气压力；

⑤具有冷却装置（气冷或水冷），以保证将所采集样气温度降到不透光烟度计能处理的温度范围内。

(3) 氮氧化物分析仪。

氮氧化物分析仪可以选择使用化学发光、紫外或红外原理，不得采用化学电池原理。测量得到的氮氧化物是 NO 和 NO_2 的总和。其中，对 NO_2 可以直接测量，也可以通过转化炉转化为 NO 后进行测量。采用转化炉将 NO_2 转化为 NO 时，转换效率应≥90%，对转化效率要进行定期检验。

分析仪量程和准确度要求如表 8-4 所示。

表 8-4　分析仪量程和准确度要求

气体	量程	相对误差	绝对误差
NO	$0 \sim 4\,000 \times 10^{-6}$	±4%	$±25 \times 10^{-6}$
NO_2	$0 \sim 1\,000 \times 10^{-6}$	±4%	$±25 \times 10^{-6}$
CO_2	$0 \sim 18 \times 10^{-2}$	±5%	—

注：表中所列绝对误差和相对误差，满足其中一项要求即可。

现行的关于柴油车污染物排放测量方法有标准为 GB 3847—2018《柴油车污染物排放限值及测量方法（自由加速法及加载减速法）》和 GB 17691—2018《重型柴油车污染物排放限值及测量方法（中国第六阶段）》，如是重型柴油车的污染物测量请参考 GB 17691—2018。

8.2　汽车噪声测量

汽车是一个包括各种不同性质噪声的综合噪声源。由于汽车噪声源中没有一个是完全密封的（有的仅是部分的被密封起来），因此汽车整车所辐射的噪声就取决于各噪声源的声级、特性和它们的相互作用。汽车噪声大致可分为内燃机噪声和底盘噪声，这些噪声主要与内燃机转速、汽车车速等有关。

内燃机噪声是汽车的主要噪声，又可分为空气动力性噪声、机械噪声和燃烧噪声。内燃机是存在多个声源的复杂机器，为了能降低内燃机本身的噪声，最重要的是识别出其发声的主要部位并研究发声机理。根据内燃机工作原理、工作状态及声学理论，可将内燃机的主要噪声源分为 3 种：空气动力性噪声、机械噪声、燃烧噪声。电机噪声包括电磁噪声、机械噪声、冷却噪声，其中机械噪声由轴承转动、结构共振、结构动不平衡等原因造成；冷却噪声由冷却系统工作导致；电磁噪声由电机工作中产生的电磁激励和机械激励造成，形成机理复杂，是电机噪声的主要成分。

汽车底盘噪声包括传动噪声（变速箱、传动轴等的噪声），掌握好润滑油的油量，注意对传动轴万向节的润滑，以及过桥轴承的紧固，可以达到减低噪声的目的。汽车底盘噪声中最主要的噪声源是轮胎，它在整车噪声中占到接近 1/4。所以，降低底盘噪声最重要的是要降低轮胎噪声。

GB 1495—2002《汽车加速行驶车外噪声限值及测量方法》中对汽车车外噪声限值的要求如表 8-5 所示。

表 8-5 汽车加速行驶车外噪声限值

汽车分类	噪声限值/dB（A）	
	第一阶段 2002.10.1~2004.12.30 期间生产的汽车	第二阶段 2005.1.1 以后生产的汽车
M_1	77	74

M_2（GVM≤3.5 t），或 N_1（GVM≤3.5 t）：
  GVM≤2 t
  2 t<GVM≤3.5 t
	78
	79
		76
		77

M_2（3.5 t<GVM≤5 t），或 M_3（GVM>5 t）：
  P<150 kW
  P≥150 kW
	82
	85
		80
		83

N_2（3.5 t<GVM≤12 t），或 N_3（GVM>12 t）：
  P<75 kW
  75 kW≤P<150 kW
  P≥150 kW
	83
	86
	88
		81
		83
		84

说明：

a) M_1，M_2（GVM≤3.5 t）和 N_1 类汽车装用直喷式柴油机时，其限值增加 1 dB（A）。

b) 对于越野汽车，其 GVM>2 t 时：

如果 P≤150 kW，其限值增加 1 dB（A）；

如果 P≥150 kW，其限值增加 2 dB（A）。

c) M_1 类汽车，若其变速器前进挡多于 4 个，P≥140 kW，P/GVM 之比大于 75 kW/t，并且用第三挡测试时其尾端出线的速度大于 61 km/h，则其限值增加 1 dB（A）。

8.2.1 声学基本概念

声学是研究媒质中声波的产生、传播、接收、性质及其与其他物质相互作用的科学。声学是物理学中最早深入研究的分支学科之一，随着 19 世纪无线电技术的发明和应用，机械波的产生、传输、接收和测量技术都有了飞跃式的发展，从此声学从古老的经典声学进入了近代声学的发展时期。近代声学的渗透性极强，与许多其他学科（如物理、化学、材料、生命、地学、环境等）、工程技术（如机械、建筑、电子、通信等）及艺术领域相交叉，在这些领域发挥了重要又独特的作用，并进一步发展了相应的理论和技术，从而逐步形成为独立的声学分支，所以声学已不仅仅是一门科学，也是一门技术，同时又是一门艺术。

声音是物体产生的机械波，通过空气传播到耳朵。声音的响度取决于机械波的振幅，比如，用力地敲一根弦时，这根弦就大距离地向左右两边摆动，由此产生强机械波，发出一个响亮的声音；而轻轻地敲一根弦时，这根弦仅仅小距离左右摆动，产生的机械波弱，而发出一个微弱的声音。声速一定时，声音的高低取决于机械波的波长，较短的空间产生的波长较短，较长的空间产生的波长较长，如小音箱比同类型的大音箱波长短，音调高。同样的道理，短弦的发音比长弦高。

声音通常通过空气传播。判断不同的响度、音高或音程，人的听觉遵守"韦伯-费希纳定律"。自然界中，从宏观世界到微观世界，从简单的机械运动到复杂的生命运动，从工程技术到医学、生物学，从衣食住行到语言、音乐、艺术，都是现代声学研究和应用的领域。

声学的特点如下：

（1）大部分基础理论已比较成熟，这部分理论在经典声学中已有比较充分的发展；

（2）有些基础理论和应用基础理论，或基础理论在不同实际范围内的应用问题研究得较多；

（3）非常广泛地渗入到物理学其他分支和其他科学技术领域（包括工农业生产）以及文化艺术领域中。

8.2.2　汽车噪声测量仪器

声级计是最基本的噪声测量仪器，它是一种电子仪器，但又不同于电压表等客观电子仪表。在把声信号转换成电信号时，可以模拟人耳对声波反应速度的时间特性；有不同灵敏度的特性及不同响度时改变特性的强度特性。声级计是一种主观性的电子仪器。

按照 GB/T 3785.1—2010、IEC 61672-1：2013，声级计按照精度分为 1 级声级计和 2 级声级计，1 级和 2 级声级计的技术指标有相同的设计目标，主要是最大允许误差、工作温度范围和频率范围不同，2 级要求的最大允差大于 1 级。2 级声级计的工作温度范围 0～40 ℃，1 级为-10～50 ℃。2 级的频率范围一般为 20 Hz～8 kHz，1 级的频率范围为 10 Hz～20 kHz。

声级计外观如图 8-3 所示，一般由电容式传声器、前置放大器、衰减器、放大器、频率计权网络及有效值指示表头等组成。声级计的工作原理是：由传声器将声音转换成电信号，再由前置放大器变换阻抗，使传声器与衰减器匹配。放大器将输出信号加到计权网络，对信号进行频率计权（或外接滤波器），然后再经衰减器及放大器将信号放大到一定的幅值，送到有效值检波器（或外按电平记录仪），在指示表头上给出噪声声级的数值。声级计的结构原理如图 8-4 所示。

图 8-3　声级计外观

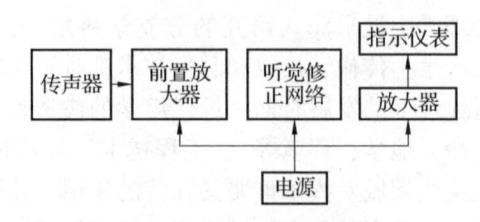

图 8-4　声级计的结构原理

1. 传声器

传声器是把声压信号转变为电压信号的装置,俗称为话筒,它是声级计的传感器。常见的传声器有动圈式和电容式等数种。

(1) 动圈式传声器由振动膜片、可动线圈、永久磁铁和变压器等组成。振动膜片受到声波压力以后开始振动,并带动着和它装在一起的可动线圈在磁场内振动以产生感应电流。该电流根据振动膜片受到声波压力的大小而变化。声压越大,产生的电流就越大;声压越小,产生的电流也越小。

(2) 电容式传声器主要由金属膜片和靠得很近的金属电极组成,实质上是一个平板电容。金属膜片与金属电极构成了平板电容的两个极板,当膜片受到声压作用时,膜片便发生变形,使两个极板之间的距离发生了变化,于是改变了电容量,位测量电路中的电压也发生了变化,实现了将声压信号转变为电压信号的作用。电容式传声器是声学测量中比较理想的传声器,具有动态范围大、频率响应平直、灵敏度高和在一般测量环境下稳定性好等优点,因而应用广泛。由于电容式传声器输出阻抗很高,因而需要通过前置放大器进行阻抗变换,前置放大器装在声级计内部靠近安装电容式传声器的部位。

2. 放大器

一般采用两级放大器,即输入放大器和输出放大器,其作用是将微弱的电信号放大。输入衰减器和输出衰减器是用来改变输入和输出信号的衰减量的,以便使表头指针指在适当的位置。输入放大器使用的衰减器调节范围为测量低端,输出放大器使用的衰减器调节范围为测量高端。许多声级计的高低端以 70 dB 为界限。

3. 计权网络

把电信号修正为与听感近似值的网络叫作计权网络。通过计权网络测得的声压级,已不再是客观物理量的声压级(线性声压级),而是经过听感修正的声压级,叫作计权声级或噪声级。

计权(又叫加权)参数是在对频响曲线进行一些加权处理后测得的参数,以区别于平直频响状态下的不计权参数。例如信噪比,按照定义,我们在额定的信号电平下测出噪声电平(可以是功率,也可以是电压、电流),额定电平与噪声电平之比就是信噪比,如果是分贝值,则计算二者之差,这是不计权信噪比。不过,由于人耳对噪声的感知能力是不一样的,对 500 Hz 左右的中频感觉好,高频则差一些,因此不计权信噪比未必与人耳对噪声大小的主观感觉能很好的吻合。

为了将测量值与主观听感统一起来,于是就有了均衡网络,或者叫加权网络,对高频加以适度的衰减,这样中频便更突出。把这种加权网络接在被测器材和测量仪器之间,于是器材中频噪声的影响就会被该网络"放大",换言之,对听感影响最大的中频噪声被赋予了更高的权重,此时测得的信噪比就叫计权信噪比,它可以更真实地反映人的主观听感。

根据所使用的计权网不同,分别称为 A 声级、B 声级和 C 声级。A 声级是模拟人耳对 55 dB 以下低强度噪声的频率特性,B 声级是模拟 55~85 dB 的中等强度噪声的频率特性,C 声级是模拟高强度噪声的频率特性。三者的主要差别是对噪声高频成分的衰减程度,A 衰减最多,B 次之,C 最少。

但由于 A 声级所依据的等响曲线经过多次修正后发生了很大的变化,A 声级的地位也正逐渐下降。

4. 检波器

检波器作用是把迅速变化的电压信号转变成变化较慢的直流电压信号。这个直流电压的大小要正比于输入信号的大小。根据测量的需要，检波器有峰值检波器、平均值检波器和均方根值检波器之分。峰值检波器能给出一定时间间隔中的最大值，平均值检波器能在一定时间间隔中测量其绝对平均值。脉冲声除需要测量它的峰值外，在多数的噪声测量中均是采用均方根值检波器。

均方根值检波器能对交流信号进行平方、平均和开方，得出电压的均方根值，最后将均方根电压信号输送到指示表头。

声级计的正确使用是测量结果准确性的关键。声级计使用注意事项有以下几点：

（1）声级计使用环境的选择：选择有代表性的测试地点，声级计要离开地面，离开墙壁，以减少地面和墙壁的反射声的附加影响。

（2）天气条件要求在无雨无雪的时间，声级计应保持传声器膜片清洁，风力在三级以上必须加风罩（以避免风噪声干扰），五级以上大风应停止测量。

（3）打开声级计携带箱，取出声级计，套上传感器。

（4）将声级计置于测量状态，检测电池，然后校准声级计。

（5）对照表（一般常见的环境声级大小参考），调节测量的量程。

（6）使用快（测量声压级变化较大的环境的瞬时值）、慢（测量声压级变化不大的环境中的平均值）、脉冲（测量脉冲声源）、滤波器（测量指定频段的声级）各种功能进行测量。

（7）根据需要记录数据，同时也可以连接打印机或者其他终端进行自动采集。整理器材并放回指定地方。

8.2.3 汽车噪声测量方法

试验测试方法是汽车噪声研究中最为广泛的方法。早期的测试分析设备简单，只能用声级计、加速度传感器等来进行简单的噪声振动测量。当电子技术和信号处理技术迅速发展后，出现了频谱分析、相干分析、相关分析等，之后又出现了声强测量、小波分析、声全息方法等新的测试和分析技术，这些技术极大丰富了分析噪声振动谱和识别噪声振动源的手段。

试验测试方法结果直观，数据准确，能直接反应汽车结构特性，但在结构优化控制上不足，常需根据经验来修改结构。常用的试验测试分析方法有分别运转消去法、铅覆盖法、频谱分析法、声强测量法等。

1. 分别运转消去法

汽车行驶时，有上百个部件在同时工作，要判断那部分辐射的噪声最大，早期一般使用消去法。首先测出汽车、内燃机等试验对象在一定条件下的整体运转时的噪声，然后对可能发出较大噪声的部分，通过脱开某个部件等方法暂时停止其工作，再按同样的条件测定试验对象的工作噪声，按能量相减的关系，从两次噪声测量结果中即可算出脱开部件的噪声大小。类似地，可测量出汽车各个主要部件的噪声，经过比较从而识别出汽车的主要噪声源。

分别运转消去法的优点是简单易行，直观性强，无须采用先进设备与技术，但该法费工费时，声源定位粗略，拆除某些部件后可能对机器相关联部分有较大影响，从而使测量数据有较大误差。

2. 铅覆盖法

用铅板做出一个与机器各部分表面相接近的密封隔声罩，罩的内壁衬有玻璃纤维等吸声材料，以减轻罩内的混响。测试时，用该罩将机器覆盖严密，其隔声量至少要在 10 dB 以上。然后根据声源识别要求，将某部分打开形成小窗口，使辐射表面的某个部分暴露出来，这样可在一定距离处测到机器暴露部分辐射的声压级。依次打开不同部分测量其噪声，从而达到噪声源识别的目的。

铅覆盖法避免了分别运转消去法的一些部件停止转动带来的不利影响，可以达到较高的精度，声源定位也比较精细，但该法特别费时，试验费用较高，另外在低频段由于覆盖物的隔声效果较差，因而容易有较大的测量误差。

3. 频谱分析法

各种噪声源都有不同的频率特性，如内燃机噪声与气缸内燃油燃烧的发火频率有关，风扇噪声与扇叶频率有关，进、排气噪声与进、排气门的开闭频率有关，齿轮噪声与基节频率有关等。噪声的频谱分析法就是利用汽车上各个噪声源产生的噪声频率不同来判断哪个是主要噪声源的分析方法。

在汽车的噪声谱中有时会遇到噪声谱峰值所对应的频率由几个噪声源共同发出的噪声所组成，此时为正确判断噪声源的主次关系，可适当配合其他方法或改变汽车、内燃机的运转工况，重新获取噪声频谱，分析这些频谱成分的变化，从而识别出主要噪声源。此外，由于声音来源于振动，故声辐射表面的振动谱与辐射噪声之间有很好的相关性。因此，在难以准确测定组成声源的噪声谱时，往往可利用该组成声源表面的振动谱代替其噪声谱来与总噪声谱进行分析比较，以便确定主要噪声源。

频谱分析法是噪声测量中最常用的信号分析方法，在此基础上还发展出相关分析法、相干分析法、倒谱分析法、数字滤波、时频分析、小波分析等。

4. 声强测量法

现代声强测试方法是 1977 年提出并在 20 世纪 80—90 年代迅速发展起来的新技术，目前在声学研究和噪声控制工程中的应用日益广泛。

声强测量法识别噪声源是利用声强的矢量性特点和声强探头的方向灵敏度来进行的。当声强探头在声源附近移动时，声波入射角与传声器膜片外法向方向为 90°时具有最小的方向灵敏度，输出声强为 0。当声强探头改变位置并使其夹角小于或大于 90°时，声强探头输出正或负声强，且随夹角增加在 0～180°范围内声强绝对值增加。因此，用声强测量法能区分出声波入射的方向，从而找出噪声声源，并可测量可能声源的位置。

声强测量法不需要特殊的声学环境，适用于现场测量。由于声强是矢量，不仅能反映噪声的大小还表示噪声的辐射方向，因此测量汽车或内燃机表面声强分布就可以知道声音的辐射情况。但声强测量的测试效率较低，一方面，为准确确定噪声源不得不选择适当的测点和侧面，进行细致的、多方面的声强分布研究；另一方面，噪声大时多对应于内燃机满负荷工作状态，由于降温和通风设施欠缺不允许被试内燃机长时间工作于满负荷下，而反复起动一则效率低，二则工况难以一致，给测量带来了许多不便，甚至使试验无法进行。

附　录

附录 A　动力蓄电池相关标准

GB 38031—2020《电动汽车用动力蓄电池安全要求》
GB/T 31486—2015《电动汽车用动力蓄电池电性能要求及试验方法》
GB/T 31484—2015《电动汽车用动力蓄电池循环寿命要求及试验方法》

附录 B　新能源汽车驱动电机相关标准

GB/T 18488.1—2015《电动汽车用驱动电机系统　第1部分：技术条件》
GB/T 18488.2—2015《电动汽车用驱动电机系统　第2部分：试验方法》

附录 C　新能源汽车传动系统相关标准

GB 18384—2020《电动汽车安全要求》
GB/T 18385—2005《电动汽车动力性能试验方法》
GB/T 18386.1—2021《电动汽车能量消耗量和续驶里程试验方法　第1部分：轻型汽车》
GB/T 18387—2017《电动车辆的电磁场发射强度的限值和测量方法》
GB/T 18388—2005《电动汽车定型试验规程》
GB/T 19750—2005《混合动力电动汽车定型试验规程》
GB/T 19752—2005《混合动力电动汽车动力性能试验方法》
GB/T 19753—2021《轻型混合动力电动汽车能量消耗量试验方法》
GB/T 19754—2021《重型混合动力电动汽车能量消耗量试验方法》
GB 19755—2016《轻型混合动力电动汽车污染物排放控制要求及测量方法》
GB/T 19233—2020《轻型汽车燃料消耗量试验方法》
GB/T 32620.1—2016《电动道路车辆用铅酸蓄电池　第1部分：技术条件》
GB/T 32620.2—2016《电动道路车辆用铅酸蓄电池　第2部分：产品品种和规格》
GB/Z 18333.1—2001《电动道路车辆用锂离子蓄电池》
GB/T 38661—2020《电动汽车用电池管理系统技术条件》

GB/T 19596—2017《电动汽车术语》
GB/T 19836—2019《电动汽车仪表》
GB/T 4094.2—2017《电动汽车操纵件、指示器及信号装置的标志》
GB/T 18488.1—2015《电动汽车用驱动电机系统 第1部分：技术条件》
GB/T 18488.2—2015《电动汽车用驱动电机系统 第2部分：试验方法》

附录D 燃料电池汽车相关标准

GB/T 24554—2009《燃料电池发动机性能试验方法》
GB/T 29126—2012《燃料电池电动汽车车载氢系统试验方法》

附录E 新能源汽车通过性试验相关标准

序号	标准编号及名称	适用范围	内容	备注
1	GB/T 18385—2005《电动汽车动力性能试验方法》	适用于纯电动汽车	规定了纯电动汽车的最高车速、加速性能、爬坡速度、最大爬坡度的检测方法和评价依据	修订版
2	GB/T 19752—2005《混合动力电动汽车动力性能试验方法》	适用于GB/T 15089—2001所定义的M_1、M_2、M_3、N_1、N_2、N_3型的混合动力电动汽车	规定了混合动力电动汽车的最高车速、加速性能、爬坡速度、最大爬坡度、坡道起步能力的检测方法和评价依据	修订版
3	GB/T 12548—2016《汽车速度表、里程表检验校正方法》	适用于各类汽车	规定了装于汽车上的速度表、里程表的检验校正方法	修订版
4	GB/T 18386—2017《电动汽车能量消耗率和续驶里程试验方法》	适用于纯电动汽车	规定了M_1、M_2、M_3、N_1、N_2、N_3类纯电动汽车的能量消耗量及续驶里程的检测方法和评价依据	修订版
5	GB/T 19753—2021《轻型混合动力电动汽车能量消耗量试验方法》	适用于装用点燃式内燃机或压燃式内燃机的N_1类和最大设计总质量不超过3 500 kg的M_1、M_2类汽车。最大设计总质量超过3 500 kg的M_1类汽车可参照执行	规定了装用点燃式内燃机或装用压燃式内燃机的轻型混合动力电动汽车能量消耗量的试验方法	修订版

续表

序号	标准编号及名称	适用范围	内容	备注
6	GB 18352.6—2016《轻型汽车污染物排放限值及测量方法（中国第六阶段）》	适用于以点燃式内燃机或压燃式内燃机为动力、最大设计车速大于或等于50 km/h的轻型汽车（包括混合动力电动汽车）	规定了装用点燃式、压燃式内燃机的轻型汽车，在常温和低温下排气污染物、实际行驶排放（RDE）排气污染物、曲轴箱污染物、蒸发污染物、加油过程污染物的排放限值及测量方法，污染控制装置耐久性、车载诊断（OBD）系统的技术要求及测量方法	修订版
7	GB/T 19233—2020《轻型汽车燃料消耗量试验方法》	适用于以点燃式内燃机或压燃式内燃机为动力，最大设计车速大于或等于50 km/h的N_1类和最大设计总质量不超过3 500 kg的M_1、M_2类汽车。最大设计总质量超过3 500 kg的M_1类汽车可参照执行	规定了通过测定汽车二氧化碳（CO_2）、一氧化碳（CO）和碳氢化合物（HC）排放量，用碳平衡法计算燃料消耗量的试验、计算方法以及生产一致性的检查和判定方法	修订版
8	GB 7258—2012《机动车运行安全技术条件》	适用于在我国道路上行驶的所有机动车，但不适用于有轨电车及并非为在道路上行驶和使用而设计和制造、主要用于封闭道路和场所作业施工的轮式专用机械车	规定了机动车的整车及主要总成、安全防护装置等有关运行安全的基本技术要求，以及消防车、救护车、工程救险车和警车及残疾人专用汽车的附加要求	修订版
9	GB 21670—2008《乘用车制动系统技术要求及试验方法》	适用于GB/T 15089所定义的M_1类汽车	规定了乘用车制动系统的结构、性能要求和试验方法	修订版
10	GB/T 6323—2014《汽车操纵稳定性试验方法》	汽车操纵稳定性蛇行试验方法、转向瞬态响应试验方法（转向盘转角阶跃输入、转向盘转角脉冲输入）、转向回正性能试验方法、转向轻便性试验方法适用于M类、N类、G类汽车，稳态回转试验方法适用于二轴的M类、G类汽车，转向盘中心区操纵稳定性试验方法适用于M_1、N_1类汽车，其他类型汽车可参照执行	规定了汽车操纵稳定性蛇行试验方法、转向瞬态响应试验方法（转向盘转角阶跃输入、转向盘转角脉冲输入）转向回正性能试验方法、转向轻便性试验方法、稳态回转试验方法、转向盘中心区操纵稳定性试验方法	修订版

续表

序号	标准编号及名称	适用范围	内容	备注
11	GB/T 12673—2019《汽车主要尺寸测量方法》	适用于 M、N 类汽车	规定了汽车主要尺寸的测量方法	修订版
12	GB/T 12534—1990《汽车道路试验方法通则》	适用于各类汽车	规定了汽车道路试验方法中通用的实验条件和试验汽车的准备工作	修订版
13	ISO 7637-2—2011《道路车辆 由传导和耦合引起的电骚扰 第2部分：延电源线的电瞬态传导》	适用于各种动力系统的道路车辆	规定了安装在乘用车 12 V 电气系统的轻型商用车或 24 V 电气系统的商用车上设备的传导电瞬态电磁兼容性测试的台架试验，包括瞬态注入和测量。还规定了瞬态抗扰性失效模式严重程度分类	修订版
14	GB/T 18655—2018《车辆、船和内燃机无线电骚扰特性用于保护车载接收机的限值和测量方法》	适用于任何用于车辆和大型装置的电子/电气零部件	规定了从 150 kHz 到 1 GHz 频率范围内的无线电骚扰限值 D 和测量方法	修订版

附录 F　新能源汽车安全试验相关标准

序号	标准编号及名称	适用范围	内容
1	GB/T 31484—2015《电动汽车用动力蓄电池循环寿命要求及试验方法》	适用于装载在纯电动汽车和混合动力汽车上的动力蓄电池	规定了电动汽车用动力蓄电池的标准循环寿命的要求、试验方法、检验规则和工况循环寿命的试验方法和检验规则
2	GB/T 31485—2015《电动汽车用动力蓄电池安全要求及试验方法》	适用于装载在电动汽车上的动力蓄电池	规定了电动汽车用动力蓄电池，单体、电池包或系统的安全要求和试验方法
3	GB/T 31486—2015《电动汽车用动力蓄电池电性能要求及试验方法》	适用于装载在电动汽车上的锂离子蓄电池和金属氢化物镍蓄单体电池和模块，其他类型蓄电池参照执行	规定了电动汽车用动力蓄电池的电性能要求、试验方法和检验规则
4	GB/T 31467.1—2015《电动汽车用锂离子动力蓄电池包和系统 第1部分：高功率应用测试规程》	适用于装载在电动汽车上，主要以高功率应用为目的的锂离子动力蓄电池包和系统	规定了电动汽车用高功率锂离子蓄电池包和系统的电性能测试

187

续表

序号	标准编号及名称	适用范围	内容
5	GB/T 31467.2—2015《电动汽车用锂离子动力蓄电池包和系统 第2部分：高能量应用测试规程》	适用于装载在电动汽车上，主要以高功率应用为目的的锂离子动力蓄电池包和系统	规定了电动汽车用高功率锂离子蓄电池包和系统的电性能测试
6	GB/T 31467.3—2015《电动汽车用锂离子动力蓄电池包和系统 第3部分：安全性要求与测试方法》	适用于装载在电动汽车上的锂离子动力蓄电池包和系统，镍氢动力蓄电池和系统等可参考执行	规定了电动汽车用高功率锂离子蓄电池包和系统的安全性的要求和测试方法
7	GB 11551—2014《汽车正面碰撞的乘员保护》	适用于 M 类车	规定了汽车正面碰撞时前排外侧座椅乘员保护方面的技术要求和试验方法
8	GB 20071—2006《汽车侧面碰撞的乘员保护》	适用于其质量为基准质量时，最低座椅的 R 点与地面的距离不超过 700 mm 的 M 和 N 类汽车	规定了汽车进行侧面碰撞的要求和试验程序，还对汽车型式的变更、三维 H 点装置、移动变形壁障及侧碰撞假人进行了规定
9	GB 20072—2006《乘用车后碰撞燃油系统安全要求》	适用于安装了使用液体燃料的燃油箱的 M 类汽车，其他类型汽车可参照执行	规定了乘用车后碰撞燃油系统安全要求和试验方法
10	GB/T 20913—2007《乘用车正面偏置碰撞的乘员保护》	适用于安装了使用液体燃料的燃油箱的 M 类汽车，其他类型汽车可参照执行	规定了乘用车后碰撞燃油系统安全要求和试验方法
11	GB/T 31498—2021《电动汽车碰撞后安全要求》	适用于 M_1 类及最大设计总质量不大于 2 500 kg 的 N_1 类汽车以及多用途货车中带有 B 级电压电路的纯电动汽车、混合动力汽车的正面碰撞；适用于 M_1、N_1 类汽车中带有 B 级电压电路的纯电动汽车、混合动力汽车的侧面碰撞和后面碰撞。本文件不适用于燃料电池电动汽车	规定了带有 B 级电压电路的纯电动汽车、混合动力电动汽车正面碰撞、侧面碰撞、后面碰撞后的特殊安全要求和试验方法

附录G 新能源汽车可靠性试验相关标准

序号	标准编号及名称	适用范围	内容
1	GB/T 31484—2015《电动汽车用动力蓄电池循环寿命要求及试验方法》	适用于装载在纯电动汽车和混合动力汽车上的动力蓄电池	规定了电动汽车用动力蓄电池的标准循环寿命的要求、试验方法、检验规则和工况循环寿命的试验方法和检验规则
2	GB/T 29307—2012《电动汽车用驱动电机系统可靠性试验方法》	适用于最终动力输出为电动机单独驱动或电动机和内燃机联合驱动的电动汽车用驱动电机系统	规定了电动汽车用驱动电机系统在台架上的一般可靠性试验方法,其中包括可靠性试验负荷规范及可靠性评定方法
3	GB/T 18488.2—2015《电动汽车用驱动电机系统》	适用于电动汽车用驱动电机系统、驱动电机、驱动电机控制器。对仅具有发电功能的车用电机及其控制器,可参照本部分执行	规定了电动汽车用驱动电机系统试验用的仪器仪表、试验准备及各项试验方法
4	GB/T 18488.2—2015《电动汽车用驱动电机系统第1部分:技术条件》	适用于电动汽车用驱动电机系统、驱动电机、驱动电机控制器。对仅具有发电功能的车用电机及其控制器,可参照本部分执行	规定了电动汽车用驱动电机系统的工作制、电压等级、型号命名、要求、检验规则以及标志与标识等
5	QC/T 893—2011《电动汽车用驱动电机系统故障分类及判断》	适用于各类电动汽车用驱动电机系统	规定了电动汽车用驱动电机系统故障的确认原则、故障模式和故障分类
6	GB/T 39899—2021《汽车零部件再制造产品技术规范 自动变速器》	适用于液力自动变速器(AT)、双离合自动变速器(DCT)、无级自动变速器(CVT)的再制造,其他机动汽车的自动变速器的再制造可参照执行。本标准不适用于汽车用机械式自动变速器(AMT)的再制造	规定了汽车自动变速器再制造的术语和定义、拆解、分类和清洗、检查、检测与修复、装配、性能要求和试验方法、检验规则、标识和包装
7	QC/T 1114—2009《汽车机械式自动变速器(AMT)总技术条件和台架试验方法》	适用于M类和N类机动汽车装备的AMT,其他类型汽车AMT可参考使用	规定了汽车机械式自动变速器(简称AMT)的技术要求和台架试验方法
8	GB/T 12548—2016《汽车速度表、里程表检验校正方法》	适用于各类汽车	规定了装于汽车上的速度表、里程表的检验校正方法

续表

序号	标准编号及名称	适用范围	内容
9	GB/T 12534—1990《汽车道路试验方法通则》	适用于各类汽车	规定了汽车道路试验方法中通用的试验条件和试验汽车的准备工作
10	GB/T 7031—2005《机械振动 道路路面谱 测量数据报告》	适用于汽车（不含轨道车辆）行驶的各种路面和越野地面	规定了汽车道路纵断面平度测量数据的表示方法和路面分级标准。使以各种不同的测量设备在各种不同路面上的测量及分析结果有一个可以比较的统一标准
11	GB/T 12678—2021《汽车可靠性行驶试验方法》	适用于各类汽车的定型和质量考核时的整车可靠性行驶试验	规定了汽车可靠性行驶试验方法
12	GB/T 19750—2005《混合动力电动汽车定型试验规程》	适用于混合动力电动汽车	规定了混合动力电动汽车新产品设计定型试验的实施条件、试验项目、试验方法、判定依据和试验报告的内容
13	GB/T 39132—2020《燃料电池电动汽车定型试验规程》	适用于使用压缩气态氢的燃料电池电动汽车	规定了燃料电池电动汽车新产品设计定型试验的实施条件、试验项目、试验方法、判定依据、试验程序和试验报告的内容
14	GB 20890—2007《重型汽车排气污染物排放控制系统耐久性要求及试验方法》	适用于采用排气后处理装置、设计车速大于 25 km/h 的 M_2、M_3、N_2 和 N_3 类及总质量大于 3 500 kg 的 M_1 类机动车的型式核准和生产一致性检查对排气污染物排放控制系统耐久性的考核	规定了重型汽车排气污染物排放控制系统耐久性要求及试验方法

附录 H 汽车环境保护试验相关标准

GB 18352.6—2016《轻型汽车污染物排放限值及测量方法（中国第六阶段）》
GB 19755—2016《轻型混合动力电动汽车污染物排放控制要求及测量方法》
GB 18285—2018《汽油车排放限值及测量方法（双怠速法及简易工况法）》
GB 3847—2018《柴油车污染物排放限值及测量方法（自由加速法及加载减速法）》
GB 17691—2018《重型柴油车污染物排放限值及测量方法（中国第六阶段）》

参 考 文 献

[1] 姜久春. 电动汽车动力电池应用技术 [M]. 北京：北京交通大学出版社，2016.

[2] 徐晓明. 动力电池系统设计 [M]. 北京：机械工业出版社. 2019.

[3] 王立明，谭明生，胡里清，等. 燃料电池城市客车混合动力测试平台系统设计 [J]. 电源技术，2013，37（03）：381-383.

[4] 孙晓，查鸿山. 电动汽车动力测试平台设计及试验研究 [J]. 电池工业，2012，17（06）：334-337.

[5] 蒋翠翠，郑少鹏，彭杰辉，等. 浅谈新能源汽车常用的驱动电机类型及原理 [J]. 内燃机与配件，2021（01）：73-76.

[6] 麻友良. 新能源汽车动力电池技术 [M]. 北京：北京大学出版社，2020.

[7] 张丽霞. 动力蓄电池组测试系统变流技术研究 [D]. 保定：华北电力大学（河北），2008.

[8] 林培峰. 100kW 动力蓄电池测试设备的研究 [D]. 北京：北京交通大学，2011.

[9] ZHU Z Q, HOWE D. Electrical Machines and Drives for Electric, Hybrid, and Fuel Cell Vehicles [J]. Proceedings of the IEEE, 2007, 95 (4): 746-765.

[10] 张涛涛. 变频调速技术在矿用蓄电池电机车上的应用 [J]. 自动化应用，2019（7）：150-152.

[11] 丁荣军，刘侃. 新能源汽车电机驱动系统关键技术展望 [J]. 中国工程科学，2019，21（03）：56-60.

[12] 张军，肖倩，孟庆阔. 新能源汽车驱动电机发展现状及趋势分析 [J]. 汽车工业研究，2018（6）：43-47.

[13] 李晓航，张文武. 新能源汽车驱动电机测试系统的研究 [J]. 电测与仪表，2021，58（09）：103-108.

[14] 马玲玲. 电动车用驱动电机参数测试技术的研究 [D]. 河北科技大学，2017.

[15] 西蒙娜·奥诺里，洛伦佐·塞拉奥. 混合动力汽车能量管理策略 [M]. 北京：机械工业出版社. 2020.

[16] 王庆年，曾小华. 新能源汽车关键技术 [M]. 北京：化学工业出版社，2017.

[17] 周苏. 燃料电池汽车建模及仿真技术 [M]. 北京：北京理工大学出版社. 2017.

[18] 孔令涛. 混合动力汽车传动系统模型化及优化控制 [D]. 大连：大连海事大

学，2007.

[19] 黄志坚. 电动汽车结构·原理·应用 [M]. 2版. 北京：化学工业出版社. 2018.

[20] 王佳. 纯电动汽车能量管理关键技术及高压安全策略研究 [D]. 北京：北京理工大学，2014.

[21] 倪如尧，刘金玲，许思传. 燃料电池汽车能量管理控制策略研究 [J]. 汽车实用技术，2019（01）：34-38.

[22] 尹安东. 汽车试验学 [M]. 安徽：合肥工业大学出版社，2011.

[23] 赵立军，白欣. 汽车试验学 [M]. 北京：北京大学出版社，2008.

[24] 日本自动车技术会. 汽车工程手册 [M]. 北京：北京理工大学出版社，2010.

[25] 中国向世界宣布碳排放峰值和实现"碳中和"时间表 [J]. 绿色中国A版，2021（1）：20-21.

[26] 中华人民共和国国家统计局. 中国统计年鉴 [M]. 北京：中国统计出版社，2021.

[27] 余志生. 汽车理论 [M]. 6版. 北京：机械工业出版社，2018.

[28] 荒川一哉，服部勇仁，彭惠民. 汽车动力传动装置的新技术与发展动向 [J]. 汽车与新动力，2018，1（06）：30-33.

[29] 林少宏. 节能与新能源汽车传动技术的发展 [J]. 汽车与驾驶维修（维修版），2018（08）：83-84.

[30] 庄林. 燃料电池 [J]. 物理化学学报，2021，37（09）：9-11.

[31] 兰洪星. 氢燃料电池系统建模与控制策略研究 [D]. 吉林大学，2020.

[32] 郭婷，吴迪，文醉，等. 车用质子交换膜燃料电池堆性能测试方法研究 [J]. 客车技术与研究，2018，040（001）：56-59.

[33] 刘应都，郭红霞，欧阳晓平. 氢燃料电池技术发展现状及未来展望 [J]. 中国工程科学，2021，23（04）：162-171.

[34] 余志生，夏群生. 汽车理论 [M]. 北京：机械工业出版社，2018.

[35] 吕金贺，张健伟. 汽车试验技术 [M]. 北京：北京理工大学出版社，2019.

[36] 孙逢春. 电动汽车工程手册 [M]. 北京：机械工业出版社，2019.

[37] 孙逢春. 电动汽车工程手册-测试评价 [M]. 北京：机械工业出版社，2019.

[38] 付百学. 汽车实验技术 [M]. 北京：北京理工大学出版社，2015.

[39] 安相壁. 汽车实验教程 [M]. 北京：北京理工大学出版社，2012.

[40] 徐晓美，万亦强. 汽车试验学 [M]. 北京：机械工业出版社，2013.

[41] 王霄锋. 汽车可靠性工程基础 [M]. 北京：清华大学出版社，2007.

[42] 胡信国. 动力电池技术与应用 [M]. 北京：化学工业出版社，2013.

[43] 马德粮. 新能源汽车技术 [M]. 北京：清华大学出版社，2017.

[44] 邓敏泰，张向慧，杨转玲，等. 新能源汽车高速变速器试验台的仿真设计与分析 [J]. 制造技术与机床，2019（12）：41-45.

[45] 张驰，苏伟君，江吉彬. 新能源汽车变速器试验台测控系统设计 [J]. 南昌工程学院学报，2019，38（04）：64-70.

[46] 张式杰. 汽车噪声分析与降噪措施及噪声测量方法 [J]. 汽车实用技术, 2011 (02)：55-60.
[47] 侯健. 加速行驶汽车噪声源分解理论与试验研究 [D]. 吉林大学, 2009.
[48] 赵彤航. 基于传递路径分析的汽车车内噪声识别与控制 [D]. 吉林大学, 2008.
[49] 尹安东. 汽车试验学 [M]. 安徽：合肥工业大学出版社, 2011.